U0259479

高等学校金工系列教材

热加工工艺基础

（修订版）

主编　谷春瑞　王桂新
主审　韩文祥

天津大学出版社
TIANJIN UNIVERSITY PRESS

内容提要

本书是依据教育部新颁布的"工程材料及机械制造基础课程教学基本要求"并结合多年的教学实践编写的。全书共四章,内容涵盖了工程材料及其成形工艺铸造、压力加工、焊接等方面的内容。书中的材料牌号、单位和名词术语等均采用国家新标准。

本着"加强基础,注重工艺,强化能力培养"的精神,对传统内容进行了整合和精炼,并增加了部分实用图表和实例,突出了理论与实际的结合、工艺与原理的结合,以加强对学生分析问题和解决问题能力的培养。同时对目前应用较成熟的新技术、新工艺进行了介绍。本书内容翔实、条理清楚、深入浅出、图文并茂。

本书可作为高等工科院校本科机械类及近机类专业基本教材,也可供不同层次教学人员和有关工程技术人员参考。

图书在版编目(CIP)数据

热加工工艺基础/谷春瑞,王桂新主编.—天津:天津大学出版社,2009.8(2018.7重印)
ISBN 978-7-5618-3158-8

Ⅰ.热…　Ⅱ.①谷…②王…　Ⅲ.热加工－工艺学　Ⅳ.TG306

中国版本图书馆 CIP 数据核字(2009)第 145869 号

出版发行	天津大学出版社
地　　址	天津市卫津路 92 号天津大学内(邮编:300072)
电　　话	发行部:022-27403647
网　　址	publish. tju. edu. cn
印　　刷	廊坊市海涛印刷有限公司
经　　销	全国各地新华书店
开　　本	185mm×260mm
印　　张	13.75
字　　数	337 千
版　　次	2009 年 8 月第 1 版
印　　次	2018 年 7 月第 4 次
定　　价	30.00 元

前　言

　　本书是根据教育部新颁布的"工程材料及机械制造基础课程教学基本要求"和"重点高等工科院校金工系列课程改革指南"的精神，以谷春瑞等主编《热加工工艺基础》为基础，结合近年来高等学校教改经验和编者的教学实践，组织长期在一线的教师进行了修订。

　　本书有以下特点。①在内容取材上注意了与实习教材的分工和衔接，叙述上力求深入浅出、简明扼要、条理清楚、图文并茂，并全面贯彻国家新标准。②对传统内容进行了整合和精炼，并增加了部分实用图表和实例，突出了理论与实际的结合、工艺与原理的结合，以增强对学生分析问题和解决问题能力的培养；所附习题也力求做到利于启发学生思考和激发学生创新思维。③对目前应用较成熟的新技术、新工艺进行了介绍。④书的最后附有几个实验指导，以供学生预习或自学。

　　本书由河北工业大学金工教研室组织编写。编写人员有谷春瑞(绪论，第2、4章)、韩文祥(第1章)、王桂新(第3章)、王季康(实验指导部分)。谷春瑞、王桂新任主编，由韩文祥主审。

　　在编写过程中张慧良、赵雪勃、陈翠新、李桂云几位老师参加了部分资料的收集和整理工作，河北省、天津市高校同行给予了大力支持和热忱帮助，在此向他们表示衷心感谢。

　　限于编者水平，书中错误和不妥之处在所难免，恳请同行和读者批评指正。

编者

2009.5

目　　录

绪　　论

　　"热加工工艺基础"是一门研究材料成形方法的技术基础课,是金工系列课程的重要组成部分。作为机类及近机类各专业的主干课程之一,本课程对学生在奠定专业基础、拓宽知识面、提高综合素质方面起着重要作用。

　　在机械制造工艺过程中,通常是先用铸造、压力加工、焊接、粉末冶金、非金属材料成形等加工方法制成毛坯(或半成品),再经切削加工(或特种加工)得到所需的零件。有时为了改善零件的某些性能,常要进行热处理或其他处理。最后将制成的零件经过装配、调试,合格后才成为机械设备或其他产品。

　　铸造、压力加工、焊接等材料成形工艺方法通常被称为热加工工艺,它不仅为机械零件提供了毛坯,而且决定了材质的内在质量,是机械制造工艺过程中的一个重要环节。作为未来的工程技术人员,掌握一定的热加工工艺和毛坯生产知识是非常必要的。

　　"热加工工艺基础"课程就是研究机械工程材料的性质和应用,铸造、压力加工、焊接等热加工工艺的原理、特点及工艺过程,以及各成形方法对材料和零件结构的工艺性要求等。目的就是要使学生在获得成形工艺知识的同时,培养工艺分析的初步能力,为学习其他有关课程和以后从事机械设计和加工制造奠定必要的基础。

　　在材料生产及其成形工艺的历史上,我们的祖先曾有过辉煌的成就,为人类文明做出过重大的贡献。在材料方面,我国在夏代就开始了青铜的冶炼,至商周时代青铜冶铸术已达到很高的水平,形成了灿烂的青铜文化;在公元前六七世纪的春秋时代,我国就已开始大量使用铁器,这要比欧洲国家早了 1 800 多年。在铸造方面,在河南安阳出土的司母戊鼎便是 3 000 多年前的商朝冶铸的,其体积庞大、花纹精细,反映了当时精湛的冶铸技术。在陕西临潼秦始皇陵出土的大型彩绘铜马车,八匹马造型逼真,两乘车装饰华丽。这不仅需要高超的冶铸技术,而且需要过硬的焊接、金属切削加工、钳工、装配等方面的技术。在河北藁城出土的商朝铁刃铜钺,证明 3 000 年前我国就掌握了锻造和锻接技术。在河南辉县出土的战国殉葬铜器中,其耳和足是用钎焊方法与本体连接的,这要比欧洲国家应用钎焊技术早了 2 000 多年。明朝科学家宋应星编著的《天工开物》一书,详细记载了冶铁、铸钟、锻铁、淬火等多种金属的加工方法,它是世界上有关金属加工工艺最早的科学著作之一,充分展示了我国劳动人民的聪明才智和所取得的辉煌成就。

　　现在我国的机械工业取得了很大的成就,机械工程与电工、电子、冶金、化学、物理、激光等技术相结合,产生了许多新材料、新工艺、新产品。纵观古今中外,任何产品的出现,都在很大程度上依赖于材料科学和制造工艺水平的发展。任何先进的制造技术,最后都要落实在工艺方法和工艺装备上。没有良好的工艺教育,没有先进的工艺技术,就没有现代制造技术。面对高素质复合型、应用型人才的培养,面对迅猛发展的现代制造业,本课程实为一门必修的工艺技术基础课。

　　通过本课程的学习,要求学生能够建立工程材料和材料成形工艺与现代机械制造的完整概念,培养良好的工程意识;掌握各种成形方法的基本原理、工艺特点和应用场合,具有合理选择毛坯材料、毛坯成形方法及工艺分析的能力;掌握零件(毛坯)结构工艺性,并具有设计毛坯和零件结构的初步能力。

　　本课程融多种工艺方法为一体,信息量大,实践性强,叙述性内容较多,必须在学生进行机械制造工程实践(金工实习)之后、获得大量感性知识的基础上组织教学。在教学过程中,应以课堂教学为主,同时辅之以电教片、多媒体 CAI、实物和模型、课堂讨论等教学手段和形式,以进一步丰富学生的感性认识,加深对教学内容的理解和掌握;同时,应注意理论联系实际,使学生在掌握理论知识的同时,提高分析问题和解决问题的工程实践能力。

第1章 工程材料

　　材料是生产和生活的物质基础,国民经济的各个部门和人的衣、食、住、行都离不开各种类型的材料。材料、能源、信息合称为现代社会的三大支柱,而能源和信息的发展,在一定程度上又依赖于材料的进步。因此,为给新技术革命提供坚实的物质基础,必须把材料学科作为重点发展学科。

　　材料按经济部门可分为:土建工程材料、机械工程材料、电工材料、电子材料等。按物质结构可分为:金属材料、有机高分子材料、陶瓷材料。按材料功用可分为:结构材料、功能材料等。本章所述及的主要是机械工程上所用的结构材料,并按物质的不同结构作些介绍。

1.1 金属材料的力学性能

　　为了合理地使用和加工金属材料,必须掌握和了解其使用性能与工艺性能。使用性能主要包括材料的力学性能、物理性能和化学性能。所谓材料的工艺性能,是指材料在加工过程中适应冷、热加工工艺的能力,包括材料的铸造性能、锻压性能、焊接性能以及切削加工性能等。

　　在机械零件的设计选材过程中,通常以其力学性能为主要依据。材料的力学性能即材料在外力作用下所表现出的性能,又称为机械性能,常用的有强度、硬度、塑性和韧性等。

1.1.1 强度

　　强度是材料在外力作用下,抵抗变形和破坏的能力。常用的强度指标有抗拉强度和屈服强度。这两种强度指标是用标准试样在拉伸试验机上通过拉伸试验测出的。

　　将标准试样(形状如图1-1所示)装在拉伸试验机上,对试样两端缓慢施加轴向拉力,随着拉力的增加,试样渐渐被拉长,直至断裂。在整个拉伸过程中,记录下每一瞬间的拉力(P)和伸长量(ΔL),并绘出它们之间的关系曲线,称为拉伸曲线。图1-2为普通低碳钢的拉伸曲线,

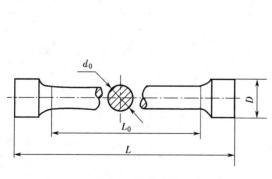

图1-1　拉伸试样

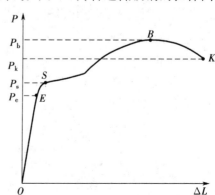

图1-2　普通低碳钢拉伸图

又称此曲线为拉伸图。由图 1-2 可知，OE 线为直线，这说明在拉力不超过 P_e 时，拉力与伸长量成正比，这时若除去外力，试样将恢复到原来长度，这种变形称为弹性变形。

当拉力大于 P_e 后，试样开始产生永久变形即塑性变形。如拉力达到 P_s 值，拉伸曲线上出现平台，即拉力虽不增加，但试样却继续产生塑性变形而伸长。这种现象称为屈服，S 被称为材料的屈服点。材料屈服后，开始产生明显的塑性变形。当拉力增加到最大值 P_b 后，试样截面出现局部变细的缩颈现象，因截面变小，拉力也随之下降，至拉力为 P_k 时，试样在缩颈处断裂。P_b 是试样在拉断前所能承受的最大拉力。

金属材料强度的指标通常以应力的形式来表示。应力即单位截面积上的外力，以 σ 表示，

$$\sigma = \frac{P}{F} (\text{MPa})$$

式中　　P——外力（N）；

　　　　F——截面面积（mm^2）。

抗拉强度就是金属材料在拉断前所能承受的最大应力，以 σ_b 表示，

$$\sigma_b = \frac{P_b}{F_0} (\text{MPa})$$

式中　　P_b——试样拉断前的最大拉力（N）；

　　　　F_0——试样的原始截面面积（mm^2）。

屈服强度是金属材料产生屈服时的应力，以 σ_s 表示，

$$\sigma_s = \frac{P_s}{F_0} (\text{MPa})$$

式中　　P_s——试样产生屈服时所受外力（N）；

　　　　F_0——试样的原始截面面积（mm^2）。

有些材料的拉伸曲线没有明显的屈服点，因而无法确定开始产生塑性变形时的最小应力值，很难测定它的屈服强度，通常规定试样产生 0.2% 残余伸长时的应力作为该材料的条件屈服强度，以 $\sigma_{0.2}$ 表示。

屈服强度和抗拉强度是机械零件设计和选材的主要依据之一。因为金属材料不能在超过其 σ_s 条件下工作，否则会引起机件产生塑性变形；机件所承受的应力更不允许超过材料的 σ_b，否则将导致机件破坏。

1.1.2　塑性

塑性是金属材料在外力作用下产生塑性变形而不破坏的能力。常用的塑性指标有：伸长率（δ）和断面收缩率（ψ）。

$$\delta = \frac{L_1 - L_0}{L_0} \times 100\%$$

$$\psi = \frac{F_0 - F_1}{F_0} \times 100\%$$

式中　　L_0——试样的原始长度（mm）；

　　　　L_1——试样拉断时的长度（mm）；

F_0——试样的原始截面面积(mm^2);

F_1——试样断裂处的截面面积(mm^2)。

δ 和 ψ 的数值越大,表示材料的塑性越好。工程上一般把 $\delta > 5\%$ 的材料称为塑性材料,如低碳钢等;把 $\delta < 5\%$ 的材料称为脆性材料,如铸铁等。

材料的塑性指标在工程技术中具有重要的实际意义。一些需要经过锻造、轧制或冲压成形的零件,所用材料应具备良好的塑性。同时,为了保证一些机械零件或设备的运行可靠性,对其制造材料也必须提出相应的塑性要求。

1.1.3　硬度

硬度是材料抵抗硬物压入的能力,也可以说是材料抵抗局部塑性变形或破裂的能力。

金属材料的硬度值,一般用硬度计来测量,用布氏硬度计测量出的硬度值为布氏硬度(用 HB 表示),用洛氏硬度计测出的硬度值为洛氏硬度(用 HR 表示)。

1. 布氏硬度

测定布氏硬度时,用一定的载荷 P 将淬火钢球(或硬质合金球)压入被测金属材料的表面(如图 1-3 所示),保持一定时间后卸去载荷,以载荷与压痕表面积的比值作为布氏硬度值,单位为 $\mathrm{kgf/mm}^2$,但一般不予标出。因为载荷 P 和压头(球体)直径 D 是定值,所以一般是先测得压痕直径 d,然后查表得到 HB 值。当压头为淬火钢球时,用 HBS 表示,当压头为硬质合金球时,用 HBW 表示。HBS(或 HBW)值越大,材料的硬度越高。

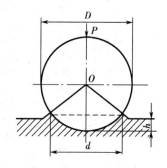

图 1-3　布氏硬度测定示意图

布氏硬度适于测定硬度较低的材料,如退火、正火、高温回火件等。另外,由于其压痕较大,不适于测量薄件。

2. 洛氏硬度

测定洛氏硬度时,用顶角为 120° 的金刚石圆锥或直径为 1.588 mm 的淬火钢球作压头,在一定的载荷下,压入金属材料表面,根据压痕深度来确定其硬度值。实际上洛氏硬度值可直接从洛氏硬度计的刻度盘上直接读出。

采用不同的压头和载荷,可以组成不同的洛氏硬度标度,如 HRA(600 N 载荷,圆锥形金刚石压头)、HRB(1000 N 载荷,淬火钢球压头)和 HRC(1500 N 载荷,圆锥形金刚石压头)。

HRA 主要用于测定硬度较高的薄壁零件以及表面淬火件、渗碳件等。

HRB 一般用于测定硬度较低的金属材料,如有色金属材料等。

HRC 应用最多,一般经淬火处理的零件或工具都用这种方法测定硬度。

测定洛氏硬度时,能直接从硬度计的刻盘上读出硬度数值,操作简单,使用方便,所以它是最常用的一种硬度测定方法。

除了布氏、洛氏硬度外,还有一种测量表面硬度的维氏硬度(HV),其测量精度比布氏、洛氏准确。布氏、洛氏、维氏硬度三者之间的关系及硬度与强度间关系可通过查表(表 1-1)对照。

硬度反映出金属材料在局部范围内对塑性变形的抗力,与强度有密切关系,一般硬度越高,强度也越高。

表 1-1　洛氏硬度 HRC 与其他硬度及强度换算表

洛氏硬度		布氏硬度	维氏硬度	强度（近似值）	洛氏硬度		布氏硬度	维氏硬度	强度（近似值）
HRC	HRA	HB$_{10/3000}$	HV	σ_b（MPa）	HRC	HRA	HB$_{10/3000}$	HV	σ_b（MPa）
65	83.6	—	798	—	36	(68.5)	331	339	1 140
64	83.1	—	774	—	35	(68.0)	322	329	1 115
63	82.6	—	751	—	34	(67.5)	314	321	1 085
62	82.1	—	730	—	33	(67.0)	306	312	1 060
61	81.5	—	708	—	32	(66.4)	298	304	1 030
60	81.0	—	687	2 675	31	(65.9)	291	296	1 005
59	80.5	—	666	2 555	30	(65.4)	284	289	985
58	80.0	—	645	2 435	29	(64.9)	277	281	960
57	79.5	—	625	2 315	28	(64.4)	270	274	935
56	78.9	—	605	2 210	27	(63.8)	263	267	915
55	78.4	538	587	2 115	26	(63.3)	257	260	895
54	77.4	526	659	2 030	25	(62.8)	251	254	875
53	77.4	515	551	1 945	24	(62.3)	246	247	845
52	76.9	503	535	1 875	23	(61.7)	240	241	825
51	76.3	492	520	1 805	22	(61.2)	235	235	805
50	75.8	480	504	1 745	21	(60.7)	230	229	790
49	75.3	469	489	1 685	20	(60.2)	225	224	770
48	74.8	457	475	1 635	(19)	(59.7)	221	218	755
47	74.2	445	461	1 580	(18)	(59.1)	216	213	740
46	73.7	433	448	1 530	(17)	(58.6)	212	203	725
45	73.2	422	435	1 480	(16)	(58.1)	208	203	710
44	72.7	411	423	1 440	(15)	(57.6)	204	198	690
43	72.2	400	411	1 390	(14)	(57.1)	200	193	675
42	71.7	390	400	1 350	(13)	(56.5)	196	189	660
41	71.1	379	389	1 310	(12)	(56.0)	192	184	645
40	70.6	369	378	1 275	(11)	(55.5)	188	180	625
39	70.1	359	368	1 235	(10)	(55.0)	185	176	615
38	(69.6)	349	358	1 200	(9)	(54.5)	181	172	600
37	(69.0)	340	348	1 170	(8)	(53.9)	177	168	590

1.1.4　冲击韧性

很多机械零件在工作时，经常受到各种冲击载荷的作用。例如，机床的爪形离合器，柴油机上的连杆、曲轴、连杆螺钉等零件在工作时都要受到冲击载荷的作用；冲床的冲头，锻锤的锤杆等也在冲击载荷下工作。对承受冲击载荷的工件，不仅要求有高的强度和一定硬度，还必须具有抵抗冲击载荷而不破坏的能力。冲击韧性就是指材料抵抗冲击载荷的能力，通常用 a_k 表示。

为了测量材料的冲击韧性，在冲击试验机上利用升高的摆锤将试样打断（图 1-4），算出打断试样所需的冲击功 A_k（J），再用试样断口处的截面面积 F（cm^2）去除，所得商值即为冲击韧性，即

$$a_k = \frac{A_k}{F}（J/cm^2）$$

a_k 值愈大，表示材料的韧性愈好，在受到冲击时愈不容易断裂。对于重要零件，一般要求

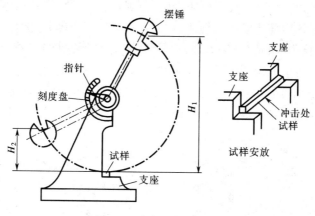

图 1-4　冲击试验示意图

$a_k > 50 \, \text{J}/\text{cm}^2$。这里是指一次冲击破坏,对于受到小能量多次重复冲击的材料而言,用 a_k 来衡量其冲击韧性就不合适了。因为材料承受小能量多次重复冲击的能力,主要取决于材料的强度。

通过对上述力学性能指标的分析可知,金属材料的各种力学性能并非孤立存在,而是有着密切的联系。通常提高金属材料的强度、硬度,则往往会降低其塑性和韧性。为了提高塑性和韧性,往往又会降低其强度和硬度。不同的金属材料具有不同的力学性能,同一种金属材料若其内部组织不同,则力学性能也不同。

1.1.5　疲劳强度

在机械中有许多零件(如曲轴、齿轮、连杆、弹簧等)是在交变载荷的作用下工作的。这种受交变应力的零件发生断裂时的应力,远低于该材料的屈服强度,这种破坏现象叫做疲劳破坏。

材料在无数次(对钢铁为 10^7 次,有色金属为 10^8 次)重复交变应力作用下而不致引起断裂的最大应力称为疲劳强度,用它来衡量材料抗疲劳性能。

疲劳破坏一般认为是由于材料内部缺陷(如夹杂物、气孔等)、零件表面缺陷(如刀痕等)或结构设计不当等因素造成的。上述因素可在零件局部区域产生应力集中,从而导致微裂纹(疲劳裂纹核心)的产生,随着应力循环次数的增加,微裂纹不断扩展,零件承受载荷的有效截面逐渐缩小,致使零件不能承受所加载荷而突然断裂。可见,疲劳断裂与静应力下的断裂不同,疲劳断裂是突然发生的,预先无明显的塑性变形,因此具有很大的危险性。

为了提高零件的疲劳强度,在设计时可通过改善零件结构形状,避免应力集中。加工时改善表面粗糙度,采取表面热处理、表面滚压和喷丸处理等措施,以提高材料的疲劳强度。

1.2　金属和合金的结构与结晶

1.2.1　金属的晶体结构

固体物质按其原子排列的特征,可以分为晶体和非晶体。在非晶体内,原子在空间是杂乱而无规则排列,如玻璃、沥青等。在晶体内,原子在空间是按一定的几何形状规则排列(图 1-5

a)),所有固态的金属和合金以及大部分非金属(金刚石、石墨等)都是晶体。

为了便于研究晶体内部原子排列规律,把原子作为一个点(圈),把每个点(圈)用直线连接起来,形成一个空间格子,叫做晶格(图 1-5b))。晶体中每个点(圈)叫做结点,结点代表原子在晶体中的平衡位置。各个方位的原子平面叫做晶面。晶格可以看成是由一层一层的晶面堆积而成的。晶格的最小几何单元叫做晶胞(图 1-5c)),它可以代表整个晶格原子的排列规律,所以在研究金属的晶体结构时,只取出一个晶胞来研究。最常见的金属晶格的类型有下列三种。

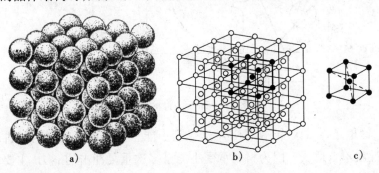

图 1-5　晶体结构示意图
a)晶体中原子排列;b)晶格;c)晶胞

1.体心立方晶格

体心立方晶格的晶胞是一个正六方体,如图 1-6 所示。立方体八个顶角上各有一个原子并在立方体的中心还有一个原子,属于这类晶格的金属有铬、钼、钨、钒、α-铁(912 ℃以下的纯铁)等。

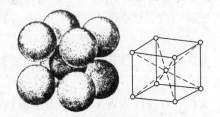

图 1-6　体心立方晶胞

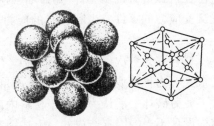

图 1-7　面心立方晶胞

2.面心立方晶格

面心立方晶格的晶胞也是一个正六方体,如图 1-7 所示。立方体的八个顶角上各有一个原子,同时,在六方体六个平面的中心也各有一个原子。属于这一类晶体的金属有铜、铝、金、银、镍、γ-铁(912 ℃～1 394 ℃的铁)等。

3.密排六方晶格

密排六方晶格的晶胞是一个正六方柱体,如图 1-8 所示。在六方柱体的十二个顶角上各有一个原子,在上下两个正六面的中心各有一个原子,并且在六方体的中心部位还有三个原子。属于这一类晶格的金属有铍、镁、锌、镉等。

1.2.2　金属结晶过程和同素异构转变

许多机械零件的制造工艺由液态成形,或先由金属液浇铸成锭后再经冷热加工成形,所以,了解金属由液态转变为固态晶体的过程是十分必要的。

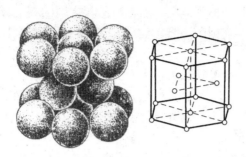

图 1-8　密排六方晶胞

1. 金属的结晶过程

金属的结晶过程也就是其凝固过程。当液态金属冷却到凝固温度时,原子由不规则的无序排列状态转变为规则的有序排列状态,这一过程称为金属的结晶过程。

当纯金属由液态冷却下来时,其温度与时间的变化情况可用图 1-9 所示的曲线表示。这一曲线称为冷却曲线,T_n 为实际结晶温度。结晶时由于放出结晶潜热,补偿了热量的散失,使温度保持不变,所以曲线有一水平段。

在实际冷却条件下,液态金属开始结晶的温度,总是要低于理论温度 T_0,这一现象称为过冷。理论结晶温度 T_0 与实际结晶温度 T_n 之差(ΔT)称为过冷度。结晶时,冷却速度越大,实际结晶温度越低,过冷度越大。

结晶过程分为两个阶段,即结晶核心的形成和晶核的长大,图 1-10 是结晶过程示意图。液态金属近于结晶温度时,在其中个别微小体积内的原子将开始作有规则的排列,这些有

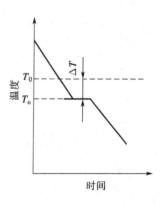

图 1-9　纯金属的冷却曲线

规则排列的原子就能形成结晶的核心(晶核)。温度继续下降,在晶核周围不断聚集原子并使晶核按一定规则长大,形成许多小晶体。在小晶体长大的同时,新的晶核继续产生。小晶体在长大的过程中,开始是按其自己的方位自由生长,并保持较规则的外形。继续生长,小晶体会彼此接触,在接触处被迫停止生长,其规则的外形便被破坏,最后得到许多外形不规则的小晶

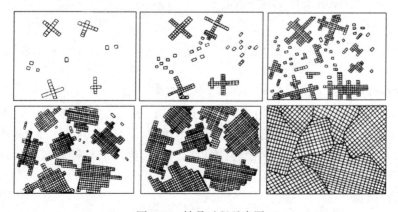

图 1-10　结晶过程示意图

体。这些外形不规则的小晶体称为晶粒。晶粒与晶粒之间的相交界面称为晶粒间界,简称晶界。晶界处原子的排列是不规则的,并聚集着杂质和孔洞,这对金属的塑性变形、结构变化和性能有很大的影响。

晶粒的粗细与晶核数目及晶核长大速率有关。液态金属中晶核愈多、长大速率愈慢,晶体也愈细,相反则晶粒愈粗大。通常人们总是力图得到具有细晶粒组织的金属材料,这是因为晶粒细化后,除使材料的强度、硬度提高外,还能使塑性和韧性有较大的改善。

2.金属的同素异构转变

大多数金属结晶后,其晶格类型保持不变,但有些金属(如铁、锡、钛、锰)的晶格类型却随着温度的高低而不同。金属在固态下改变其晶格类型的过程叫做同素异构转变。

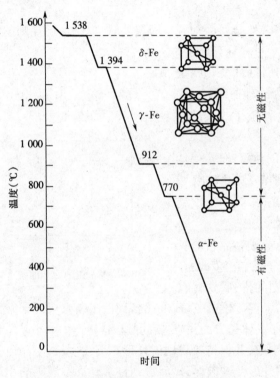

图 1-11 纯铁的冷却曲线及晶体结构变化

图 1-11 为纯铁的冷却曲线,由曲线可知,纯铁的熔点或凝固点为 1 538 ℃,在 1 394 ℃及 912 ℃出现水平台。通过 X 射线结构分析证明,在这两个温度发生不同的同素异构转变,其变化过程如下:

$$\delta\text{-}Fe \underset{1\ 394\ ℃}{\rightleftharpoons} \gamma\text{-}Fe \underset{912\ ℃}{\rightleftharpoons} \alpha\text{-}Fe$$

1.2.3　合金的晶体结构

1.合金的基本概念

一种金属元素同另一种或几种其他元素,通过熔化或其他方法结合在一起所形成的具有金属特性的物质叫做合金。组成合金的独立的、最基本的单元叫做组元。组元可以是金属、非金属元素或者是稳定的化合物。按照组元的数目,合金可分为二元合金(如铜和锌组成的合金——黄铜)和三元合金(如铝、铜、镁组成的合金——硬铝)等。

各种成分的合金,可显著地改变金属材料的结构、组织和性能。合金所能达到的性能,不仅在强度、硬度、耐磨性等力学性能方面比纯金属高,而且在电、磁、化学稳定性诸方面也可以与纯金属相当或更好,且成本低廉。所以工程上大量使用各类合金。

合金的优良性能是由它的内部结构和组织所决定的。合金中,凡化学成分相同、晶体结构相同并有界面与其他部分分开的均匀组成部分叫做相。液态物质为液相,固态物质为固相。在固态下,物质可以是单相的,也可以是多相的。由数量、形态、大小和分布方式不同的各种相组成合金的组织。组织是指不同相的组合,也可以说是用肉眼或显微镜所观察到的材料的微观形貌。由不同组织构成的材料具有不同的性能。

2.合金的相结构

固态合金中基本相结构为固溶体和金属化合物。此外,还有由固溶体和金属化合物等相组成的混合物组织。

1)固溶体

合金在固态时,组元间会互相溶解,形成一种在某一组元晶格中包含有其他组元的新相,这种新相称为固溶体。晶格与固溶体相同的组元为固溶体的溶剂,其他组元为溶质。根据溶质原子在溶剂晶格中所占的位置,可将固溶体分为置换固溶体和间隙固溶体。

(1)置换固溶体 溶剂原子在晶格中所占据的部分位置,被溶质原子所替换,这样形成的固溶体叫做置换固溶体(图 1-12)。当溶剂原子的直径与溶质原子直径差别不大时,才易于形成置换固溶体。

○ —— 溶剂原子

● —— 溶质原子

图 1-12 置换固溶体

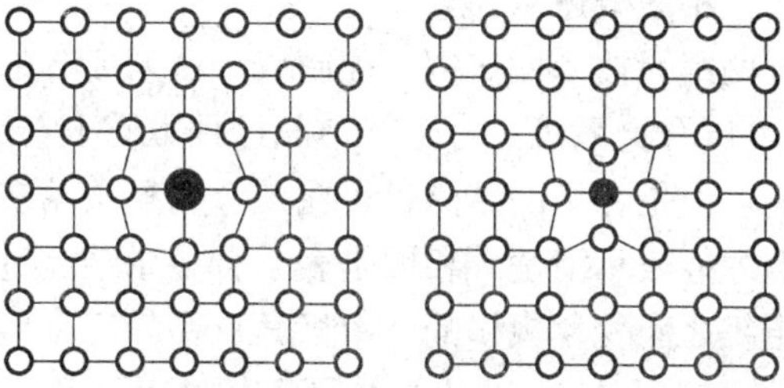

图 1-13 置换固溶体的晶格畸变

在置换固溶体中,因为溶入了溶质原子,所以会造成晶格畸变(图 1-13)。随着固溶体中溶质原子浓度的增加,晶格畸变增大,固溶体的强度、硬度升高。溶质原子使固体的强度和硬度升高的现象,称为固溶强化。固溶强化是提高金属材料力学性能的重要途径之一。

(2)间隙固溶体 溶质原子嵌入溶剂晶格的间隙而形成的固溶体,称为间隙固溶体(图 1-14)。只有当溶质原子直径与溶剂原子直径之比小于 0.59 时,才能形成间隙固溶体,如碳、氮、硼等元素与铁都能形成间隙固溶体。

溶质原子溶入溶剂晶格间隙后,也将使溶剂晶格发生畸变(图 1-15),因而也产生固溶强化现象。

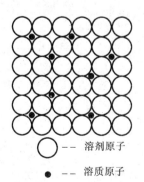

○ —— 溶剂原子

● —— 溶质原子

图 1-14 间隙固溶体

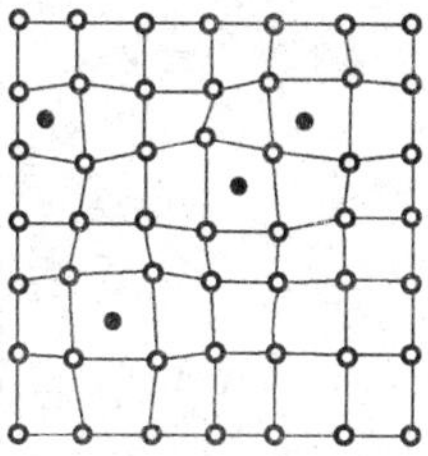

图 1-15 间隙固溶体的晶格畸变

2)金属化合物

合金中,当溶质含量超过固溶体的溶解度时,将会出现新相。若新相的晶体结构不同于任一组成元素,这种新相则属化合物。若化合物的特性具有明显的金属性质,则称其为金属化合物。如碳钢中的 Fe_3C、黄铜中的 $CuZn$ 等为金属化合物。金属化合物通常具有复杂的晶格结构。

金属化合物一般具有较高的熔点、较大的脆性和较高的硬度。当合金中含有金属化合物时将使合金的强度、硬度和耐磨性提高,而塑性下降。因此,它是许多合金材料的重要强化相,例如,工具钢中的 VC 和 W_2C,硬质合金中的 WC 和 TiC 等。

实际上绝大多数工业用合金是机械混合物类型的,即由固溶体加固溶体或固溶体加金属化合物组成。机械混合物比单一固溶体有更高的强度和硬度,而塑性和韧性不如单一固溶体。

1.2.4 二元合金相图的建立

1.相图概述

两组元按不同比例可配制成一系列成分的合金,这些合金的集合称为合金系,如铜镍合金系、铁碳合金系等。合金的结晶过程本质上与纯金属一样,也是在过冷下通过生核与长大而进行的。但是合金的结晶过程比纯金属复杂的多,而且成分还可变化,因此合金的结晶过程要用相图才能表示清楚。相图是表示合金系结晶过程的简明示图,它是研究合金的成分、温度和结晶组织之间变化规律的一个极其重要的工具,也称为平衡图或状态图。因其是在极其缓慢的条件下测得的,可以认为是平衡的结晶过程。在常压下,二元合金的相状态决定于温度和成分。因此,二元合金相图可用温度—成分坐标系的平面图来表示。图中的每一点表示一定成分的合金在一定温度时的稳定相状态。

2.二元合金相图的建立

到目前为止,几乎所有的合金相图都是通过实验方法测得的。建立相图最常用的方法是热分析法。下面以测定 Cu-Ni 系相图为例,说明二元合金相图的测定方法。

①配制几组成分不同的 Cu-Ni 合金;

②测定上述合金的冷却曲线(图 1-16a);

③找出各冷却曲线上的临界点(冷却曲线上的转折点);

④将各临界点标在以温度为纵坐标,以成分为横坐标的图中,将同类临界点(开始结晶温度或终了结晶温度)连接起来,即得 Cu-Ni 合金相图(图 1-16b),此相图被称为匀晶相图。

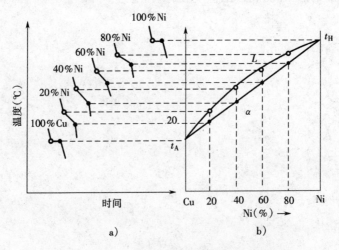

图 1-16　Cu-Ni 二元合金相图的建立示意图

a)冷却曲线;b)相图

　　冷却曲线上的转折点表示金属及合金在冷却到该温度时发生了冷却速度的突然改变,这是由于在结晶时有结晶潜热放出,抵消了部分或全部热量散失的缘故。

　　相图中上面的曲线为液相线,它表示各种不同成分的 Cu-Ni 合金开始结晶的温度,在此线以上所有合金都处于液相状态。下面的曲线为固相线,它表示合金的结晶终了温度,在此线以下处于固相。两线之间的合金为固、液共存。

　　二元合金相图有各种不同的类型,除上述相图外,还有包晶相图、共晶相图、共析相图等。现对简单的二元共晶相图作一介绍。

　　图 1-17 为 A、B 两组元组成的简单共晶相图,相图中 t_A、t_B 分别为组元 A、B 的熔点,$t_A C t_B$ 线为液相线,水平线 DCE 为固相线,在 $t_A C t_B$ 线以上为液相区(L),DCE 线以下为 A + B 两相区,$t_A DC$ 区为 L + A 两相区,$t_B EC$ 区为 L + B 两相区。C 点为共晶点,成分为 C 的合金冷却到 t 温度时都发生共晶反应,生成 A + B 机械混合物,即

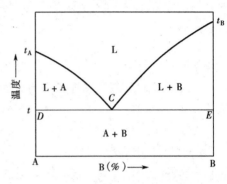

图 1-17　简单二元共晶相图

$$L_C \underset{}{\overset{t \ ℃}{\rightleftharpoons}} A + B$$

A + B 组织又称为共晶体,水平线 DCE 又称为共晶线,液相冷却到共晶线都发生共晶反应。

1.3　铁碳合金

　　现在机械制造工业中应用最为广泛的金属材料是钢和铸铁。钢和铸铁都是铁碳合金(普通碳钢和普通铸铁)或以铁碳为基的合金(合金钢和合金铸铁)。为了熟悉和选用钢铁材料,首先要了解铁碳合金的组织和性能以及组织、性能与温度、化学成分之间的关系。

1.3.1　铁碳合金的基本组织与性能

　　在铁碳合金中,铁与碳结合的方式有两种,一种是碳溶入铁中形成固溶体,另一种是碳与铁化合形成化合物,此外还可以形成由固溶体和化合物组成的混合物。

1.铁素体

碳溶解在 α-Fe 中形成的间隙固溶体,称为铁素体(又称 α 固溶体)。常用符号 F 或 α 表示。α-Fe 的溶碳能力很低,随温度的不同而不同。在室温时的溶解度约为 0.000 8%,600 ℃时为 0.005 7%,在 727 ℃时溶碳量最大,为 0.021 8%。

　　铁素体含碳量很少,性能与纯铁相似。其强度、硬度低($\sigma_b = 180 \sim 230$ MPa,HBS50 ~ 80),塑性、韧性好($\delta = 30\% \sim 50\%$,$a_k = 150 \sim 200$ J/cm^2)。在显微镜下观察铁素体为均匀明亮的多边形晶粒。

2.奥氏体

碳溶解在 γ-Fe 中形成的间隙固溶体称为奥氏体(又称 γ 固溶体),常用符号 A 或 γ 表示。γ-Fe 的溶碳能力比 α-Fe 强,在 727 ℃时的溶解度为 0.77%,在 1 148 ℃时最大达 2.11%。

　　奥氏体的强度、硬度不高($\sigma_b = 400 \sim 800$ MPa,HBS160 ~ 200),塑性很好($\delta = 40\% \sim 50\%$),

是绝大多数钢种在高温进行压力加工时所要求的组织。

3.渗碳体

铁与碳形成的化合物 Fe_3C 称为渗碳体。渗碳体的含碳量为 6.69%,具有复杂的晶格类型。

渗碳体的性能是硬度高、脆性大($HBW800,\delta=0,a_k=0$),故不能单独使用,在钢中一般与铁素体等组成机械混合物,其形态可能是网状、片状、粒状等。其形态、大小、数量和分布等又直接影响钢的力学性能。

4.珠光体

珠光体是铁素体和渗碳体的机械混合物,通常用符号 P 表示,其总含碳量为 0.77%。在显微镜下珠光体的形态呈层片状。当放大倍数高时,可清楚看到相间分布的渗碳体片(窄条)与铁素体片(宽条)。

珠光体的强度高($\sigma_b=700$ MPa),塑性、韧性和硬度介于渗碳体和铁素体之间($\delta=20\%\sim35\%$,$a_k=30\sim40$ J/cm^2,HBS180)。

5.莱氏体

莱氏体是在高温下由奥氏体和渗碳体组成的机械混合物(用 L_d 表示),或在 727 ℃以下由珠光体和渗碳体组成的机械混合物(用 L_d' 表示)。

莱氏体中渗碳体占的比例较大,所以其力学性能近于渗碳体,即表现为硬而脆的性能(HBS700 以上,塑性极差)。

1.3.2　铁碳合金相图

铁碳合金相图是用实验方法作出的。它是研究铁碳合金的成分、温度和组织之间关系的图形。图 1-18 是含碳量小于 6.69%的合金部分,因为含碳量大于 6.69%的铁碳合金,在工业上没有使用价值。当含碳量为 6.69%时,铁和碳形成的 Fe_3C,可以看作是合金的一个组元。因此,这个相图实际上是 $Fe-Fe_3C$ 相图。

1.相图分析

在图 1-18 所表示的 $Fe-Fe_3C$ 相图中,图中左上角包晶部分因为实际应用很少,故将该部分简化,简化后的 $Fe-Fe_3C$ 相图,如图 1-19 所示。

(1)相图中的主要特性点　相图中主要特性点的温度、含碳量及其含义见表 1-2。

(2)液相线　ACD 线为液相线,当金属液冷却到此线时开始凝固,此线以上的区域为液相。

(3)固相线　AECF 线为固相线,当金属冷却到此线时全部凝固,此线以下的区域为固相。

(4)GS 线　GS 线是从奥氏体中析出铁素体的开始线,通常称为 A_3 线。

(5)ES 线　ES 线是碳在奥氏体中的固溶线,通常称为 A_{cm} 线。在 1 148 ℃时奥氏体中溶碳量达 2.11%,而在 727 ℃时仅为 0.77%,所以凡含碳量大于 0.77%的铁碳合金自 1 148 ℃冷至 727 ℃时,均会从奥氏体中沿晶界析出渗碳体,称为二次渗碳体(Fe_3C_{II}),以区别于从液体中直接结晶的一次渗碳体(Fe_3C_I)。

(6)PQ 线　PQ 线是碳在铁素体中的固溶线。在 727 ℃时铁素体中溶碳量达 0.021 8%,而在室温时仅为 0.000 8%,所以一般铁碳合金凡是从 727 ℃冷至室温时,均可能从铁素体中沿晶界析出渗碳体,称为三次渗碳体(Fe_3C_{III})。因其数量极少,讨论时可以忽略。

(7)共晶线　ECF 线为共晶线。含碳量在 2.11%~6.69%的铁碳合金,当冷至此线时,发生共晶反应,即 $L_C \xrightarrow{\text{1 148 ℃}} A_E + Fe_3C(L_d)$。

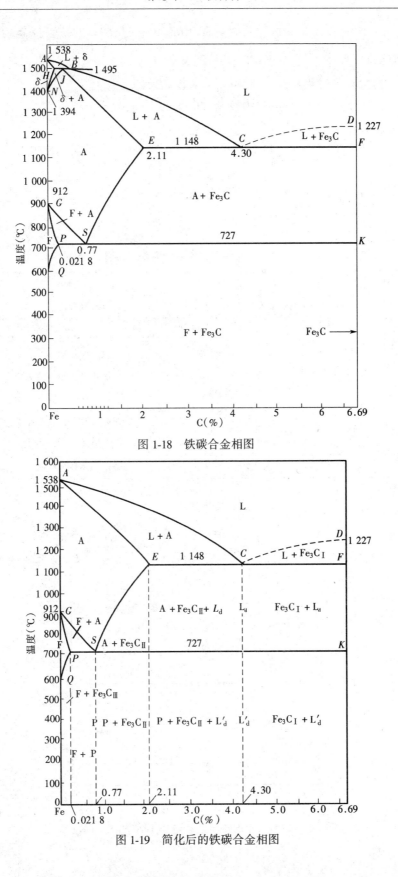

图 1-18　铁碳合金相图

图 1-19　简化后的铁碳合金相图

(8)共析线　PSK 线为共析线。含碳量在 0.021 8% ~ 6.69% 的铁碳合金,当冷至此线时,发生共析反应,即 $A_S \xrightleftharpoons{727\ ℃} F_P + Fe_3C$。共析线又称 A_1 线。

2.典型合金的结晶过程

铁碳合金相图上的各种合金,通常按其含碳量的不同,分成下列三类:

①工业纯铁(< 0.021 8%C);

②钢(0.021 8% ~ 2.11%C),包括亚共析钢(< 0.77%C)、共析钢(0.77%C)和过共析钢(> 0.77%C);

③白口铁(2.11% ~ 6.69%C),包括亚共晶白口铁(< 4.3%C)、共晶白口铁(4.3%C)和过共晶白口铁(> 4.3%C)。

表 1-2　Fe-Fe$_3$C 相图中特性点的温度、含碳量及含义

符号	温度(℃)	含碳量(%)	说明
A	1 538	0	纯铁的熔点
C	1 148	4.30	共晶点,$L \rightleftharpoons A + Fe_3C$
D	1 227	6.69	渗碳体的熔点
E	1 148	2.11	碳在 γ-Fe 中的最大溶解度
G	912	0	α-Fe $\rightleftharpoons \gamma$-Fe 同素异构转变点
P	727	0.021 8	碳在 α-Fe 中的最大溶解度
S	727	0.77	共析点,$A \rightleftharpoons F + Fe_3C$
Q	600	0.005 7	碳在 α-Fe 中的溶解度

下面举几种典型的合金分析其结晶过程。

(1)共析钢的结晶过程　共析钢含碳量为 0.77%。图 1-20 中合金①为共析钢,它在点 1 以上为液相,金属液缓冷至 1 点后,开始结晶出奥氏体。至 2 点以下,全部变为奥氏体。继续

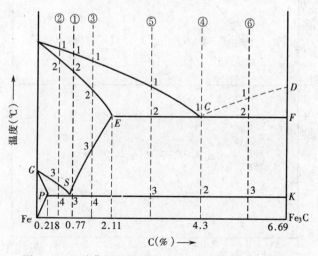

图 1-20　几种典型的铁碳合金在 Fe-Fe$_3$C 相图上的位置

缓冷至 3 点(727 ℃)时,奥氏体发生共析反应,全部转变为珠光体。继续冷却,珠光体不再发生组织转变(实际上,P 中的 F 要析出微量 Fe_3C_{III},由于 Fe_3C_{III} 极少,一般忽略不计)。所以共析钢室温下的平衡组织为珠光体。图 1-21 为共析钢的结晶过程示意图。图 1-22b)为共析钢的显微组织。

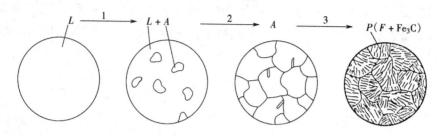

图 1-21 共析钢的结晶过程示意图

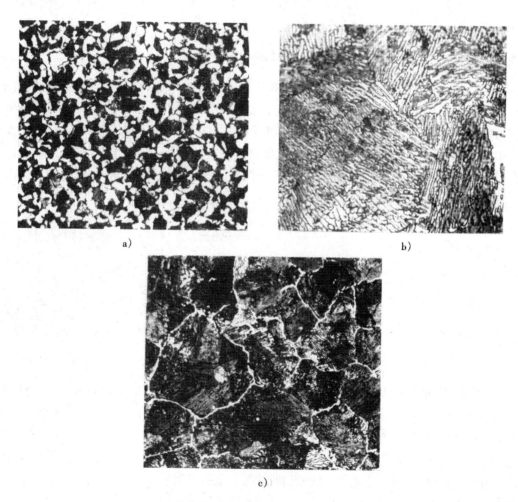

a)

b)

c)

图 1-22 钢的显微组织

a)亚共析钢;b)共析钢;c)过共析钢

（2）亚共析钢的结晶过程　　亚共析钢含碳量小于 0.77％。图 1-20 中合金②是亚共析钢，其结晶过程及组织转变如图 1-23 所示。当液态金属冷却到 1 点时，开始有奥氏体生成，奥氏体量随温度的降低逐渐增多，温度降至 2 点，所有液态金属全部转变为奥氏体。继续缓慢冷却至 3 点，从奥氏体中开始结晶出铁素体。随着温度的降低，铁素体不断增加，而奥氏体量不断减少。当温度降至 PSK 线上的 4 点时，剩余的奥氏体在恒温下发生共析反应，生成珠光体。4 点以下合金的组织不再发生变化。所以，亚共析钢在室温下的平衡组织由铁素体和珠光体组成。图 1-22a)是亚共析钢的显微组织。

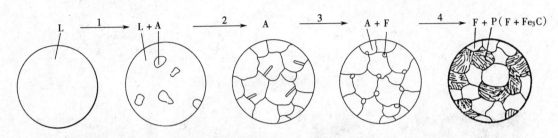

图 1-23　亚共析钢的结晶过程示意图

（3）过共析钢的结晶过程　　过共析钢含碳量大于 0.77％。图 1-20 中合金③是过共析钢，其结晶过程如图 1-24 所示。当液态金属冷至 1 点时，金属液中开始有奥氏体生成，到 2 点全部转变为奥氏体，继续缓冷至 3 点时，奥氏体中开始沿晶界析出二次渗碳体。随着温度的下降，渗碳体逐渐增多，到 4 点时，剩余的奥氏体发生共析反应，生成珠光体，4 点以后到室温，合金的组织不再发生变化。所以，过共析钢的平衡组织是由珠光体和呈网状的渗碳体组成。图 1-22c)为过共析钢的显微组织。

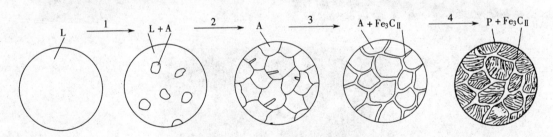

图 1-24　过共析钢的结晶过程示意图

（4）白口铁的结晶过程　　图 1-20 中合金④、⑤和⑥分别是共晶白口铁、亚共晶白口铁和过共晶白口铁，其结晶过程分别如图 1-25、图 1-26 和图 1-27。如共晶白口铁，当冷至 1 点时，在恒温发生共晶反应，金属液全部转变为莱氏体(L_d)，它由奥氏体加渗碳体组成。继续缓冷到 1～2 点之间时，碳在奥氏体中的溶解度不断下降，二次渗碳体不断析出，冷到 2 点时，莱氏体中的奥氏体发生共析反应，形成珠光体，从 2 点到室温，合金的组织不再发生变化。所以，共晶白口铁室温下的平衡组织是低温莱氏体(L_d')，它由珠光体和渗碳体组成。

根据上述方法，可以对亚共晶白口铁和过共晶白口铁的结晶过程进行分析。亚共晶白口铁室温下的平衡组织是由 $P + Fe_3C_{II} + L_d'$ 组成，过共晶白口铁室温下的平衡组织是由 $Fe_3C_I +$

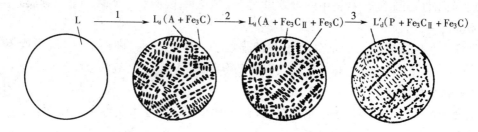

图 1-25　共晶白口铁结晶过程示意图

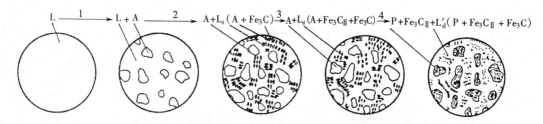

图 1-26　亚共晶白口铁结晶过程示意图

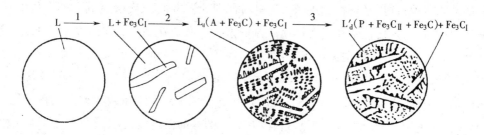

图 1-27　过共晶白口铁结晶过程示意图

L'_d 组成。

3.含碳量与铁碳合金力学性能的关系

在铁碳合金中,随着含碳量的增加,渗碳体的相对量增加,且渗碳体形态分布随含碳量的增加而变化。渗碳体是强化相,当它与铁素体构成层片状珠光体时,使珠光体具有较高的强度和硬度。因此,合金的组织中,珠光体量越多,其强度、硬度越高。但当渗碳体明显以网状形态分布在珠光体边界上,尤其是作为基体或以长条状分布在莱氏体基体上时,使铁碳合金的强度、塑性和韧性大幅度下降。这是高碳钢和白口铁脆性高的根本原因。

图 1-28 表示碳钢的力学性能(正火态)与含碳量的关系。由图可见,当钢中的含碳量小于 1.0%时,随含碳量的增加,钢的强度和硬度

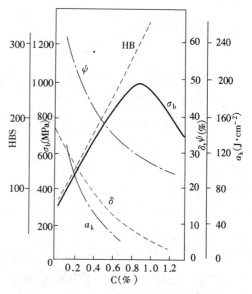

图 1-28　碳钢的力学性能与含碳量的关系

不断增加,而塑性不断下降;当钢中的含碳量大于 1.0% 时,因网状渗碳体明显增多,致使钢的硬度仍不断升高,但强度显著下降。

为保证工业生产中使用的钢具有足够的强度和一定的塑性、韧性,含碳量一般不超过 1.4%。含碳量大于 2.11% 的白口铁,因其又硬又脆,难于切削加工,故常以铸态使用。

4.铁碳合金相图的应用

铁碳合金相图对生产实践有着重要意义,它不但可以作为选材的重要依据,而且还可以作为制定铸造、锻造、热处理等热加工工艺的依据。

(1)在铸造生产上的应用　铸造生产中,依据 Fe-Fe$_3$C 相图可以确定各合金的浇铸温度。同时由相图可知,纯铁和共晶成分的铁碳合金是在恒温下凝固,故推断它们的流动性好,分散缩孔少,铸件致密。其他成分的合金是在一个温度区间内凝固,故流动性差,所以在实际的铸造生产中,尽量选用接近于共晶成分的铸铁。

铸钢也是常用的铸造合金,含碳量一般在 0.15% ～ 0.6% 之间,从 Fe-Fe$_3$C 相图可知,铸钢的熔化温度很高,凝固温度区间较大,所以它的铸造性能比铸铁差得多,故铸钢在机械制造中只适于制造形状复杂、难以进行锻造或切削加工的,且强度、塑性又要求较高的零件。

(2)在锻造生产上的应用　钢处于奥氏体状态时塑性最好,强度较低,便于塑性变形。因此钢材的轧制或锻造时,必须根据 Fe-Fe$_3$C 相图合理地选取轧制或锻造的开始温度和终止温度。选择原则是:必须保证钢在奥氏体区轧制或锻造。开始轧制或锻造温度不能过高,以免钢材氧化严重。终止轧制或锻造温度也不能过低,以免由于钢材塑性差而产生裂纹。

(3)在热处理生产上的应用　热处理工艺中的退火、正火、淬火加热温度都要依据 Fe-Fe$_3$C 相图来确定(详见 1.4 节),所以 Fe-Fe$_3$C 相图是在热处理生产中不可缺少的工艺参考图。

(4)在焊接生产上的应用　在焊接过程中,焊件的焊缝及近缝区均受到不同程度的加热和冷却,使其组织和性能发生某些变化。Fe-Fe$_3$C 相图可作为研究这些变化的理论依据。

1.4　钢的热处理

在机械工业生产中,为了使各种机械零件和加工工具获得良好的使用性能,或者为了使各种金属材料便于进行各种加工,常常需要改变材料的物理、化学、工艺性能和力学性能。但要改变金属材料的性能,必须改变其内部组织。而金属材料的内部组织的改变,只有在一定的加热与冷却条件下才能实现。

将金属在固态下通过加热、保温和不同的冷却方式,改变金属内部组织结构,从而得到所需性能的操作工艺称为热处理。热处理可以提高材料的使用性能,充分发挥材料的潜力,节约钢材,提高产品质量,同时可改善工件的加工工艺性能。

为了掌握热处理方法,首先了解钢在加热与冷却过程中组织的变化规律,然后根据钢在加热与冷却过程中组织的变化规律,来掌握各种热处理方法。

1.4.1　钢在加热和冷却时的转变温度

在上节所述的铁碳合金相图中所示的各种组织的转变温度(临界点),如 A_1、A_3、A_{cm} 等,是在极缓慢冷却(或加热)条件下测得的。工业生产中,在实际的加热与冷却条件下,各转变温度(临界点)将发生变化(图 1-29)。在实际加热时的转变温度(用 A_{c1}、A_{c3}、A_{ccm} 表示),较平衡状态下的转变温度高,二者之差称过热度。在实际冷却条件下冷却时的转变温度(用 A_{r1}、A_{r3}、A_{rcm} 表示),较平衡状态下的转变温度低,二者之差称为过冷度。这是研究钢在加热与冷却时的组织转变所应注意的。这些临界点是正确选择钢在热处理时的加热温度和在冷却时组织转变温度的主要依据。

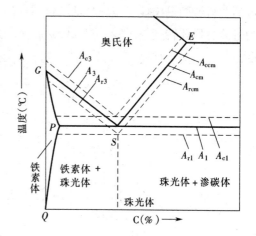

图 1-29　加热(或冷却)时,铁碳相图各临界点的变化

1.4.2　钢在加热时的组织转变

将共析钢加热到 A_{c1} 时,便发生珠光体向奥氏体的转变。奥氏体的形成过程如图 1-30 所示。

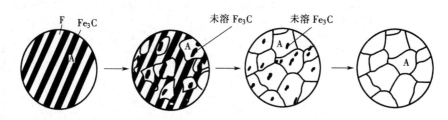

图 1-30　共析钢奥氏体形成过程示意图

因为铁素体含碳量低,渗碳体含碳量高,所以奥氏体总是在铁素体与渗碳体交界处成核。形成的奥氏体晶核,一方面不断吞并相邻的铁素体,另一方面渗碳体又不断溶解于奥氏体中,这样,奥氏体晶粒逐渐增多并长大,最后珠光体全部转变为奥氏体。

亚共析钢加热至 A_{c1} 以上时,珠光体转变为奥氏体,此时的组织为奥氏体和铁素体。若继续升温,铁素体逐渐溶入奥氏体中,温度超过 A_{c3} 时,铁素体全部消失,全部组织为单一的奥氏体。

过共析钢加热至 A_{c1} 以上时,珠光体转变为奥氏体,此时的组织为奥氏体和二次渗碳体,若继续升温,二次渗碳体逐渐溶入奥氏体中,超过 A_{ccm} 时,全部组织为奥氏体,但其晶粒已经长大粗化。

1.4.3　钢在冷却时的组织转变

将钢加热到奥氏体状态,然后缓慢冷却下来,其组织转变情况可以用铁碳合金相图确定,其组织为平衡组织。但在较快的冷却速度下,奥氏体将转变成非平衡组织。冷速越快,过冷度越大,奥氏体的实际转变温度越低。一般把过冷到 A_1 以下还未转变的奥氏体称为过冷奥氏体。

过冷到某一温度的奥氏体,若保持在这一温度,则经过一定时间奥氏体将开始转变,再经一定时间转变结束。这种让奥氏体保持在某一温度下的转变过程,称为奥氏体等温转变。

奥氏体被过冷到不同温度后的转变情况及转变产物可由实验测得。图 1-31 是用实验测得的共析钢的奥氏体等温转变曲线(C 曲线)。图中 a 曲线为过冷奥氏体转变开始线,b 曲线为过冷奥氏体转变终了线。M_s 线和 M_f 线为过冷奥氏体发生低温转变的开始温度和终了温度。

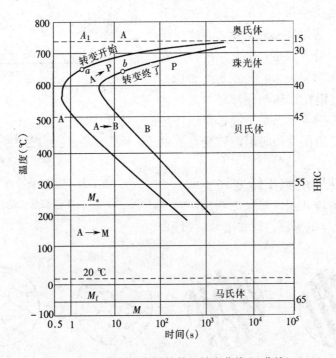

图 1-31　共析钢的奥氏体等温转变曲线(C-曲线)

由图可知,在 A_1 ~ 550 ℃之间,转变产物为珠光体类型。珠光体是铁素体和渗碳体的机械混合物,渗碳体呈层状分布在铁素体基体上。转变温度越低,层间距越小。按层间距大小,珠光体型组织习惯上分为珠光体(P)、索氏体(S)和屈氏体(T)。它们并无本质区别,也无严格界限,只是珠光体较粗,硬度为 HBS170 ~ 200;索氏体较细,硬度为 HRC25 ~ 35;屈氏体最细,硬度为 HRC35 ~ 40。

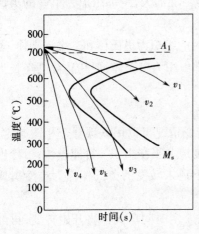

图 1-32　钢的连续冷却转变

在 550 ~ 230 ℃之间,转变产物为贝氏体(B)类组织。它是微细的渗碳体分布在碳过饱和的铁素体基体上的两相组织。其强度、硬度均高于珠光体,且韧性好,具有较好的综合力学性能。

温度低于 M_s(230℃)时,转变产物为马氏体(M)。马氏体是碳在 α-Fe 中的过饱和固溶体,其成分与奥氏体相同。马氏体具有很高的硬度(可达 HRC65)和较大的脆性。马氏体转变是在 M_s ~ M_f 这个温度区间完成的,从 230 ℃到 - 50 ℃,马氏体量逐渐增加,到 M_f(- 50℃),过冷奥氏体全部转变为马氏体。

实际生产中的热处理过程多数为连续冷却,其过冷奥氏体的转变产物可近似地用图 1-32 来描述。

在图 1-32 中，v_1、v_2、v_3、v_4 及 v_k 分别表示不同冷却速度的冷却曲线，$v_1 < v_2 < v_3 < v_k <$ v_4。v_1 相当于随炉缓慢冷却(退火)的情况，它与 C 曲线相割于 700~650 ℃温度范围，在连续冷却后的过冷奥氏体转变产物为珠光体组织。v_2 相当于在空气中冷却(正火)的情况，它与 C 曲线相割于 650~600 ℃温度范围，在连续冷却后的过冷奥氏体转变产物为索氏体组织。v_3 相当于在油中冷却的情况，它与 C 曲线只相割一条转变开始线，且相割于 550 ℃左右，随后的冷却中又与 M_s 线相交，以至冷却到室温。其开始转变产物有屈氏体组织，连续冷却过程中部分过冷奥氏体转变为马氏体组织，冷至室温还会有部分奥氏体残留下来。所以其室温组织为屈氏体 + 马氏体 + 少量残留奥氏体。连续冷却过程中不发生贝氏体转变。v_4 相当于水中冷却(淬火)的情况，它与 C 曲线不相割，而直接与 M_s 线相交，然后继续冷却至室温，其转变产物为马氏体 + 残留奥氏体。冷却速度为 v_k 时，其正好与 C 曲线相切，此时称 v_k 为临界冷却速度。在连续冷却中，冷却速度凡大于 v_k 者，均可以冷却后得到马氏体组织加少量残留奥氏体。

1.4.4　钢的热处理工艺

钢的热处理工艺主要有退火、正火、淬火、回火、表面热处理和化学热处理等。

1. 退火

将钢件加热到适当温度，保温一定时间，然后缓慢冷却(随炉冷却)下来的热处理工艺叫做退火。

根据退火的目的和要求不同，钢的退火可分为完全退火、去应力退火、球化退火和扩散退火等。各种退火的加热温度和工艺曲线如图 1-33 所示。

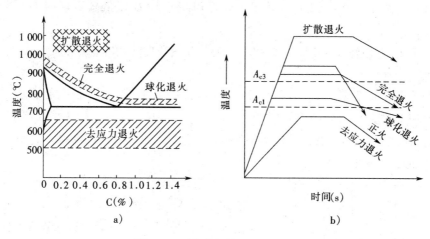

图 1-33　碳钢的退火和正火工艺
a)加热温度；b)工艺曲线

(1)完全退火　完全退火是把钢加热至 A_{c3} 以上 20~30 ℃，保温一定时间后缓慢冷却下来，以获得接近平衡组织的热处理工艺。

完全退火的目的在于，使热加工造成的粗大、不均匀的组织均匀化和细化；降低钢的硬度，改善切削加工性能；消除钢件的内应力。

完全退火主要用于亚共析钢，过共析钢不宜采用，因为过共析钢会析出网状渗碳体，使力学性能变差。

（2）去应力退火　去应力退火是将钢件加热至低于 A_{c1} 的某一温度（一般为 500～650 ℃），保温，然后随炉冷却的热处理工艺。

去应力退火用于消除铸、锻、焊件和冷热加工件中的残余应力。去应力退火不发生组织转变。

（3）球化退火　球化退火就是使钢中的碳化物球状化的热处理工艺。

球化退火主要用于过共析钢，其加热温度略高于 A_{c1}，保温时间必须足够，以保证二次渗碳体及珠光体中的渗碳体球状化。保温后随炉冷却。组织为球状珠光体（铁素体基体上均匀分布着球状渗碳体）。

球化退火的目的是降低工件的硬度，改善切削加工性能，并为淬火作好组织准备。

（4）扩散退火　为使钢锭、铸件或锻坯的化学成分和组织均匀化，将其加热到略低于固相线的温度（熔点以下 100～200 ℃），长时间保温（一般为 10～15 h）并进行缓慢冷却的热处理工艺称为扩散退火。

扩散退火后，钢的晶粒非常粗大，因此，一般都要再进行退火或正火处理。

2.正火

将亚共析钢加热到 A_{c3} 以上 30～50 ℃，过共析钢加热到 A_{ccm} 以上 30～50 ℃，保温一定时间，然后在空气中冷却的热处理工艺称为正火。

正火与退火相似，但由于冷速较大，可以获得较细的珠光体组织。其强度和硬度比退火高，钢的含碳量越高，这一差别越大。

低碳钢正火处理后的强度、硬度较退火处理相差不大，所以低碳钢可用正火代替退火处理。

高碳钢正火后可消除网状碳化物，故常作为其他热处理前的准备热处理。

3.淬火

淬火是把钢件加热到 A_{c1} 或 A_{c3} 以上 30～50 ℃的温度，保温一定时间，然后快速冷却下来的一种热处理工艺。

淬火的目的主要是为了获得马氏体组织，以提高钢件的硬度和耐磨性。它是对钢材进行强化的主要热处理方法。

对于亚共析钢，适宜的淬火温度为 A_{c3} +（30～50）℃，淬火后获得均匀细小的马氏体组织。对于过共析钢，适宜的淬火温度为 A_{c1} +（30～50）℃，淬火后的组织为马氏体和粒状二次渗碳体。钢的淬火加热温度范围如图 1-34 所示。

淬火要得到马氏体组织，淬火的冷却速度就必须大于临界冷却速度（如图 1-32 所示，大于 v_k 的冷却速度）。为此，淬火时必须采用合适的冷却剂。水的冷却能力很强，一般能满足碳素钢的淬火要求。油的淬火冷却能力较水弱，但能满足一般合金钢的淬火要求。水和油是目前最便宜、最安全的淬火剂。

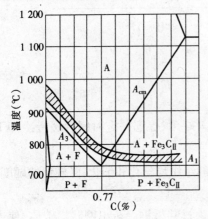

图 1-34　钢的淬火加热温度范围

由于淬火后是否获得马氏体组织与冷速有直接关系,对于厚大工件,淬火时其中心部位常达不到临界冷速,亦即淬不透。为了评定钢的淬火能力,工程上常采用淬透性来衡量。所谓淬透性,是指钢在淬火冷却时获得淬硬层深度的能力。合金钢一般具有较高的淬透性,因而使合金钢在油中冷却仍能获得较厚的淬硬层。

4. 回火

回火是将淬火后的钢重新加热到 A_{c1} 以下某一温度,保温,然后置于空气中或水中冷却的热处理工艺。

淬火后的钢件不经回火一般不能使用。这是因为钢的淬火组织由淬火马氏体和残余奥氏体组成,它们都是不稳定的组织,且淬火马氏体极脆,同时淬火工件中存在着很大的内应力,若不及时回火,会使工件发生变形和开裂。另外,通过淬火和适当的回火相配合,可以调整和改善钢的性能,以满足各种工件不同性能要求。

回火根据加热温度的不同,可分为以下三种。

(1)低温回火　低温回火的加热温度为 150~250 ℃,回火后的组织为回火马氏体,基本保持淬火后的高硬度和高耐磨性。主要目的是消除淬火应力、降低淬火脆性。多用于工模具等各种耐磨件。

(2)中温回火　中温回火的加热温度为 350~500 ℃,回火后的组织为回火屈氏体(由极细粒状渗碳体加铁素体组成),其硬度为 HRC35~45。这种组织具有较高的弹性和韧性,多用于处理各种弹簧和热锻模具。

(3)高温回火　高温回火的加热温度为 500~650 ℃,回火后的组织为回火索氏体(由球状渗碳体加铁素体组成),其硬度为 HRC25~35。这种组织的特点是综合力学性能好,在保持较高强度的同时,具有较好的塑性和韧性。

淬火后高温回火的热处理称为调质处理。调质处理常用于重要的齿轮、连杆、轴类等受力情况复杂的零件。

5. 表面淬火

有些机械零件既受冲击载荷,又在摩擦条件下工作,如轴、齿轮、凸轮、机床床身等。所以,它们要求表面具有高的硬度和耐磨性,而心部需具有足够的韧性。为此工业上广泛采用表面淬火工艺。

表面淬火是将钢件的表层淬硬,而心部仍保持未淬火状态的一种局部淬火方法。它是通过快速加热,使钢件表层迅速达到淬火温度,在心部温度仍然很低的情况下,立即淬火冷却。因为心部未被加热到淬火温度,淬火时不管冷速多快,也不会发生相变,所以性能不会发生变化。

表面淬火加热方法有感应加热法、火焰加热法、电接触加热法、激光加热法等。工业生产中应用最多的是中频、高频感应加热法。

6. 化学热处理

化学热处理是把钢件置于化学介质中加热和保温,使介质中的一种或几种元素渗入钢件表面,以改变表层的化学成分和组织,使其表层与心部具有不同的力学性能或特殊的物理、化学性能的热处理工艺。

根据渗入元素的不同,化学热处理分为渗碳、渗氮、碳氮共渗、渗铬、渗铝、渗硼等。工业生产中最常用的是渗碳和渗氮处理。

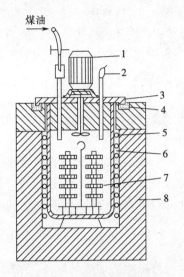

图 1-35　气体渗碳示意图
1—风扇电动机；2—废气火焰；3—炉盖；4—砂封；5—电阻丝；6—耐热罐；7—工件；8—炉体

1) 渗碳

渗碳处理是将含碳量为 0.10% ~ 0.25% 的低碳钢或低碳合金钢零件置于专门的热处理炉中(图 1-35)，加热温度为 900 ~ 950 ℃，加入的渗碳剂为煤油、丙酮或煤气、天然气。渗碳剂分解所产生的活性碳原子渗入工件表面，形成渗碳层。渗碳层的含碳量为 0.8% ~ 1.2%，厚度可达 0.5 ~ 2 mm。

渗碳后的工件，还要进行淬火和低温回火。由于表层含碳量高，淬火后获得高硬度，内部仍为低碳组织，保持高的塑性和韧性。一些磨损条件下工作并承受冲击或交变载荷的零件(如汽车、拖拉机的齿轮、销轴、活塞销等)常选用低碳钢或低碳合金钢制造，然后经渗碳、淬火、低温回火处理以获得上述性能。

2) 渗氮

渗氮也叫氮化，它是把氮原子渗入工件表面层的化学热处理工艺。其目的是提高工件的表面硬度和耐磨性以及疲劳强度和耐蚀性。目前应用最多的是气体氮化法。气体氮化与气体渗碳相类似，在 500 ~ 700 ℃ 加热温度下，在专门氮化炉内氨气被分解为活性氮原子，吸附在工件表面，并向内部扩散形成氮化层。要得到 0.2 ~ 0.4 mm 的氮化层，氮化时间一般需 30 ~ 50 h。

氮化处理主要适用于含 Cr、Mo、Al 的合金钢，因为这些钢中的合金元素能与氮形成稳定化合物，不需淬火处理就具有较渗碳层高的硬度(HRC65 ~ 71)，不但耐磨，还具有一定的耐蚀性。

由于渗氮处理加热温度较低，因此零件的内应力和变形小。但是氮化时间长、工艺复杂、成本高，且所用钢种受到限制，所以应用上也受到一定限制。渗氮多用于要求耐磨、耐疲劳、耐腐蚀的零件，如精密机床的主轴、丝杠、高速精齿轮、镗床主轴、汽轮机的阀门和阀杆等。

3) 碳氮共渗

碳氮共渗是向钢的表面同时渗入碳和氮的过程，碳氮共渗以中温气体碳氮共渗和低温气体碳氮共渗应用最为广泛。

(1)中温气体碳氮共渗　将工件装入密封炉中，在温度为 700 ~ 880 ℃ 的情况下加入共渗剂(煤油 + 氨气或煤气 + 氨气或三乙醇胺)，保温一定时间，然后出炉冷却或淬火。淬火和低温回火后其渗层组织为回火马氏体、适量的碳化物和氮化物及少量残余奥氏体。中温气体碳氮共渗仍以渗碳为主，其目的是提高钢件的硬度、耐磨性和抗疲劳强度，适用于低、中碳结构钢制造的齿轮、轴等以及尺寸小、形状复杂、变形要求很小的耐磨零件，如仪表、缝纫机零件等。

(2)低温气体碳氮共渗　低温气体碳氮共渗常用渗剂是尿素，处理温度不超过 570 ℃，处理后零件几乎不发生变形，并可提高零件的耐磨、耐疲劳、抗咬合和抗擦伤等性能。这种方法不受钢种限制，它适用于碳素钢、合金钢、铸铁及粉末冶金材料等。现在普遍用于对模具、量具及耐磨件的处理。如高速钢刀具及高铬钢模具经碳氮共渗后，其寿命可提高 1.5 ~ 2 倍。

1.5　常用金属材料

工业中应用最为广泛的金属材料是碳素钢、合金钢、铸铁、铜铝及其合金以及粉末冶金材料等。

1.5.1　碳素钢

碳素钢简称碳钢,其含碳量一般为 0.1% ~ 1.4%,并含有少量的 Si、Mn、S、P 等杂质元素。碳钢价格低廉,容易加工,所以在机械制造中得到广泛应用。为了合理选择、正确使用各种碳钢,必须了解碳钢的分类、编号和用途,以及一些常存杂质对碳钢的影响。

1.常存杂质对碳钢性能的影响

(1)硅和锰　硅和锰都是在炼钢时作为脱氧剂而加入的对钢有益的元素。它们都能提高钢的强度,但通常在钢中的含量很少,因而它们对钢的性能影响并不显著。

(2)硫和磷　硫和磷都是在炼钢时由矿石或燃料带进钢中的有害元素。硫与铁可形成 FeS,FeS 与 Fe 形成低熔点的共晶体,熔点为 985 ℃,分布在晶界上。当钢材在 1 000 ~ 1 200 ℃进行热加工时,共晶体熔化,使钢材变脆,这种现象称为热脆性。为此对钢中含硫量必须严格控制。磷在钢中全部溶于铁素体,使钢在室温下塑性急剧下降,脆性增加,这种现象称为冷脆性。所以钢中含磷量也必须严格控制。

2.碳钢的分类

碳钢的分类方法很多,这里主要介绍三种。

1)按钢的含碳量分类

按钢的含碳量分为低碳钢、中碳钢和高碳钢。

(1)低碳钢　含碳量≤0.25%。

(2)中碳钢　含碳量在 0.25% ~ 0.60%之间。

(3)高碳钢　含碳量≥0.60%。

2)按钢的质量分类

主要根据钢中所含有害杂质 S、P 的多少把钢分为普通碳素钢、优质碳素钢和高级优质碳素钢。

(1)普通碳素钢　S、P 含量分别≤0.055%和 0.045%。

(2)优质碳素钢　S、P 含量均应≤0.040%。

(3)高级优质碳素钢　S、P 含量分别≤0.030%和 0.035%。

3)按用途分类

按钢的用途分为碳素结构钢和碳素工具钢。

(1)碳素结构钢　主要用于制造各种工程构件(如桥梁、船舶、建筑等构件)和机器零件(如齿轮、轴、螺钉、螺母、连杆等)。这类钢一般属于低碳钢和中碳钢。

(2)碳素工具钢　主要用于制造工具(如木工工具、凿子、锤子、手工锯条、锉刀等)、模具(如冲模、拉丝模等)、量具等。这类钢属于高碳钢。

3.碳钢的编号和用途

钢的品种很多,为了便于使用,必须对钢进行命名和编号。

1)碳素结构钢

碳素结构钢的牌号由代表屈服点的字母 Q、屈服点的数值、质量等级符号和炼钢脱氧方法等几部分按顺序组成。其牌号、化学成分和力学性能见表 1-3。

表 1-3　碳素结构钢的牌号、化学成分和力学性能

牌号	等级	化学成分(%)					脱氧方法	拉伸试验			相当 GB 700—79 牌号
		C	Mn	Si	S	P		σ_s(MPa)	σ_b(MPa)	δ(%)	
				不大于							
Q195	—	0.06~0.12	0.25~0.50	0.30	0.050	0.045	F、b、Z	195	315~430	33	A1、B1
Q215	A	0.09~0.15	0.25~0.55	0.30	0.050	0.045	F、b、Z	215	335~450	31	A2
	B				0.045						C2
Q235	A	0.14~0.22	0.30~0.65	0.30	0.050	0.045	F、b、Z	235	375~500	26	A3
	B	0.12~0.20	0.30~0.70		0.045						C3
	C	≤0.18	0.35~0.80	0.30	0.040	0.040	Z				—
	D	≤0.17			0.035	0.035	TZ				
Q255	A	0.18~0.28	0.40~0.70	0.30	0.050	0.045	Z	255	410~550	24	A4
	B				0.045						C4
Q275	—	0.28~0.38	0.50~0.80	0.35	0.050	0.045	Z	275	490~630	20	C5

注:1.引自 GB/T 700—1988。

　　2.A、B、C、D—质量等级;F—沸腾钢;b—半镇静钢;Z—镇静钢;TZ—特殊镇静钢。

　　3.在牌号中,Z、TZ 符号予以省略。

　　4.如 Q235-A·F 即表示屈服点数值为 235 MPa 的 A 级沸腾钢。

碳素结构钢在供应时应保证化学成分和力学性能,一般在供应状态下使用,主要用于一般机械零件或热轧成钢板和各种型钢等供焊接、铆接及螺栓连接的构件。

2)优质碳素结构钢

优质碳素结构钢的牌号采用两位数字表示。两位数字表示该钢平均含碳量的万分之几,如 20 钢表示平均含碳量为 0.20%;45 钢表示平均含碳量为 0.45%。

优质碳素结构钢供应时既保证力学性能,又保证化学成分。使用前一般都要经过热处理来改善力学性能,常用来制造重要的机械零件。其牌号、化学成分、力学性能及用途见表 1-4。

表 1-4　优质碳素结构钢的牌号、性能及用途(摘自 GB/T 699—1999)

牌号	化学成分(%)			力学性能(不小于)						用途举例
	C	S	Mn	σ_b(MPa)	σ_s(MPa)	δ(%)	ψ(%)	HBS(热轧)	a_k(J/cm²)	
08	0.05~0.11	0.17~0.37	0.35~0.65	325	195	33	60	131		各种形状的冲压件、拉杆、垫片等
10	0.07~0.13	0.17~0.37	0.35~0.65	335	205	31	55	137		
20	0.17~0.23	0.17~0.37	0.35~0.65	410	245	25	55	156		杠杆、吊环、吊钩
35	0.32~0.39	0.17~0.37	0.50~0.80	530	315	20	45	197		轴、螺母、螺栓

续表

牌号	化学成分(%)			力学性能(不小于)						用途举例
	C	S	Mn	σ_b (MPa)	σ_s (MPa)	$\delta(\%)$	$\psi(\%)$	HBS (热轧)	a_k (J/cm²)	
40	0.37 ~ 0.44	0.17 ~ 0.37	0.50 ~ 0.80	570	335	19	45	217	60	齿轮、曲轴、连杆、联轴节、轴
45	0.42 ~ 0.50	0.17 ~ 0.37	0.50 ~ 0.80	600	355	16	40	229	50	
60	0.57 ~ 0.65	0.17 ~ 0.37	0.50 ~ 0.80	675	400	12	35	255		弹簧、弹簧垫圈等
65	0.62 ~ 0.70	0.17 ~ 0.37	0.50 ~ 0.80	695	410	10	30	255		

3)碳素工具钢

碳素工具钢的含碳量一般在 0.65% ~ 1.35% 之间。它的牌号由代表碳素工具钢汉语拼音字母"T"和数字组成。其数字表示平均含碳量的千分之几。如 T10 表示平均含碳量为 1.0% 的碳素工具钢。若为高级优质钢,则在牌号后面加"A",如 T10A。

碳素工具钢在应用时,一般都要经过热处理,以提高其硬度和耐磨性。其牌号、性能及用途见表 1-5。

表 1-5　碳素工具钢的牌号、性能及用途(摘自 GB/T 1298—1986)

牌号	化学成分(%)					淬火		回火		用途举例
	C	Mn	Si	S	P	加热温度(℃)	HRC	加热温度(℃)	HRC	
T7	0.65 ~ 0.74	≤0.40				800 ~ 820 水淬	62 ~ 63	180 ~ 200	60 ~ 62	锤头、锯、钻头、木工用凿子
T8	0.75 ~ 0.84	≤0.40				780 ~ 800 水淬	62 ~ 64	180 ~ 200	60 ~ 62	冲头、木工工具
T10	0.95 ~ 1.04	≤0.40	≤0.35	< 0.03	< 0.035	760 ~ 780 水淬	62 ~ 64	180 ~ 200	60 ~ 62	丝锥、板牙、锯条、刨刀、小型冲模
T12	1.15 ~ 1.24	≤0.40				760 ~ 780 水淬	62 ~ 64	180 ~ 200	60 ~ 62	锉刀、量具、剃刀、刮刀、丝锥
T13	1.25 ~ 1.35	≤0.40				760 ~ 780 水淬	62 ~ 64	180 ~ 200	60 ~ 62	

1.5.2　合金钢

为了提高钢的力学性能、工艺性能和物理化学性能,在炼钢时有意识地向钢中加入一种或几种合金元素,这样获得的钢称为合金钢。

在合金钢中常加入的合金元素有:锰(Mn)、硅(Si)、铬(Cr)、镍(Ni)、钼(Mo)、钨(W)、钒(V)、钛(Ti)、铌(Nb)、锆(Zr)、硼(B)、稀土(Re)等。

1.合金元素在钢中的主要作用

大多数合金元素都能不同程度地溶于铁素体中,起到固溶强化的作用,使钢的强度提高。在加热时,能溶入奥氏体,形成合金奥氏体,它在淬火时形成合金马氏体。

与碳亲和力强的元素(如 W、Mo、V、Ti 等)能与碳结合形成碳化物。这些碳化物具有很高的硬度,能显著提高钢的强度和硬度,同时能阻碍奥氏体晶粒长大,可起到细化钢的晶粒的作用。

除钴(Co)外,大部分合金元素溶入奥氏体后,可使其稳定性提高,从而使钢的 C 曲线右移,亦即使钢的淬透性提高,淬硬层加深。同时可降低钢的淬火冷却速度,减少淬火变形和开裂。

一些碳化物形成元素(如 W、Mo、V、Ti 等)能阻碍碳原子的扩散,因而降低了马氏体的分解速度,即提高了钢的回火稳定性,使淬火后的钢在较高温度下仍能保持较高的硬度。

2.合金钢的分类和编号方法

1)合金钢的分类

合金钢的分类方法有多种。

①按所含合金元素的多少分为低合金钢(总量低于 5%)、中合金钢(总量 5% ~ 10%)和高合金钢(总量大于 10%)。

②按所含主要合金种类分为铬钢、铬镍钢、锰钢、硅锰钢等。

③按钢的正火态组织分为珠光体钢、马氏体钢、铁素体钢、奥氏体钢等。

④按钢的用途分类有结构钢、工具钢和特殊性能钢。

2)合金钢的编号

我国合金钢是按含碳量、合金元素的种类和数量以及质量级别来编号的。

在牌号首部用数字标明钢的含碳量。结构钢以万分之几表示(两位数)。工具钢,当含碳量小于 1%时,以千分之几来表示(一位数),含碳量大于 1%时,不予标出。特殊性能钢以千分之几表示。

在表明含碳量的数字后面,用元素符号表明钢中的主要合金元素,含量由其后的数字标明。平均含量少于 1.5%时不标数,平均含量为 1.5% ~ 2.5%、2.5% ~ 3.5%……时,相应地标以 2、3……

根据以上编号方法,40Cr 钢为结构钢,平均含碳量为 0.40%,主要合金元素为 Cr,其含量为 1.5%以下。同样,60Si2Mn 钢平均含碳量为 0.65%,主要合金元素为 Si、Mn,其含量分别为 1.5% ~ 2.5%和 1.5%以下。

5CrMnMo 钢为工具钢,平均含碳量为 0.5%,含有 Cr、Mn、Mo 三种主要合金元素,含量皆在 1.5%以下。同样,CrWMn 钢,平均含碳量大于 1.0%,含有 Cr、W、Mn 合金元素,含量都小于 1.5%。

专用钢用其用途的汉语拼音字首来标明。例如,滚动轴承钢在牌号前加 G(滚的汉语拼音字首)字。如 GCr9、GCr15 等,后边的数字表示平均含铬量的千分之几。

含硫、磷量较低的高级优质合金钢,在钢号后边加字母"A",例如 12Mn2A、20CrNi4A 等。

3.常用合金钢

1)合金结构钢

合金结构钢是专门用于制造各种工程结构和机器零件的钢种,主要包括低合金结构钢、合金渗碳钢、合金调质钢、合金弹簧钢以及轴承钢等。常用合金结构钢的性能及用途见表1-6。

表 1-6　常用合金结构钢的性能及用途

钢种类别	牌号	热处理(℃)		力学性能(不小于)			用途举例
		淬火温度	回火温度	σ_b(MPa)	σ_s(MPa)	δ(%)	
低合金结构钢	16Mn	—	—	510~660	345	22	压力容器、桥梁、船舶、机车车辆
	15MnTi	—	—	530~680	390	20	桥梁、高中压压力容器、船舶
合金渗碳钢	20Cr	880 水、油淬	200	835	540	10	齿轮、活塞销、凸轮、气门顶杆
	20CrMnTi	860 油淬	200	1 080	835	10	汽车、拖拉机上变速箱齿轮
合金调质钢	40Cr	850 油淬	500	980	785	9	机床主轴、曲轴、连杆、重要轴
	35CrMo	850 油淬	550	980	835	12	齿轮、曲轴、连杆
合金弹簧钢	60Si2Mn	870 油淬	480	1 275	1 200	5	用作汽车、拖拉机、铁道车辆上板簧、螺旋弹簧
	50CrVA	850 油淬	500	1 275	1 150	10	承受大应力的各种尺寸螺旋弹簧

(1)低合金结构钢　普通低合金结构钢是一种低碳(<0.2%)、低合金(<3.0%)含量的结构钢,它与含碳量相同的碳钢相比具有较高的强度,并且具有较好的塑性、韧性、焊接性和耐蚀性。所以多用于制造桥梁、车辆、船舶、锅炉、高压容器、油罐、输油管等。

这类钢通常在热轧后经退火或正火状态使用,焊接成形后不再进行热处理,因此它的使用性能主要靠加入少量的 Mn、Ti、V、Nb、Cu 等合金元素来提高。常用的有 16Mn、15MnTi 等。

(2)合金渗碳钢　合金渗碳钢是一种低碳的,需进行渗碳、淬火、回火后使用的合金钢。适于制造既要表面耐磨,又要承受冲击载荷即"外硬内韧"性能的零件,如汽车、拖拉机变速箱齿轮、柴油机的凸轮轴和活塞销等。

这类钢的含碳量在 0.15%~0.25% 之间,合金元素主要有 Cr、Ni、Mn、B(用来提高淬透性和心部强度、韧性)和 V、W、Mo、Ti(阻止奥氏体晶粒长大,细化晶粒)。常用的有 20Cr、20CrMnTi 等。

(3)合金调质钢　调质钢是指经调质处理后使用的结构钢。这类钢经调质处理后既有较高的强度,又具有良好的塑性和韧性,主要用于制造传递动力的机器零件,如齿轮、轴、连杆及螺栓等。常用的合金调质钢有 40Cr、35CrMo 等。

这类钢的含碳量一般在 0.25%~0.50% 之间,合金元素主要有 Mn、Si、Cr、Ni(提高淬透性和提高钢的强度)和 W、Mo、V、Ti(细化晶粒)。

(4)合金弹簧钢　弹簧钢是制造各种弹性零件的主要材料。弹簧是利用弹性变形吸收能量以缓和震动和冲击,这就要求弹簧钢必须具有高的抗拉强度、高的屈强比(σ_s/σ_b)、高的疲劳强度,并具有足够的塑性和韧性以及好的淬透性,在冷热状态下容易绕卷成形。

为了获得弹簧所需要的性能,合金弹簧钢的含碳量一般在 0.45%~0.70% 之间,所含合金元素有 Si、Mn、Cr、V 等。合金元素的主要作用是提高钢的淬透性和回火稳定性,强化铁素体和细化晶粒,以使力学性能、屈强比达到所需要求。其中 Cr、V 还有利于提高钢的高温强度。常用的合金弹簧钢有 60Si2Mn、50CrVA 等。

(5)滚动轴承钢　滚动轴承钢是制造滚动轴承的内外套圈、滚珠、滚柱的专门用钢。它必须具有较高的硬度和耐磨性以及高的弹性极限和接触疲劳强度。为此,轴承钢的含碳量一般在 0.95% ~ 1.15% 之间,加入的合金元素有 Cr 以及 Si、Mn 等。

加入 Cr 的目的是提高淬透性及回火稳定性,细化晶粒,增加强度和韧性;加入 Si、Mn 可进一步提高钢的性能,适于制造大型轴承。常用的轴承钢有 GCr15、GCr15SiMn 等。

2)合金工具钢

用于制造刀具、模具、量具等工具的合金钢统称为合金工具钢。其共同的特点是要求有好的耐磨性、高的硬度及必要的强度和韧性。因此,这类钢的含碳量高,是高碳合金钢。一般都含有强碳化物形成元素,如 Cr、Mn、W、V、Mo 等,以提高钢的淬透性、硬度、耐磨性及回火稳定性。常用合金工具钢的牌号、化学成分、热处理及用途如表 1-7 所列。

表 1-7　常用合金工具钢的牌号、化学成分、热处理及用途(摘自 GB/T 1299—2000 等)

| 牌号 | 化学成分(%) | | | | | | | | 淬火 | | 回火 | | 用途 |
	C	Mn	Si	Cr	W	V	Mo	Ni	加热温度(℃)	硬度(HRC)	回火温度(℃)	硬度(HRC)	
9SiCr	0.85 ~ 0.95	0.30 ~ 0.60	1.20 ~ 1.60	0.95 ~ 1.25					820 ~ 860 油	≥62	190 ~ 200	60 ~ 62	板牙、丝锥绞刀、搓丝板、冷冲模
Cr06	1.3 ~ 1.45	≤0.40	≤0.40	0.50 ~ 0.70					780 ~ 810 水	≥64			
W18Cr4V	0.70 ~ 0.80	≤0.40	≤0.40	3.8 ~ 4.4	17.5 ~ 19.00	1.00 ~ 1.40		≤0.3	1 270 ~ 1 285 油		550 ~ 570 三次	>63	高速切削用各种刀具
W6Mo5Cr4V2	0.80 ~ 0.90	≤0.40	≤0.40	3.8 ~ 4.4	5.50 ~ 6.75	1.75 ~ 2.20	4.5 ~ 5.50		1 210 ~ 1 230 油		540 ~ 560 三次	>63	
5CrW2Si	0.45 ~ 0.55	≤0.40	0.50 ~ 0.80	1.00 ~ 1.30	2.00 ~ 2.50				860 ~ 900 油	≥55			耐冲击用剪刀片等
Cr12	2.00 ~ 2.30	≤0.40	≤0.40	11.50 ~ 13.00					950 ~ 1 000 油	≥60	180 ~ 220	60 ~ 62	各种冷作模具用钢
Cr12MoV	1.45 ~ 1.70	≤0.40	≤0.40	11.00 ~ 12.50		0.15 ~ 0.30	0.40 ~ 0.60		950 ~ 1 000 油	≥58	160 ~ 180	61 ~ 62	
CrWMn	0.90 ~ 1.05	0.80 ~ 1.10	≤0.40	0.90 ~ 1.20	1.20 ~ 1.60				800 ~ 830 油	≥62	140 ~ 160	62 ~ 65	板牙、拉刀、量具及高精度冷冲模
5CrMnMo	0.50 ~ 0.60	1.20 ~ 1.60	0.25 ~ 0.60	0.60 ~ 0.90			0.15 ~ 0.30		820 ~ 850 油	≥50	490 ~ 640	30 ~ 47	中型热锻模
5CrNiMo	0.50 ~ 0.60	0.50 ~ 0.80	≤0.40	0.50 ~ 0.80			0.15 ~ 0.30	1.40 ~ 1.80	830 ~ 860 油	≥47	490 ~ 660	30 ~ 47	大型热锻模

续表

牌号	化学成分(%)								淬火		回火		用途
	C	Mn	Si	Cr	W	V	Mo	Ni	加热温度(℃)	硬度(HRC)	回火温度(℃)	硬度(HRC)	
3Cr2W8V	0.30 ~ 0.40	≤0.40	≤0.40	2.20 ~ 2.70	7.50 ~ 9.00	0.20 ~ 0.50			1 075 ~ 1 125 油	≥50	560 ~ 580 三次	45 ~ 48	热挤压模、高速锻模、精锻模等
4Cr5Mo SiV	0.33 ~ 0.43	0.20 ~ 0.50	0.80 ~ 1.20	4.75 ~ 5.50		0.30 ~ 0.60	1.10 ~ 1.60		870 ~ 930 油	—	540 ~ 650	40 ~ 54	
3Cr2Mo	0.28 ~ 0.40	0.60 ~ 1.00	0.20 ~ 0.80	1.40 ~ 2.00			0.30 ~ 0.55		—	—	—	—	塑料模具

　　9SiCr 钢属于低合金刃具钢,适于制造切削速度较慢的刃具(如丝锥、板牙、绞刀等)。

　　W18Cr4V、W6Mo5Cr4V2 钢属于高速钢,用其制造的切削刃具可以进行高速切削,当切削温度高达 600 ℃时,硬度无明显下降,仍能保持良好的切削性能。称这种性能为热硬性或红硬性。

　　Cr12、Cr12MoV 钢适于制造冷态下变形的模具,如冷冲模、冷挤压模、冷镦模等,所以称其为冷作模具钢。经热处理后,这种钢在冷态下具有很高的硬度、强度和良好的耐磨性及足够的韧性。

　　5CrMnMo、5CrNiMo、3Cr2W8V 钢,一般用于制造热锻模和热压模。因为其经常在热态(与炽热的金属接触)下工作,所以称其为热作模具钢。这类钢经热处理后,不仅具有高的硬度、强度、耐磨性、冲击韧性,而且还具有良好的耐热疲劳及高导热性。

　　CrWMn 钢是用于制造高精度量具(量规、块规、千分尺)的钢,也用于制造一些精度高的刃具和模具。这种钢经热处理后,不但耐磨性好,且变形小,故一般称其为微变形钢。

　　3)特殊性能钢

　　在机械制造中,常用的特殊性能钢是不锈钢、耐热钢和耐磨钢。

　　(1)不锈钢　不锈钢除了具有一定的强度外,还具有抵抗空气、水、酸、碱等介质的腐蚀作用的能力。这类钢含碳量较低,含 Cr、Ni 元素较高。常用的有铬不锈钢和铬镍不锈钢。

　　铬不锈钢以铬为主要合金元素,含铬量都在 12.0%以上,如 1Cr13、2Cr13、3Cr13、4Cr13 等。前两种含碳量低,韧性好,可用于制造受冲击的耐蚀零件,如汽轮机叶片、水压机阀门等。后两种含碳量较高,经 1 000 ~ 1 050 ℃加热淬火及 200 ~ 300 ℃回火后,硬度可达 HRC48 ~ 50,适于制造医疗器具、量具、阀门、弹簧等。

　　铬镍不锈钢以铬和镍为主要合金元素。常用的有 0Cr18Ni9、1Cr18Ni9Ti 等。这类钢的抗蚀耐酸能力较强,常温下具有较高的塑性和韧性,焊接性能良好,无磁性,适于制造在各种腐蚀介质中工作的容器、管道、阀门、化工机械以及抗磁性零件。

　　(2)耐热钢　耐热钢是指在高温下具有高的热化学稳定性和热强性的特殊钢。碳钢和一般的合金钢耐热性差,高温下易于氧化,强度明显下降,只能在 500℃以下工作。高温工作的零件必须用耐热钢制造。耐热钢大多是高合金钢,其主要合金元素有 Cr、Mo、V、W、Ni、Si 等。Cr、Si 提高钢的抗氧化性,W、V 等能形成稳定的化合物以提高钢的高温强度。

　　3Cr18Ni25Si2 和 3Cr18Mn12Si2N 钢抗氧化性能很好,最高工作温度可达 1 000 ℃,多用于制造加热炉的受热构件、锅炉中的吊钩等。

15CrMo 和 12CrMoV 钢用于工作温度低于 600 ℃的构件,如锅炉的炉管、过热器、气阀等。

1Cr18Ni9Ti 和 1Cr13、2Cr13 钢既是不锈钢又可以作为耐热钢使用,工作温度可达 600 ~ 800 ℃。

(3)耐磨钢 耐磨钢主要用于运转过程中承受严重磨损和冲击的零部件,如车辆履带、挖掘机铲斗、破碎机颚板和铁轨分道叉等。

高锰钢是目前最好的耐磨钢,其化学成分为:1.0% ~ 1.3% C,11% ~ 14% Mn,0.3% ~ 0.8%Si。由于机械加工困难,它基本上都是由铸造生产,因此牌号为 ZGMn13。

高锰钢在使用前都要进行水韧处理。水韧处理即是将钢加热到 1 000 ~ 1 100℃,保温后迅速水冷的处理,在室温下可获得均匀单一的奥氏体组织。此时钢的硬度很低(约为 210HBS),但韧性很高,当在工作中受到强烈冲击或强大压力而变形时,表面层产生加工硬化,并发生马氏体转变,使硬度显著提高,心部仍保持原来的高韧性状态。

1.5.3 铸铁

铸铁是含碳量大于 2.11%的铁碳合金,并且还含有较多量的 Si、Mn、S、P 等元素。

铸铁的强度、塑性、韧性较钢差,不能进行锻造,但它却具有优良的铸造性能,良好的减摩性、耐磨性、消震性和切削加工性,以及低的缺口敏感性。而且生产工艺及设备简单,价格低廉。因此铸铁在机械制造上得到了广泛的应用。

铸铁之所以具有这些优良的性能,是跟它的成分含 C、Si 量高,使大部分碳以游离的石墨状存在其中分不开的。根据碳在铸铁中存在的形式不同,铸铁可分为以下几种。

白口铸铁:其中碳全部以渗碳体形式存在,断口呈银白色。因为大量渗碳体的存在(如图 1-36a))使其具有硬而脆的性能,很难加工,因而很少应用。

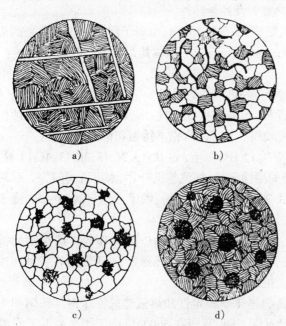

灰口铸铁:其中碳大部分或全部以片状石墨形式存在,断口呈暗灰色。组织是在金属基体中分布着片状石墨(如图 1-36b),基体为 F + P)。

可锻铸件:其中碳大部分或全部呈团絮状石墨形式存在。因为石墨呈团絮状,对基体的割裂作用减少,所以与灰口铸铁相比具有较高的韧性,故又称为韧性铸铁(如图 1-36c),基体为 F)。

球墨铸铁:其中碳大部分或全部以球状石墨形式存在(如图 1-36d),基体为 P)。由于石墨呈球状,对基体的割裂作用大大减小,球墨铸铁的力学性能比灰口铸铁高得多。

1.灰口铸铁

灰口铸铁有铁素体基体、珠光体基体和铁素体加珠光体基体(图 1-36b))三种。铁素体灰铁的硬度和强度低、珠光体灰铁的硬度和强度高,铁素体加珠光体灰铁的性能介于前二者之间。

图 1-36 铸铁中碳的存在形式及其形态

a)白口铸铁;b)灰口铸铁;c)可锻铸铁;d)球墨铸铁

影响灰口铸铁组织和性能的主要因素是其化学成分和冷却速度。

碳和硅是强烈促进石墨的元素,所以碳、硅量必须足够高,以防出现白口组织。但含量也不能太高,以防出现粗大石墨片。碳、硅的合适含量范围分别为 2.5% ~ 4.0%、1.0% ~ 3.0%。

锰是阻碍石墨化的元素,但它能与硫生成 MnS,减少硫的有害作用。其含量一般为 0.5% ~ 1.4%。硫是有害元素,强烈促进白口化,并使铸造性能和力学性能恶化,因此限定硫的含量在 0.15% 以下。磷是促进石墨化的元素,它的存在降低铸铁的强度,但可提高耐磨性。

在一定铸造工艺条件(浇铸温度、铸型温度、铸型材料)下,铸铁的冷却速度对石墨化完成的程度有很大影响。图 1-37 表示不同 C + Si 含量时不同壁厚(即不同冷速)铸件的组织。由图 1-37 可知,当铸铁 C + Si 含量一定时,铸件越厚即冷却速度越慢,对石墨化越有利。实际生产中,要获得某种所需要的组织,必须根据铸件的尺寸(壁厚)来选择适宜的铸铁成分。

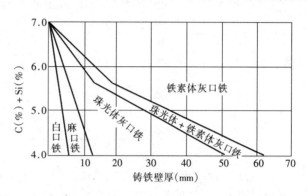

图 1-37　铸件壁厚和碳、硅含量对铸铁组织的影响

为提高灰口铸铁的力学性能,常向铁水中加入孕育剂(含硅量为 75% 的硅铁),进行孕育处理。孕育处理时,因为铁水中均匀地悬浮着外来弥散质点,增加了石墨的结晶核心,使石墨化作用骤然提高,所以石墨片细小,分布均匀,并获得珠光体基体,使强度、硬度显著提高。将这种经孕育处理的铸铁常称为孕育铸铁。

灰口铸铁的组织可以看作是钢的基体加片状石墨。石墨的强度极低,故可把石墨片看作微裂纹,则灰口铸铁即为含有许多微裂纹的钢,所以灰口铸铁的抗拉强度、塑性、韧性远不如钢。但抗压强度与钢相近。

灰口铸铁有 HT100、HT150、HT200、HT250、HT300、HT350 六个牌号。HT 表示"灰铁"汉语拼音的字首,后续数字表示最低抗拉强度(MPa),其力学性能和用途如表 1-8 所列。

表 1-8　灰口铸铁牌号和不同壁厚铸件的力学性能及用途(摘自 GB/T 9439—1988)

牌号	铸件壁厚(mm)	抗拉强度 σ_b (MPa)	硬度(HBS)	用　途
HT100	2.5 ~ 10	130	110 ~ 166	低负荷和不重要的零件,如防护罩、小手柄、盖板等
	10 ~ 20	100	93 ~ 140	
	20 ~ 30	90	87 ~ 131	
	30 ~ 50	80	82 ~ 122	
HT150	2.5 ~ 10	175	136 ~ 205	承受中等负荷的零件,如机座、支架、箱体、带轮、轴承座、法兰、泵体、阀体、管路、飞轮、马达座等
	10 ~ 20	145	119 ~ 179	
	20 ~ 30	130	110 ~ 167	
	30 ~ 50	120	105 ~ 157	
HT200	2.5 ~ 10	220	157 ~ 236	承受较大负荷的较重要零件,如汽缸、齿轮、机座、飞轮床身、汽缸体、汽缸套、活塞、齿轮箱、中等压力阀体等
	10 ~ 20	195	148 ~ 222	
	20 ~ 30	170	134 ~ 200	
	30 ~ 50	160	129 ~ 192	

续表

牌号	铸件壁厚(mm)	抗拉强度 σ_b (MPa)	硬度(HBS)	用　途
HT250	4.0~10	270	174~262	承受较大负荷的较重要零件,如汽缸、齿轮、机座、飞轮、床身、汽缸体、汽缸套、活塞、齿轮箱、中等压力阀体等
	10~20	240	164~247	
	20~30	220	157~236	
	30~50	200	150~225	
HT300	10~20	290	182~272	承受高负荷、耐磨和高气密性重要零件,如重型机床身、压力机床身、高压液压件、活塞环、齿轮、凸轮等
	20~30	250	168~251	
	30~50	230	161~241	
HT350	10~20	340	199~298	承受高负荷、耐磨和高气密性重要零件,如重型机床身、压力机床身、高压液压件、活塞环、齿轮、凸轮等
	20~30	290	182~272	
	30~50	260	171~257	

铸件由于各处冷速不同,常在内部产生很大的内应力,或在表面、极薄处出现白口组织,为消除铸件的变形、开裂现象或改善其切削加工性能,铸件在使用前都要进行消除内应力退火处理(500~600 ℃,4~8 h,缓冷)或进行改善切削加工性的退火处理(850~900 ℃,2~5 h,缓冷)。有些铸件如机床导轨、缸体内壁,因需提高表面硬度和耐磨性,常进行表面淬火处理。

2.可锻铸铁

可锻铸铁是将白口铁坯件经长时间高温退火得到的一种较高塑性和韧性的铸铁。按退火工艺不同,可锻铸铁分为黑心可锻铸铁和珠光体可锻铸铁。

1)黑心可锻铸铁

将白口铸铁加热到950 ℃以上,保温30 h左右后,降温至710~730 ℃,保温20 h左右,然后随炉冷至500~600 ℃,空冷。经以上退火工艺,渗碳体全部分解,碳全部转变为团絮状石墨,基体为铁素体,其显微组织如图1-36c)所示。断口心部呈暗黑色,故而得名。

2)珠光体可锻铸铁

将白口铸铁加热到950 ℃以上,保温30 h左右,随炉冷至820~880 ℃,出炉空冷。退火时冷速较快,共析渗碳体未石墨化,组织为珠光体基体上分布着团絮状石墨。

可锻铸铁的牌号、力学性能和用途列于表1-9。

表 1-9　可锻铸铁的牌号、力学性能和用途(摘自 GB/T 9440—1988)

类别	牌号	力学性能				用　途
		抗拉强度 $\sigma_b \geqslant$(MPa)	屈服强度 $\sigma_{0.2} \geqslant$(MPa)	伸长率 $\delta \geqslant$(%)	硬度(HBS)	
黑心可锻铸铁	KTH300—06	300	—	6	≤150	承受冲击、振动及扭转负荷的零件,如汽车、拖拉机中的桥壳、轮壳、转向机构壳体、弹簧钢板支座;机床附件;各种低压阀门、管件、纺织机和农机零件等
	KTH330—08	330	—	8		
	KTH350—10	350	200	10		
	KTH370—12	370	—	12		

续表

类别	牌号	力学性能				用 途
		抗拉强度 $\sigma_b \geq$ (MPa)	屈服强度 $\sigma_{0.2} \geq$ (MPa)	伸长率 $\delta \geq$ (%)	硬度(HBS)	
珠光体可锻铸铁	KTZ450—06	450	270	6	150~200	负荷高和耐磨损零件,如曲轴、连杆、齿轮、凸轮轴等
	KTZ550—04	550	340	4	180~230	
	KTZ650—02	650	430	2	210~260	
	KTZ700—02	700	530	2	240~290	

牌号中,KTH("可铁黑"的汉语拼音字首)代表黑心可锻铸铁,KTZ("可铁珠"的汉语拼音字首)代表珠光体可锻铸铁。符号后的第一组数字表示最低抗拉强度,第二组数字表示伸长率。

3.球墨铸铁

球墨铸铁是石墨呈球状的铸铁,它是向铁水中加入一定量的球化剂(稀土镁合金)进行球化处理,并加入少量的孕育剂(硅铁)而制得。球墨铸铁力学性能优良,生产工艺简便,成本低廉,因此发展很快,应用广泛。

由于石墨呈球状,它对基体的割裂作用和应力集中的不良作用大大减少,从而提高了铸铁的强度。抗拉强度与中碳钢相近,并具有较好的塑性和韧性。同时仍保持灰铸铁所具有的优良的耐磨性、减震性、小的缺口敏感性以及良好的铸造性能和切削加工性能。

球墨铸铁的牌号、力学性能和用途如表 1-10 所列。牌号中,QT 为"球铁"汉语拼音字首,后面第一组数字表示最低抗拉强度值,第二组数字表示最小伸长率值。

随着化学成分、冷却速度和热处理方法的不同,球墨铸铁可得到不同的组织(如表 1-10),常用的是珠光体基体和铁素体基体的球墨铸铁,珠光体基体的球铸铁的组织如图 1-36d)所示。

表 1-10 球墨铸铁的牌号、力学性能和用途(摘自 GB/T 1348—1988)

牌号	基体组织	抗拉强度 $\sigma_b \geq$ (MPa)	屈服强度 $\sigma_{0.2} \geq$ (MPa)	伸长率 $\delta \geq$ (%)	硬度 (HBS)	用途
QT400—18	铁素体	400	250	18	130~180	承受冲击、震动的零件,如汽车、拖拉机底盘零件(后桥壳),农机具零件,中低压阀门,上、下水及输气管道
QT400—15	铁素体	400	250	15	130~180	
QT440—10	铁素体	450	310	10	160~210	
QT500—7	铁素体+珠光体	500	320	7	170~230	
QT600—3	珠光体+铁素体	600	370	3	190~270	负荷大、受力复杂的零件,如汽车、拖拉机曲轴,连杆,凸轮轴,机床蜗杆,蜗轮
QT700—2	珠光体	700	420	2	225~305	
QT800—2	珠光体或回火组织	800	480	2	245~335	
QT900—2	贝氏体或回火马氏体	900	600	2	280~360	轧钢机轧辊、大齿轮,高强度齿轮,如汽车后桥螺旋齿轮、大减速齿轮等

珠光体球墨铸铁(基体中珠光体量占 80%以上的统称为珠光体球墨铸铁)是经正火处理

而得到的,其牌号如 QT600—3、QT700—2、QT800—2 等。这些球墨铸铁的抗拉强度、屈服强度高,近于 45 钢,伸长率低于 45 钢,疲劳强度与 45 钢几乎相同,硬度和耐磨性远远高于灰口铁。球墨铸铁可以代替碳钢制造某些受力复杂,强度、韧性和耐磨性能要求较高的零件,如柴油机曲轴、凸轮轴、连杆、拖拉机的减速齿轮等。

铁素体球墨铸铁(基体中含铁素体 80% 以上的统称为铁素体球墨铸铁)通常经退火处理得到。其牌号有 QT400—18、QT450—10 等。其抗拉强度低于珠光体球墨铸铁,但塑性、韧性高。适于制造汽车和拖拉机底盘的许多零件(如后桥壳等)、农机具零件、中低压阀门、电力线路金属用具、铸管(如上下水管道)等。

4.合金铸铁

随着铸铁的广泛应用,对铸铁的要求也越来越高。不但要求有更高的力学性能,有时还要求具有某种特殊性能,如耐磨、耐热、耐蚀等。为了获得这些性能,可往铸铁中加入一些合金元素,这种铸铁称为合金铸铁。

在普通灰铸铁的基础上加入 Cu(0.6% ~ 1.0%)和 Mo(0.4%)可强化基体,加入 P(0.4% ~ 0.7%)可形成高硬度的磷共晶,加入 V、Ti 可形成高硬度的碳化物或氮化物,因而都能提高铸铁的耐磨性,这些铸铁称为耐磨铸铁。

向铸铁中加入适量的 Si、Al、Cr 等元素,使在高温下表面形成一层致密的 SiO_2、Al_2O_3 和 Cr_2O_3 膜,以保护内层不被氧化,从而具有高温抗氧化能力,故称这样的铸铁为耐热铸铁。

在铸铁中加 14% ~ 18% 的 Si 可提高其耐蚀性(在含氧酸中有良好的耐蚀性),称其为耐蚀铸铁。

1.5.4　铸钢

在生产中,对于要求强度高、塑性和韧性好的零件,通常采用铸钢制造,如机车车架、拖拉机的履带板等。

铸钢按化学成分不同,分为碳素铸钢和合金铸钢。其中碳素铸钢易于生产,且比较经济,因此应用较广,占铸钢总产量的 80% 以上。

碳素铸钢的牌号、成分、力学性能和用途如表 1-11 所示。

表 1-11　碳素钢的牌号、成分、性能和用途(摘自 GB/T 11352—1989)

| 钢号 | 化学成分(%) | | | 力学性能(退火态)≥ | | | | 主要特点和用途举例 |
	C	Si	Mn	σ_b (MPa)	σ_s (MPa)	δ(%)	α_k (J/cm²)	
ZG200—400 (ZG15)	0.2	0.5	0.8	400	200	25	60	有良好的塑性、韧性和焊接性能,铸造性能差。用于受力不大、要求韧性的零件,如机座、变速箱壳、电机零件或渗碳件
ZG230—450 (ZG25)	0.3	0.5	0.9	450	230	22	45	有一定的强度和较好的塑性、韧性,焊接性能良好,切削加工尚好。用于受力不大、要求韧性的零件,如砧座、轴承盖、外壳底板、阀体等

续表

钢号	化学成分(%)			力学性能(退火态)≥				主要特点和用途举例
	C	Si	Mn	σ_b (MPa)	σ_s (MPa)	$\delta(\%)$	α_k (J/cm^2)	
ZG270—500 (ZG35)	0.4	0.5	0.9	500	270	18	35	有较好的强度和塑性,铸造性能良好,焊接性能尚好。广泛用于受力复杂的零件,如轧钢机机架、轴承座、连杆、箱体、曲拐、缸体等
ZG310—570 (ZG45)	0.5	0.6	0.9	570	310	15	30	强度和切削加工性能良好。用于受力较大的耐磨零件,如辊子、缸体、制动轮、大齿轮等
ZG340—640 (ZG55)	0.6	0.6	0.9	640	340	10	20	强度、硬度较高,塑性较差。用于受力较大的耐磨零件,如齿轮、棘轮、叉头等

牌号中的"ZG"为"铸钢"汉语拼音字首,其后的第一组数字表示最低屈服强度,第二组数字表示最低抗拉强度。

合金铸钢的牌号为 ZG 的后面一组数字表示铸钢的名义万分含碳量,平均含碳量大于 1%时,不注数字。合金元素符号后面的数字表示该元素名义百分含量。锰含量为 0.9% ~ 1.4%时,只标符号不标数字,而其他元素在此范围时,则在元素符号后标 1。如 ZG40Mn、ZG30MnSi1用于制造齿轮、水轮机转子及船用零件等。又如 ZGMn13 为耐磨钢,其含碳量大于 1%,平均含锰量为 13%。

1.5.5　有色金属

在工业生产中,通常称铁碳合金为黑色金属,而称铜、铝、锡、锌、铅等及其合金为有色金属。有色金属种类很多,这里仅介绍在机械制造工业中广泛使用的铜、铝等及其合金。

1.铜及铜合金

1)纯铜

纯铜呈紫红色,故又称为紫铜。纯铜的熔点为 1 083 ℃,密度为 8.93,具有良好的导电性、导热性、耐蚀性。主要用于导电体和配制合金。

工业纯铜的牌号有 T1、T2、T3、T4 四种,"T"表示纯铜,编号表示纯度,编号越大,纯度越低。T1、T2 主要用于导电材料,T3、T4 主要用于配制铜合金。

2)黄铜

以锌为主要合金元素的铜基合金称为黄铜。黄铜的力学性能随含锌量的多少而变化。含锌量在 30%左右时塑性最好。含锌量在 39% ~ 45%时,塑性降低而强度增加。含锌量超过45%时,塑性和强度都急剧下降。故黄铜的含锌量都在 45%以下。

黄铜不仅具有良好的力学性能、耐蚀性能和工艺性能,而且价格便宜,因此广泛用于制造机械零件。几种黄铜的化学成分、力学性能及用途见表 1-12。

表 1-12　几种铜合金的牌号、成分、性能及用途（摘自 GB $\frac{5231}{5232}$—1985）

类别	牌号	代号	化学成分(%)						力学性能						用途举例
			Cu	Pb	Al	Mn	其他	Zn	σ_b(MPa)		δ(%)		硬度(HBS)		
									软	硬	软	硬	软	硬	
普通黄铜	62黄铜	H62	60.5~63.5					余量	330	600	49	3	56	164	散热器、垫圈、螺钉
	70黄铜	H70	69~72					余量	320	660	53	3		150	电器零件、热交换器
	80黄铜	H80	79~81					余量	320	640	52	5	53	145	薄壁管、金属网
特殊黄铜	59—1铅黄铜	HPb59—1	57~60	0.8~1.9				余量	400	650	45	16	44HRB	80HRB	导电排、分流器
	58—2锰黄铜	HMn58—2	57~60			1.0~2.0		余量	400	700	40	10	85	175	弱电流工业用零件
	59—3—2铝黄铜	HAl59—3—2	57~60		2.5~3.5		Ni2~3	余量	380	650	60	15	75	155	化学性稳定的零件
青铜	4—4—2.5锡青铜	QSn4—4—2.5	余量	1.5~3.5	Sn3~5			3~5	350	650	40	3	60	170	汽车、拖拉机轴承、轴套、圆盘等受摩擦零件
	5铝青铜	QAl5	余量		4~6				380	750	65	5	60	200	钱币、在海水中工作的零件
	2铍青铜	QBe2	余量		Be1.9~2.2		Ni0.2~0.5		500	850	40	3	HV90	HV250	重要的弹簧和弹性元件，耐磨零件以及高压、高速、高温轴承
	3—1硅青铜	QSi3—1	余量		Si2.75~3.5		Mn1.0~1.5		370	700	55	3	80	180	弹簧、耐磨零件

　　普通黄铜的牌号或代号中的数字表示含铜量的百分数，其余为锌，如 62 黄铜，代号为 H62，"H"代表黄铜。

　　为改善黄铜的性能，常在普通黄铜中加入铝、锡、铅、锰、硅等元素而形成特殊黄铜（见表 1-12）。特殊黄铜依加入元素而分别称为铝黄铜、锡黄铜、铅黄铜、锰黄铜等。与普通黄铜比较，它们的力学性能、耐蚀性能或耐磨性能、切削加工性能都有不同程度的提高。

　　特殊黄铜的牌号和代号如表 1-12 所示。如牌号为 59—1 铅黄铜的代号为 HPb59—1，"59"表示平均含铜量为 59%，"1"表示平均含铅量为 1%，"H"代表黄铜。

如果是铸造黄铜,其牌号有其特殊的表示方法,表 1-13 为几种铸造黄铜的牌号、成分、性能和用途。牌号 ZCuZn38 代表的意义是:平均含 Zn 量为 38%,余量为 Cu 的铸造黄铜。牌号 ZCuZn33Pb2 代表的意义是:平均含 Zn 量为 33%,含 Pb 量为 2%,余量为 Cu 的铸造黄铜。

表 1-13　几种铸造黄铜的牌号、化学成分、力学性能及用途

| 牌号 | 化学成分（%） | | | | | | 铸造方法 | 力学性能 | | | | 用途 |
	Cu	Pb	Si	Al	其他	Zn		σ_b (MPa)	$\sigma_{0.2}$ (MPa)	δ (%)	HBS	
ZCuZn38	60.00 ~ 63.00					余量	砂型 金属型	295 295		30 30	59.0 68.5	机械、热压轧制零件
ZCuZn33Pb2	63.00 ~ 67.00	1.00 ~ 3.00				余量	砂型	180	70	12	49.0	
ZCuZn40Pb2	58.00 ~ 63.00	0.50 ~ 2.50		0.20 ~ 0.80		余量	砂型 金属型	220 280	120	15 20	78.5 88.5	制作化学性能稳定的零件
ZCuZn16Si4	79.00 ~ 81.00		2.50 ~ 4.50			余量	砂型 金属型	345 390		15 20	88.5 98.0	轴承、轴套

3)青铜

青铜原指含锡的铜基合金,但近几年来,工业上广泛应用含铝、硅、铍、铅等元素的铜基合金,习惯上也称其为青铜。为了区别起见,把铜锡合金称为锡青铜,其他的青铜则称为铝青铜、硅青铜、铍青铜、铅青铜等。

几种青铜的牌号(代号)、成分、性能和用途见表 1-12 和表 1-14。表 1-12 中牌号中的数字组为各主元素的含量,代号中 Q 表示青铜,Q 之后的化学符号为第一主加元素,其后的数字组为除铜以外的所有添加元素的含量。如 3—1 硅青铜(QSi3—1)表示硅含量为 3%、锰含量为 1%的青铜。如果是铸造青铜,其牌号如表 1-14 所示。如 ZCuSn5Pb5Zn5 表示含锡 5%、含铅 5%、含锌 5%的铸造锡青铜。又如 ZCuPb30 表示含铅 30%的铸造铅青铜。

表 1-14　几种铸造青铜的牌号、化学成分、力学性能及用途

| 类别 | 牌号 | 化学成分（%） | | | | | | 铸造方法 | 力学性能 | | | | 用途 |
		Sn	Pb	Al	Mn	Cu	其他		σ_b (MPa)	$\sigma_{0.2}$ (MPa)	δ_5 (%)	HBS	
锡青铜	ZCuSn5Pb5Zn5	4.00 ~ 6.00	4.00 ~ 6.00			余量	Zn 4.00 ~ 6.00	砂型 金属型	200	90	13	59.0	耐磨零件、耐磨轴承
	ZCuSn10Pb5	9.00 ~ 11.00	4.00 ~ 6.00			余量		砂型 金属型	195 245		10 10	68.5 68.5	
	ZCuSn10Zn2	9.00 ~ 11.00				余量	Zn 1.00 ~ 3.00	砂型 金属型	240 245	120 140	12 6	68.5 78.5	阀、泵壳、齿轮、蜗轮等

类别	牌号	化学成分(%)						铸造方法	力学性能				用途
		Sn	Pb	Al	Mn	Cu	其他		σ_b (MPa)	$\sigma_{0.2}$ (MPa)	δ_5 (%)	HBS	
铅青铜	ZCuPb10Sn10	9.00~11.00	8.00~11.00			余量		砂型 金属型	180 220	80 140	7 5	63.5 68.5	轴承
	ZCuPb30		27.00~33.00			余量		金属型	—	—	—	24.5	曲轴、轴瓦、高速轴承
铝青铜	ZCuAl19Mn2			8.00~10.00	1.50~2.50	余量		砂型 金属型	390 440	— —	20 20	83.5 93.0	弹簧及弹性零件等

(1)锡青铜　锡青铜具有很高的耐蚀性和耐磨性。当含锡量小于 7% 时,随含锡量的增加,强度和塑性均有所上升,大于 7% 以后塑性显著下降。含锡量超过 20% 后,强度也显著下降。因此,工业用锡青铜的含锡量均在 3%~14% 之间。锡含量低于 8% 的锡青铜,适于压力加工用,锡含量高于 10% 的锡青铜适于铸造用。为改善锡青铜的性能,在减少锡量的基础上,加入铅可改善切削加工性和耐磨性。加入锌可改善铸造性能。加入磷可改善力学性能、耐磨性能,并提高弹性极限。

(2)铍青铜　以铍为主加元素的铜合金称为铍青铜。一般含铍量在 1.6%~2.8% 之间。铍青铜有许多优良的性能,一般经热处理时效后,强度可达 1 150~1 350 MPa,硬度 HV 可达 350~400,远远超过其他铜合金,其弹性极限、疲劳强度、耐磨性、耐蚀性、导电性、导热性都很好。此外,还具有无磁性、撞击无火花等特点。铍青铜主要用来制造精密仪器、仪表中的弹簧、弹性元件、耐磨件以及防爆工具等。

(3)铝青铜　以铝为主加元素的铜合金称为铝青铜。铝青铜具有良好的耐蚀性,且强度、硬度和耐磨性都比黄铜和锡青铜高,所以适于制造重要的耐蚀、耐磨零件。铝青铜的含铝量一般在 5%~11% 之间。

2. 铝及铝合金

1)工业纯铝

纯铝的密度小(2.72),熔点低(657 ℃),导热、导电性能好,在大气中具有优良的耐蚀性。纯铝的强度低,但塑性很高,因此可轧制成铝箔或拉拔成线材。

工业纯铝通常以轧制产品供应,铝锭则用来配制铝合金。其牌号有六种,即 L1~L6,顺序号越大,其纯度越低。

2)铝合金

在纯铝中加入硅、铜、镁、锰、锌等合金元素,配制成铝合金,力学性能大为提高,可用于制造轻型结构件。铝合金一般分为形变铝合金和铸造铝合金。

(1)形变铝合金　形变铝合金加热时能形成单相固溶体、塑性高、适于压力加工的铝合金。常用的形变铝合金有防锈铝合金和硬铝合金。

①防锈铝合金中的主要合金元素是锰和镁,锰主要是提高合金的抗蚀能力,镁能使铝合金强化。这种合金不能用热处理的方法提高其强度,只能用冷变形的方法使其强化。这类合金不但塑性和焊接性能良好,且具有很好的耐蚀性,所以适于制造接触液体的容器和管道,如油箱、油管。由于其长时间保持表面光泽,还可用于制造各种装饰品。

防锈铝合金的牌号用 LF(铝防)加顺序号来表示,如 LF1、LF2、LF10、LF21 等。

②硬铝合金是 Al – Cu – Mg 合金,并含有少量锰。这类合金经热处理后,可显著提高其强度和硬度,所以又称为热处理可强化的形变铝合金。

硬铝的牌号用 LY(铝硬)加顺序号表示,如 LY1、LY11、LY12 等。

LY1 中的铜和镁含量较低(2.2% ~ 3.0% Cu,0.2% ~ 0.5% Mg),其塑性好,但强度低。主要用于制造铆钉。

LY11 中含铜、镁量较高(3.8% ~ 4.8% Cu,0.4% ~ 0.8% Mg),具有中等强度和塑性。主要用于制造中等强度的构件,如飞机螺旋桨等。

LY12 为高强度硬铝,其含铜、镁量更高(3.8% ~ 4.9% Cu,1.2% ~ 1.8% Mg)。用于制造高强度构件。

(2)铸造铝合金　铸造铝合金含有较多的合金元素,具有良好的铸造性能、较高的强度和一定的塑性。通过变质处理和热处理,可改善其力学性能。

铸造铝合金按其成分分为 Al – Si、Al – Cu、Al – Mg、Al – Zn 合金四类。其牌号、成分、性能和主要用途如表 1-15。

表 1-15　常用铸造铝合金的牌号、化学成分、力学性能和用途

类别	牌号	代号	化学成分(%)							铸造方法	热处理	力学性能			用途
			Si	Cu	Mg	Mn	Ti	Al	其他			σ_b (MPa)	δ (%)	HBS	
铝硅合金	ZAlSi7Mg	ZL101	6.50 ~ 7.50		0.25 ~ 0.45		0.08 ~ 0.20	余量		金属型	淬火 + 自然时效	190	4	50	飞机、仪器零件
										砂型变质	淬火 + 人工时效	230	1	70	
	ZAlSi12	ZL102	10.00 ~ 13.00					余量		砂型变质		143	4	50	仪表、抽水机壳体等外形复杂件
										金属型		153	2	50	
	ZAlSi9Mg	ZL104	8.00 ~ 10.50		0.17 ~ 0.30	0.20 ~ 0.50		余量		金属型	人工时效	200	1.5	70	电动机壳体、气缸体等
										金属型	淬火 + 人工时效	240	2	70	
	ZAlSi5Cu1Mg	ZL105	4.50 ~ 5.50	1.00 ~ 1.50	0.40 ~ 0.60			余量		金属型	淬火 + 不完全时效	240	0.5	70	风冷发动机气缸头、油泵壳体
										金属型	淬火 + 稳定回火	180	1	65	
	ZAlSi12CuMg1Ni1	ZL109	11.00 ~ 13.00	0.50 ~ 1.50	0.80 ~ 1.30			余量	Ni 0.80 ~ 1.50	金属型	人工时效	200	0.5	90	活塞及高温下工作的零件
										金属型	淬火 +	250	—	100	
铝铜合金	ZAlCu5Mn	ZL201			4.50 ~ 5.30	0.60 ~ 1.00	0.15 ~ 0.35	余量		砂型	淬火 + 自然时效	300	8	70	内燃机汽缸头、活塞等
										砂型	淬火 + 不完全时效	340	4	90	
	ZAlCu10	ZL202			9.00 ~ 11.00			余量		砂型	淬火 + 人工时效	170	—	100	高温不受冲击的零件
										金属型	淬火 + 人工时效	170		100	

类别	牌号	代号	化学成分(%)							铸造方法	热处理	力学性能			用途
			Si	Cu	Mg	Mn	Ti	Al	其他			σ_b (MPa)	δ (%)	HBS	
铝镁合金	ZA1Mg10	ZL301			9.50~11.00			余量		砂型	淬火+自然时效	280	9	60	舰船配件
	ZA1Mg5Si1	ZL303	0.80~1.30		4.50~5.50	0.1~0.4		余量		砂型 金属型	—	150	1	55	氨用泵体
铝锌合金	ZA1Zn11Si7	ZL401	6.00~8.00		0.10~0.30			余量	Zn 9.00~13.00	金属型	人工时效	250	1.5	55	结构、形状复杂的汽车和飞机仪器零件
	ZA1Zn6Mg	ZL402			0.50~0.60		0.15~0.25	余量	Zn 5.0~6.5 Cr 0.40~0.60	金属型	人工时效	240	4	70	

①Al – Si 系铸造铝合金又称硅铝明，是应用最广的一种铸造铝合金。只含硅(11% ~ 13%)Al – Si 合金称为简单硅铝明(如 ZL102)，其铸造性能优良，并具有良好的耐蚀性和耐热性，但其强度低，不能进行热处理强化。

为提高硅铝明的强度，常加入 Cu、Mg、Mn 等合金元素，使合金中出现 $CuAl_2$、Mg_2Si 以及 Al_2CuMg 等强化相，以提高合金的强度，称这种铝合金为特殊硅铝明，如 ZL104、ZL105、ZL109 等。经变质处理和热处理强化后，其强度可达 200 ~ 250 MPa。

②Al – Cu 系铸造铝合金常用的有 ZL201、ZL202、ZL203 等。其铸造性能和抗蚀性不如铝硅合金，密度较大，热强度较高，适于制造耐热零件。

③Al – Mg 系铸造铝合金常用的有 ZL301、ZL303 等。其铸造性差、耐热性低，但具有较小的密度、较高的力学性能和良好的耐蚀性。适于制造在海水中工作的零件，并可替代某些耐酸钢和不锈钢。

④Al – Zn 系铸造铝合金常用的有 ZL401、ZL402 等。其铸造性能良好，价格低廉，但密度大，抗蚀性差。常用于制造发动机零件。

1.5.6　轴承合金

机器中所使用的轴承主要有滚动轴承和滑动轴承两大类。在滑动轴承中，制造轴瓦及内衬的合金称为轴承合金。

滑动轴承在工作中不仅承受轴的压力，而且轴承和轴之间产生强烈的摩擦。为了确保重要的且贵重的轴不被磨损或少被磨损，而轴承又能正常运转，轴承合金应满足如下要求：

①具有足够的强度和硬度，以便承受轴施加的压力，在交变负荷下不易疲劳破坏；

②具有好的塑性和韧性，以保证与轴的良好配合，工作中不怕振动、耐冲击；

③具有较小的摩擦系数，工作中不但本身磨损少，且最大限度地减少轴的磨损；

④具有低的热膨胀系数，良好的导热性能和较好的耐蚀性；

⑤具有良好的工艺性能和低的成本。

为了满足上述要求，轴承合金应具有如图1-38所示的组织，即在软的基体上均匀分布有硬的质点。软的基体能使轴很好地配合,轴的压力均匀分布,轴与轴承容易磨合。软的基体磨损较快而凹下,形成微观起伏,露出硬的质点。突出的硬质点支撑着轴的压力,轴与轴承的总接触面积减小,使具有小的摩擦系数。凹下去的基体可以储存润滑油以进一步减轻对轴颈的磨损。软基体还可以承受冲击和振动。

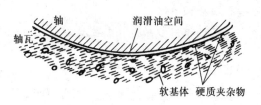

图 1-38　轴承合金理想组织示意图

常见的轴承合金有锡基轴承合金、铅基轴承合金、铜基轴承合金,其成分、性能及用途见表 1-16。此外,还有铝基轴承合金等。

表 1-16　常见轴承合金的牌号、化学成分、力学性能和用途

类别	牌号	化学成分(%)					力学性能			用途
		Sb	Sn	Pb	Cu	其他	σ_b(MPa)	δ(%)	HBS	
锡基	ZChSnSb11—6	10～12	余量		5.5～6.5		90	6	30	1 500 千瓦马力以上高速汽轮机、400 千瓦马力涡轮机、高速内燃机轴承
	ZChSnSb8—3	7.25～8.25	余量		2.3～3.5		80	10.6	24	大型机械轴承、轴套
铅基	ZChPbSb16—16—2	15.0～17.0	15.0～17.0	余量	1.5～2.0		78	0.2	30	汽车、轮船、发动机等轻载荷轴承
	ZChPbSn2—0.5—0.5		1.5～2.5	余量		Ca:0.35～0.55 Mg:0.04～0.09 Na:0.25～0.5	93	8.1	18	机车车辆、拖拉机轴承
铜基	ZCuPb30			30	余量		60	4	25	高速高压航空发动机、高压柴油机轴承
	ZCuSn10Pb1		9.0～11.0	0.6～1.2	余量		250	5	90	高速高载柴油机轴承

1.锡基轴承合金

锡基轴承合金又称锡基巴氏合金。它是在锡中加入锑、铜形成的合金。锡基轴承合金的牌号是在 ZCh(铸承的汉语拼音字首)的后面附以基本元素和主加元素的化学符号,并标明主加元素和辅加元素的含量。如 ZChSnSb11—6 表示含 Sb 为 11% 和含 Cu 为 6% 的锡基轴承合金。

锡基轴承合金中,软基体为锑在锡中的固溶体,硬质点是化合物 SnSb 和化合物 Cu_3Sn。

锡基轴承合金的热膨胀系数小,摩擦系数小,具有良好的塑性和导热性,常用来制造重要的滑动轴承,如汽轮机、发动机上的主轴轴承。

锡基轴承合金的疲劳强度较低,一般为了提高其疲劳强度并节省轴承合金,常在低碳钢的轴瓦上浇铸一层厚度 <0.1 mm 的锡基轴承合金。称这种轴承为双金属轴承。

2.铅基轴承合金

铅基轴承合金又称铅基巴氏合金。它是在铅中加入锑、锡、铜形成的合金。常用的牌号为 ZChPbSb16—16—2 轴承合金,其含 Sb 量为 16%,含 Sn 量为 16%,含 Cu 量为 2%,其软基体是锡和锑在铅中的固溶体,硬质点是化合物 SnSb 和化合物 Cu_3Sn。

铅基轴承合金的硬度、强度和韧性不如锡基轴承合金,但价格便宜,常用来制造中等负荷的轴承,如汽车、拖拉机的曲轴轴承及电动机、破碎机的轴承。其工作温度不超过 120 ℃。

3.铜基轴承合金

铜基轴承合金主要是铅青铜和锡青铜,如铅青铜 ZCuPb30(ZQPb30),其含 30% 的铅,余量为铜;又如锡青铜 ZChSn10Pb(ZQSn10—1),其含 10% 的锡,含 1% 的铅,余量为铜。

与巴氏合金相比,铅青铜具有较高的疲劳强度和承载能力,以及较低的摩擦系数和高的导热性,可以制造高速、高负荷工作的轴承,如高速柴油机轴承、航空发动机轴承等。轴承的制作方法,也是浇铸在钢瓦上做成双金属轴承。

锡青铜也是一种优良的轴承合金,也是用来制作承受重负荷、高速度的轴承。

4.铝基轴承合金

铝基轴承合金的基本元素是铝,主加元素有锑和锡两种。与锡基、铅基和铜基轴承合金相比,铝基轴承合金具有原料丰富、价格低廉,而且密度小、导热性好、疲劳强度高,抗蚀性好等优点,因此广泛用来制造高速、高负荷下工作的轴承,如高速重载汽车、内燃机车上的轴承。其主要缺点是膨胀系数较大,运转时易与轴咬死,为此必须增大轴承间隙(0.10% ~ 0.15%),降低表面粗糙度以及表面镀锡等。

目前常用的铝基轴承合金有铝锑镁轴承合金和铝锡轴承合金。其中以铝锡轴承合金应用较广。

铝锡轴承合金是以铝为基础,加 2% 的 Sn 和 1% 的 Cu 组成的合金。其组织是硬的铝基体上分布着软的呈球状的锡质点。其中 Cu 溶于 Al 中使基体强化。这种合金也应在 08 钢的钢套上挂衬。制作时,先将铝锡轴承合金与纯铝箔轧制成双金属板,然后再与 08 钢一起轧制,最后由钢—铝—铝锡轴承合金三层组成。这种合金已在汽车、拖拉机和内燃机车上广泛使用。

1.5.7 粉末冶金

金属材料大多是经熔炼而得,而粉末冶金是将金属粉末或金属与非金属粉末作为原材料,在模具内加压成形,然后在低于其主要组元熔点的温度进行烧结而成为零件的方法。它既是一种生产特种金属材料的方法,又是一种少、无削生产机械零件的新工艺,所以,在工业生产中得到广泛应用。粉末冶金的主要特点如下:

①可以制出组元彼此不熔合,且密度、熔点相差很大的金属组成的"伪合金"(如钨 – 铜电触点材料),也可以将金属和非金属制成复合材料(如铁、氧化铝、石棉粉末混合制成的摩擦材料);

②可以制成难熔合金(如钨 – 钼合金)或难熔金属及其碳化物的粉末制品(如硬质合金),金属或非金属氧化物、氮化物、硼化物的粉末制品(如金属陶瓷);

③可以直接制出质量均匀、尺寸准确、表面光洁的多孔性制品或零件,减少或省去加工工时,成本显著降低;

④粉末冶金制品的强度比铸、锻件低(因为内部多孔),重量一般小于 10 kg,适于成批或大批量生产(因为压模成本高)。

1.粉末冶金的工艺过程

粉末冶金的工艺过程包括粉料制备、压制成形、烧结和后处理等工序。

1)粉料制备

根据不同的金属采用不同的方法制取粉末,如机械法(球磨或气流粉碎)、还原法、电解法、喷射法等。将一种金属粉末与一种或几种金属(或非金属)粉末按要求的粒度组成配比混合在一起,并加入适量的润滑剂、黏结剂,然后充分混合。通常是湿混,例如,在粉末中加入适量酒精,以防粉末氧化。

2)加压成形

将粉料按制件的尺寸、形状定量装入相应的模具内,在压力机上加压成形。压制的比压一般为 150~600 MPa,常用的压机容量为 500~5 000 kN(50~500 t)。

由于粉末的流动性不好,压坯各向的密度是不均匀的。单向压制时,与上冲模接近的压坯部分密度大,离冲模较远的部分密度小,采用双向压制可减少压坯密度的差异。通常根据压坯高度(H)与压坯直径(D)的比值和压坯高度(H)与压坯壁厚(δ)的比值设计不同类型的压模。当 $H/D \leqslant 1$、$H/\delta \leqslant 3$ 时,可以采用单向压模压制;当 $H/D > 1$、$H/\delta > 3$ 时,则采用双向压模压制。图 1-39 为双向压制衬套的工步示意图。

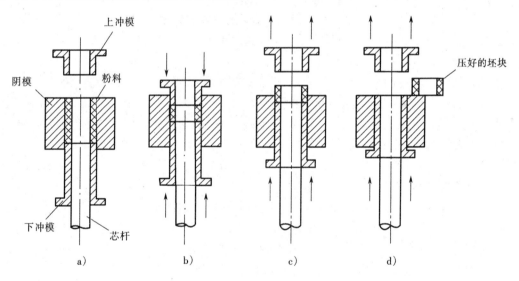

图 1-39　双向压制衬套工步示意图
a)充填粉料;b)双向压坯;c)上冲模复位;d)顶出坯块

3)烧结

烧结是将压坯按一定的规范加热到一定温度(铁基为 1 050~1 200 ℃,铜基为 700~900 ℃,硬质合金为 1 350~1 550 ℃),保温一定时间,然后冷却下来,以获得坚实致密的零件的工艺过程。烧结设备如图 1-40 所示。为防止氧化,烧结时需向炉内通入保护气体(铁基和铜基为分解氨或发生炉煤气,硬质合金为氢或真空)。

烧结与熔化不同,材料熔化时,所有组元全部转变为液态。而烧结时,至少有一个组元(一般是主要组元)仍处于固态。如普通铁基粉末冶金轴承烧结时不出现液相,属于固相烧结。而硬质合金与金属陶瓷制品的烧结过程将出现少量液相,属于液相烧结。液相烧结时,在液相表

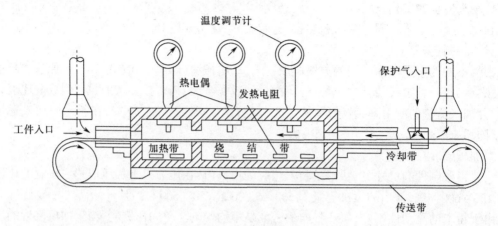

图 1-40　连续式烧结炉

面张力的作用下,颗粒相互靠紧,故烧结速度快,制品强度高,此时,液、固相的比例以及有无良好的润湿性对制品的性能、烧结好坏有很大影响。例如硬质合金中的钴元素烧结时要熔化,熔化后的钴对硬质相碳化钨有很好的润湿性,所以钨钴类硬质合金既有高硬度,又有较高的强度。而作为黏结剂的金属对非金属键的氧化铝、氮化硼等的润湿性很差,故金属陶瓷的硬度虽高于硬质合金,但强度却远低于硬质合金。

4)后处理

烧结后的粉末冶金制品一般即可使用,但有些尺寸精度要求高的制件,烧结后要在整形模中进行整形、精压,以提高制件的精度和表面质量。整形压力为压坯压力的 10% ~ 30%。

粉末冶金制品可以进行切削加工。铁基、镍基、钴基的制品还可以通过热处理来提高其综合力学性能,也可进行表面处理,如电镀等。多孔的粉末冶金制品(如含油轴承)还需进行浸油或浸树脂的后处理工序。

2.粉末冶金的应用

现代机械工业中应用的粉末冶金制品主要是制作机械零件和工具以及具有特殊性能的元件。

用于制作的机械零件主要有铁基或铜基的含油轴承,铁基的齿轮、凸轮、滚轮,铜基或铁基加石墨、二硫化钼、氧化硅、石棉粉末制成的摩擦离合器、刹车片等。

用于制作的工具主要有碳化钨与金属钴粉末制成的硬质合金刀具、模具、量具,用氧化铝、氮化硼、氮化硅等与合金粉末制成的金属陶瓷刀具,以及用人造金刚石与合金粉末制成的金刚石工具等。

用于制作的特殊性能元件有铁氧体磁性材料,永久磁铁,电机上的电刷,接触器或继电器上的铜钨、银钨触点,化工和冶金工业上用的过滤器、气体和液体分离器以及耐极高温的火箭、宇航零件等。

1.6　常用非金属材料

机械工程材料中,除金属材料外,还有有机合成高分子材料、无机非金属材料和复合材料。

这些材料在工业生产中也被广泛应用。

1.6.1　高分子材料

高分子材料主要包括合成树脂、合成橡胶和合成纤维三大类。其中以合成树脂的产量最大,应用最广。

1.常用塑料

1)塑料的组成

塑料是指以有机合成树脂为主要组成的材料,对其进行加热、加压,可塑造一定形状的产品。在合成树脂中加入添加剂后可获得改性品种。添加剂不同,其性能不同。塑料的组成如下。

(1)合成树脂　合成树脂是由低分子化合物通过缩聚或聚合反应合成的高分子化合物,如酚醛树脂、聚乙烯等。它是塑料的主要组成,并决定塑料的基本性能。

(2)填料或增强材料　为改善塑料的力学性能,常加入一些填料或增强材料,如石墨、三硫化钼、石棉纤维和玻璃纤维等。

(3)固化剂　为了使塑料具有坚硬的性能,常加入六亚甲基四胺等固化剂。

(4)增塑剂　增塑剂是用以提高树脂可塑性和柔性的添加剂。如聚氯乙烯树脂中加入邻苯二甲酸二丁酯,可变为橡胶一样的软塑料。

(5)稳定剂　合成树脂中常加入炭黑以及酚类、胺类等有机物,以防受热、光作用使塑料过早老化。

(6)着色剂　为获得各种颜色的塑料,根据需要常加入适量的有机染料或无机颜料着色。

(7)阻燃剂　氧化锑等无机物和磷酸脂类、溴化合物等有机物是很好的塑料阻燃剂,将其加入其中,可有效地阻止塑料燃烧。

2)塑料的分类及特性

在工业生产中,塑料主要有两种分类方法。按照热性能塑料分为热塑性塑料和热固性塑料。

(1)热塑性塑料　热塑性塑料加热时软化,可塑造成形,冷却后变硬。此过程可反复多次。这种塑料品种很多,如聚乙烯、聚丙烯、聚氯乙烯、聚苯乙烯、丙烯腈—丁二烯—苯乙烯共聚物(ABS)、聚甲基丙烯酸甲酯(有机玻璃)、聚酰胺(尼龙)、聚甲醛、聚碳酸酯、聚氯醚、聚对苯二甲酸乙二醇酯(线型聚酯)、氟塑料、聚苯醚、聚酰亚胺、聚砜、聚苯硫醚等。

(2)热固性塑料　热固性塑料第一次加热软化塑造成形并固化后,再加热则不能再软化,也不溶于溶剂,其品种有酚醛塑料、氨基塑料、环氧塑料、聚邻苯二甲酸二丙烯酯塑料、有机硅塑料、聚氨酯塑料等。

按照使用范围塑料分为通用塑料、工程塑料和耐热塑料。

(1)通用塑料　通用塑料是应用范围广,在一般工农业生产中和人们的日常生活中不可缺少的廉价塑料。如聚氯乙烯塑料、聚苯乙烯塑料、聚烯烃塑料以及酚醛塑料和氨基塑料等。

(2)工程塑料　工程塑料是具有良好的工程性能(包括力学性能、耐热耐寒性能、耐蚀性能和绝缘性能等)的塑料。主要有聚甲醛、聚酰胺、聚碳酸酯和 ABS 塑料四种。它们是制造工程结构、机械零件、工业容器等新型的结构材料。

(3)耐热塑料　耐热塑料是能够在较高温下工作的塑料。可在 $100 \sim 200$ ℃温度下工作的塑料有聚四氟乙烯、聚三氟氯乙烯、有机硅树脂、环氧树脂等塑料。

常用塑料的力学性能和用途见表 1-17。

表 1-17　常用塑料的力学性能和大致用途

塑料名称	拉伸强度（MPa）	压缩强度（MPa）	弯曲强度（MPa）	冲击韧性（J/cm²）	使用温度（℃）	大致用途
聚乙烯	8～36	20～25	20～45	>0.2	-70～100	一般机械构件,电缆包皮,耐蚀、耐磨涂层等
聚丙烯	40～49	40～60	30～50	0.5～1.0	-35～121	一般机械零件,高频绝缘,电缆、电线包皮等
聚氯乙烯	30～60	60～90	70～110	0.4～11	-15～55	化工耐蚀构件,一般绝缘薄膜、电缆套管等
聚苯乙烯	≥60	—	70～80	12～16	-30～75	高频绝缘、耐蚀及装饰件,也可作一般构件
ABS	21～63	18～70	25～97	0.6～5.3	-40～90	一般构件,减摩、耐磨、传动件,一般化工装置、管道、容器等
聚酰胺	45～90	70～120	50～110	0.4～1.5	<100	一般构件,减摩、耐磨、传动件,高压油润滑密封圈、金属防蚀、耐磨涂层等
聚甲醛	60～75	≤125	≤100	≤0.6	-40～100	一般构件,减摩、耐磨、传动件,绝缘、耐蚀件及化工容器等
聚碳酸酯	55～70	≤80	≤100	6.5～7.5	-100～130	耐磨、受力、受冲击的机械和仪表零件,透明、绝缘件等
聚四氟乙烯	21～28	≤7	11～14	≤98	-180～260	耐蚀件、耐磨件、密封件、高温绝缘件等
聚砜	≤70	≤100	≤105	≤0.5	-100～150	高强度耐热件、绝缘件、高频印刷电路板等
有机玻璃	42～50	80～126	75～135	0.1～0.6	-60～100	透明件、装饰件、绝缘件等
酚醛塑料	21～56	105～245	56～84	0.05～0.82	≤110	一般构件,水润滑轴承、绝缘件、耐蚀衬里等;作复合材料
环氧塑料	56～70	84～140	105～126	≤0.5	-80～155	塑料模、精密模、仪表构件及电气元件的灌注、金属涂覆、包封、修补;作复合材料

3)塑料制品的加工

塑料制品的加工方法有成形、连接、机械加工、喷涂和电镀等。

塑料制品的成形方法常用的有注塑成形和挤压成形两种。

(1)注塑成形　这种方法主要用于热塑性塑料或流动性较好的热固性塑料零件的成形。注塑时将塑料颗粒放入注塑机的料筒内加热至流动状态(如图 1-41a)),然后柱塞将定量的塑料以高压、高速注入闭合的模具内(如图 1-41b)),经过一定时间的冷却,模具开启,脱模取出制件。制品质量从几克到几千克。

(2)挤压成形　粉粒塑料通过料斗进入装有加热装置的料筒中(如图 1-42 所示),料筒内的螺杆与料筒间的摩擦热,加之料筒的加热,使塑料熔融而呈流动状态,并随着螺杆的转动而前进。由于螺杆槽深度逐渐减少,其转动中使熔融塑料产生压力,迫使塑料经料筒一端的模口挤出,然后经过定型、冷却、牵引、切割等便可得到所需的管、棒、型材等塑料制品。挤压成形只

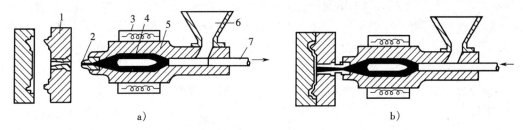

图 1-41　注塑成形原理图

1—模具;2—喷嘴;3—加热装置;4—分流梳;5—料筒;6—料斗;7—注射注塞

a)注塞后退,物料进入机筒被熔融;b)注塞前进,把熔料注入模腔

适用于热塑性塑料。

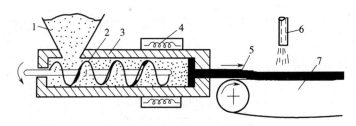

图 1-42　挤压成形原理图

1—料斗;2—螺杆;3—料筒;4—加热装置;

5—成形塑料;6—冷却装置;7—传送装置

除了上述两种成形方法外,还有浇铸成形法、吹塑成形法、缠绕成形法和真空成形法等。

塑料的连接是指塑料与塑料、塑料与金属或其他非金属之间的永久性连接,通常有如下方法。

(1)热熔接　利用电热、热气或摩擦热将工件加热到 250 ℃左右,然后叠合、加压,直至凝固。也可以用热吹风熔化塑料焊条的方法连接塑料制件,或将热塑性塑料制件与金属、陶瓷、玻璃等材料连接起来。

(2)溶接　用一些溶剂(如丙酮、醋酸乙酯、二甲苯)涂刷在塑料制品的连接表面处,使其溶解,待溶剂挥发后,将两个制件黏合在一起。热固性塑料不溶于上述溶剂,所以溶接法只适于热塑性塑料制品间的连接。

(3)胶接　热塑性和热固性塑料都可以用胶接法连接。热塑性树脂中的聚酚氧、丙烯酸,热固性树脂中的环氧,合成橡胶的氯丁、丁腈都可作为胶接剂的基本原料,外加增塑剂、固化剂、填料及溶剂即为胶接剂。

塑料的机械加工性能较好,可以进行切割、攻丝、车削、铣削、刨削、钻孔等。但塑料的导热性差,加工时易发热、易变形,加工面粗糙。玻璃钢类的层压材料,组织结构具有方向性,故加工时容易分层开裂和崩块,所以加工使用的刀具前后角要大,刃口要锋利,切削时要充分冷却。

为了使一些金属制品达到耐蚀、耐磨、绝缘等目的,常在金属制品的表面喷涂一层塑料,例如在化工容器、管道、泵等表面喷涂塑料可以防腐蚀,在机床导轨上喷涂塑料可以耐磨等。喷涂方法是用火焰喷枪将粉状树脂在保护气氛的携带下喷涂到金属表面。

为了使塑料制品更加美观,或提高其耐油、耐湿、耐磨的性能,常在塑料制品表面镀上一层金属膜,以进一步扩大塑料的使用范围。塑料电镀前要经过表面喷砂、去油、活化,使其表面生成一种催化性薄膜,再经化学浸镀。化学浸镀的原理是利用溶液中有足够的正电势,使其中的金属离子还原成金属,沉积在塑料表面。浸镀层厚度一般小于 1 μm,但连续、能导电。化学浸镀有化学镀铜、镀镍和镀银等。

化学浸镀后方可进行电镀,电镀配方和工艺与一般电镀相同。

2. 橡胶

橡胶也是以高分子化合物为基础的材料,与塑料相比,橡胶在常温下处于高弹性状态,能承受很大的变形,伸长率最高可达 1 000%。橡胶材料还具有良好的吸振能力、稳定的化学性能和高的耐磨性,并能很好地与金属、纺织物、石棉等材料相联结。

根据原材料的来源,橡胶可分为天然橡胶和合成橡胶。按应用范围又分为通用橡胶和特种橡胶。

合成橡胶的品种繁多,主要用于机械中的密封圈、减振器等零件,以及电器上用的绝缘体和各种轮胎等。

常用的几种橡胶的性能、用途如表 1-18。

表 1-18　常用橡胶的性能及用途

类别	名称	抗拉强度 (MPa)	伸长率 (%)	使用温度 (℃)	用途	橡胶代号
通用橡胶	天然橡胶	25～30	650～900	－50～120	轮胎、通用制品	NR
	丁苯橡胶	15～20	500～600	－50～140	轮胎、胶板、通用制品	SBR
	顺丁橡胶	18～25	450～800	120	轮胎、耐寒运输带	BR
	丁腈橡胶	15～30	300～800	－35～175	输油管、耐油密封圈	NBR
	氯丁橡胶	25～27	800～1 000	－35～130	胶管、胶带、电线包皮	CR
特种橡胶	聚氨酯橡胶	20～35	300～800	80	胶管、耐磨制品	UR
	三元乙丙橡胶	10～25	400～800	150	散热管、绝缘体	EPDM
	氟橡胶	20～22	100～500	－50～300	高真空密封件和耐蚀件	EPM
	硅橡胶	4～10	50～500	－70～275	耐低、高温制品,绝缘体	
	聚硫橡胶	9～15	100～700	80～135		

1.6.2　陶瓷材料

陶瓷材料是无机非金属材料中的一类,其应用十分广泛,与金属材料、高分子材料一样,成为现代工业生产中不可缺少的材料。

陶瓷材料的性能是:硬度高、抗压强度大、耐磨性好,且抗氧化、耐腐蚀、耐高温性能优良,但其塑性、韧性差,脆性大。

陶瓷一般分为传统陶瓷和特种陶瓷两大类。

1. 传统陶瓷

传统陶瓷又称普通陶瓷,是采用天然原料黏土(多种含水的铝硅酸盐混合物)、高岭土($Al_2O_3 \cdot 2SiO_2 \cdot 2H_2O$)、长石($Na_2O \cdot Al_2O_3 \cdot 6SiO_2$、$K_2O \cdot Al_2O_3 \cdot 6SiO_2$)和石英($SiO_2$)等混合烧结而

成。改变其组成的配比、粒度、致密度等,可获得不同特性的陶瓷。传统陶瓷包括日用陶瓷和普通工业用陶瓷。

1)日用陶瓷

日用陶瓷一般要求有良好的白度、光泽度、透光度、热稳定性和机械强度,主要为瓷器。按所用瓷质又可分为四类,即长石质瓷、绢云母($K_2O \cdot 3Al_2O_3 \cdot 6SiO_2 \cdot 2H_2O$)质瓷、骨灰(磷石灰,含大量 $Ca_3(PO_4)_2$)质瓷和日用滑石($3MgO \cdot 4SiO_2 \cdot H_2O$)质瓷。其特点和用途见表1-19。

表 1-19　日用陶瓷的特点及应用

日用陶瓷类型	原料配比(%)	烧成温度(℃)	性能特点	主要应用
长石质瓷	长石 20～30 石英 25～35 黏土 40～50	1 250～1 350	瓷质洁白,半透明,不透气,吸水率低,坚硬,强度高,化学稳定性好	餐具,茶具,陈设陶瓷器,装饰美术瓷器,一般工业制品
绢云母质瓷	绢云母 30～50 高岭土 30～50 石英 15～25 其他矿物 5～10	1 250～1 450	同长石质瓷,但透明度、外观色调较好	餐具,茶具,工艺美术制品
骨灰质瓷	骨灰 20～60 长石 8～22 高岭土 25～45 石英 9～20	1 220～1 250	白度高,透明度好,瓷质软,光泽柔和,但较脆,热稳性差	高级餐具,茶具,高级工艺美术瓷器
日用滑石质瓷	滑石约 73 长石约 12 高岭土约 11 黏土约 4	1 300～1 400	良好的透明度,较高的热稳定性,较高的强度和良好的电性能	高级日用器皿,一般电工陶瓷

2)普通工业用陶瓷

根据其用途,普通工业用陶瓷分为建筑瓷、卫生瓷、电器绝缘瓷、化工用耐酸耐碱瓷等。建筑卫生瓷一般尺寸较大,要求强度和热稳定性好;电工陶瓷要求机械强度高,介电性能和热稳定性好;化学化工瓷主要要求耐各种化学介质的能力强。所以其成分还含有 MgO、ZnO、BaO、Cr_2O_3 等氧化物,以提高其强度和耐蚀能力,含有 Al_2O_3、ZrO_2 等以提高其强度和热稳定性,含有滑石或镁砂以降低其膨胀系数,还有的含有 SiC 以提高导热性和强度。

电瓷主要用于隔电元件以及连接用的绝缘器件。化工瓷主要用于化工、制药、食品等工业中的耐蚀容器、管道、设备等。建筑瓷和卫生瓷主要用于铺设地面、砌筑墙壁、铺设输水管道,以及卫生间的各种器具。

2. 特种陶瓷

特种陶瓷是指各种新型陶瓷。它是以人工氧化物或非氧化合物为原料制成,具有某种独特的力学、物理和化学性能。主要包括氧化铝(刚玉)陶瓷、氧化锆陶瓷、碳化硅陶瓷和氮化硅陶瓷等。

1)氧化铝(刚玉)陶瓷

氧化铝陶瓷以 Al_2O_3 为主要成分,其含量大于 45%。按 Al_2O_3 含量不同,又分为刚玉瓷、刚玉－莫来石瓷和莫来石瓷,刚玉瓷所含 Al_2O_3 量最高,达 99%。

氧化铝陶瓷熔点高、耐高温,如刚玉可在 1 600 ℃高温下长期使用。同时强度、硬度、耐磨性好。此外它还具有良好的绝缘性、化学稳定性和耐酸碱性。

氧化铝陶瓷广泛用于制造高温炉的零件部件、高速切削刀具、内燃机火花塞以及热电偶绝缘套管等。

2)氧化锆陶瓷

氧化锆陶瓷以 ZrO_2 为主要成分,呈弱酸性,导热系数小,耐高温,使用温度可达 2 000 ~ 2 200 ℃。主要用于制造耐火坩埚和炉子的绝热材料、金属表面的防护涂层等。

3)碳化硅陶瓷

碳化硅陶瓷是以 SiC 为主要成分,它具有很高的耐火度和高温强度,以及良好的热稳定性、耐磨性和耐蚀性。

碳化硅陶瓷主要用于制作热电偶套管、炉管、加热元件以及石墨的表面保护层和砂轮、磨料等。

4)氮化硅陶瓷

氮化硅陶瓷以 Si_3N_4 为主要成分,它具有优良的耐磨性、耐蚀性、绝缘性以及耐高温性,尤其是能抵抗熔融铝、锌、镍等非铁金属的侵蚀。

氮化硅陶瓷可制作形状较复杂的耐磨、耐蚀、绝缘性能良好的零部件。如潜水泵的端面密封圈、铝液测温的热电偶套管等,还可制作切削淬火钢或冷硬铸铁的切削刀具,以及高温轴承等。

1.6.3　复合材料

复合材料是由两种或更多种物理和化学本质不同的物质人工制造的一种多相固体材料。它可以由金属、高聚物和陶瓷中任意两者合成,也可以由两种或更多种金属、高聚物或陶瓷来制备。

复合材料最大的优点是可以获得单一材料无法具备的性能或功能。根据性能要求,人们可进行材料的最佳设计,最大限度地发挥材料的潜力。

复合材料按基体可分为金属基和非金属基两类。按增强剂的种类和结构特点,又分为纤维复合材料、层叠复合材料和细粒复合材料。其结构示意图如图 1-43 所示。

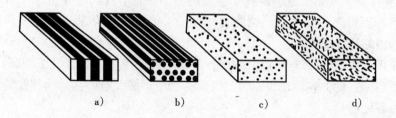

a)　　　　　　b)　　　　　　c)　　　　　　d)

图 1-43　复合材料结构示意图

a)层叠复合;b)连续纤维复合;c)细粒复合;d)短切纤维复合

1.纤维复合材料

纤维复合材料是以树脂、塑料、橡胶或金属为基体,以无机纤维为增强剂的复合材料。应用最多的是玻璃纤维复合材料、碳纤维复合材料和硼纤维复合材料。

1)玻璃纤维复合材料

玻璃纤维复合材料又称玻璃钢,它是一种重要的工程结构材料。玻璃钢分热塑性和热固性两种。

热塑性玻璃钢是以玻璃纤维为增强剂和以热塑性树脂为黏结剂制成的复合材料。制作玻璃纤维的玻璃主要是二氧化硅和其他氧化物的熔体。纤维的比强度和比模量高,化学稳定性好,电绝缘性也较好。热塑性树脂主要有尼龙、聚烯烃类、聚苯乙烯类。它们都具有较高的力学性能、介电性能、耐热性和抗老化性。

热塑性玻璃钢同热塑性塑料相比,其强度、疲劳性能、冲击韧性等大幅度提高。如 40% 玻璃纤维增强尼龙的强度可超过铝合金而近于镁合金的强度。它可代替有色金属制造轴承、轴承架、齿轮等精密机床零件以及电工部件。玻璃纤维增强苯乙烯类树脂,广泛应用于汽车内装制品,各种家电的机壳、底盘等部件。

热固性玻璃钢是以玻璃纤维为增强剂和以热固性树脂为黏结剂制成的复合材料。常用的热固性树脂有酚醛树脂、环氧树脂、不饱和聚酯和有机硅树脂。

热固性玻璃钢性能特点是,质量轻、比强度高、耐蚀性好、介电性能优良、成形容易,但刚度较差、耐热性不高(低于 200 ℃)、易老化。

这种材料的用途很广,如机器护罩、形状复杂的构件、一些车辆的车身、电机电器上的绝缘抗磁仪表和器件、石油化工中的耐蚀耐压容器和管道等。

2)碳纤维复合材料

碳纤维复合材料是以碳纤维或其织物(布、带等)为增强剂,以树脂、金属或陶瓷为基体复合而成。

以环氧树脂、酚醛树脂和聚四氟乙烯为基体的碳纤维复合材料,密度比铝轻,强度比钢高,弹性模量比铝合金和钢大,疲劳强度和冲击韧性高,耐水、耐湿,化学稳定性高,摩擦系数小,导热性好,因此可用作宇宙飞行器的外层材料,人造卫星和火箭的机架、壳体等,也可制作机器中的齿轮、轴承、活塞等零件以及化工容器、管道等。

以铝或铝锡合金为基体的碳纤维复合材料,是一种减摩性能比铝锡合金更优越、强度很高的高级轴承材料。

同石英玻璃相比,碳纤维石英玻璃复合材料,抗弯强度提高了 12 倍,冲击韧性提高了 40 倍,热稳定性也很好,是一种有前途的新型陶瓷材料。

2. 层叠复合材料

层叠复合材料有钢板为基体、多孔青铜为中间层、塑料为表面层的三层复合材料。这种材料用于制造各种机械、车辆等的无润滑或少润滑的轴承、垫片等。还有用于制造安全玻璃的两层玻璃间夹一层聚乙烯醇缩丁醛的层叠复合材料,以及用于化工及食品设备的钢板覆塑料的层叠复合材料。

3. 细粒复合材料

细粒复合材料是由一种或多种细颗粒均匀分布在基体材料内所组成的材料。当细颗粒为金属粒时,其基体为塑料。当细颗粒为陶瓷(如氧化物 Al_2O_3、MgO、BaO 等或碳化物 TiC、SiC、WC 等)时,其基体材料为金属(如 Ti、Cr、Ni、Co、Mo、Fe 等)。

金属颗粒与塑料的复合材料,比塑料的导热性和导电性明显提高,线胀系数减小。含有多量铅粉的塑料可作为 γ 射线的罩屏以及隔音材料,加入铅粉的氟塑料可作轴承材料。

陶瓷颗粒与金属的复合材料称为金属陶瓷。它具有高的强度和硬度,优良的耐磨性、耐蚀性和耐高温性能。适于制作耐磨件、切削工具、拉丝模具和高温下工作的部件。

常用的金属陶瓷有 WC 硬质合金和镍基 TiC 复合材料等。

1.7 机械零件材料的选用

机械零件产品的设计,一般包括零件的结构设计、材料的选用和工艺设计。其中合理地选用材料是一项非常重要的工作。零件在设计中所选用的材料必须适应零件的工作条件,必须保证具有良好的加工工艺性和经济性。本节仅就零件选材的一般原则作一介绍。

1.7.1 选用材料要满足零件的使用性能

使用性能是指零件在使用状态下材料应具有的力学性能、物理性能或化学性能。零件的使用性能是各种各样的,例如零件的受力大小、载荷的性质(动载、静载、循环载荷等)、载荷的类型(拉伸、压缩、弯曲、扭转、剪切等),以及使用状态下温度特性(如低温、常温、高温等)和环境介质(如酸性、碱性、氧化性及润滑性或非润滑性等),还有磁性、导电性、热膨胀系数大小等。

材料的力学性能(如强度、伸长率和韧性等)是选材的重要依据,因为机械零件的受力状况可以直接转化为材料的力学性能指标,一般选材的出发点首先满足零件的强度(抗拉强度、屈服强度、疲劳强度等)要求,所以各种强度指标通常都直接用于零件断面尺寸的设计计算。而塑性指标和韧性指标一般不直接用于设计计算,为保证零件的安全,一般用作间接的强度校核,以确定所选材料的强度、塑性和韧性等是否配合适当。硬度指标也不用于零件的设计计算,但因为硬度与其他力学性能之间存在一定关系,且有生产中快速简便检验性能的方法,故硬度一般在零件图上为主要技术条件之一。

表 1-20 列举了几种常用机械零件的工作条件、主要损坏形式和要求的主要力学性能指标。在确定了具体力学性能指标和数值后,即可利用手册进行选材。但利用手册选材时,一定要分析手册中的性能指标数据是在何种加工、处理条件下得到的,所设计的机械零件与手册中试样尺寸有何差别,不能简单地把零件所要求的力学性能数据与手册中所列数据等同起来。

表 1-20　几种零件的工作条件、损坏形式及主要力学性能指标

零件名称	工作条件	主要损坏形式	主要力学性能指标
重要螺栓	交变拉应力	过量塑性变形或由疲劳而造成破断	$\sigma_{0.2}, \sigma_{-1p}$, HB
重要传动齿轮	交变弯曲应力,交变接触压应力,齿表面受带滑动的滚动摩擦和冲击负荷	齿的折断、过度磨损或出现疲劳麻点	σ_{-1}, σ_{bb},接触疲劳强度,HRC
曲轴、轴类	交变弯曲应力、扭转应力、冲击负荷、磨损	疲劳破断、过度磨损	$\sigma_{0.2}, \sigma_{-1}$, HRC
弹簧	交变应力、振动	弹力丧失或疲劳破断	$\sigma_e, \sigma_s/\sigma_b, \sigma_{-1p}$
滚动轴承	点或线接触下的交变压应力、滚动摩擦	过度磨损破坏、疲劳破断	σ_{bc}, σ_{-1}, HRC

　　至于零件的使用环境,在选材时也必须要考虑到。例如在高温下工作的机械零件,应选用耐热钢、陶瓷材料等。在腐蚀介质中工作的机械零件,应选用不锈钢、塑料、橡胶等材料。要求耐磨的机械零件,应选用耐磨钢、金属陶瓷、硬质合金、复合材料等。要求有红硬性(热硬性)的零件或工具,应选用高速钢、硬质合金等材料。

1.7.2　选用材料要保证良好的工艺性能

　　材料的工艺性能表示材料加工的难易程度。在选材中,材料的使用性能固然重要,但工艺性能也是必须考虑的重要依据,如一种材料使用性能非常良好,但加工极为困难,加工费用太高,那么这种材料是不可取的。

　　材料所要求的工艺性能,取决于零件生产的具体加工工艺路线,即零件的加工工艺路线决定材料应该具有什么样的工艺性能。具体说明如下。

　　1)高分子材料的工艺性能

　　高分子材料的加工工艺路线为

$$原材料(或型材) \rightarrow 成形加工 \rightarrow 切削加工 \rightarrow 零件$$
$$焊接$$

　　高分子材料的加工工艺路线比较简单,其中成形工艺最为复杂,其主要包括热压成形(适用多种材料)、喷射成形(适用热塑性塑料)、热挤成形(适于热塑性塑料)和真空成形(适用热塑性塑料)等。

　　高分子材料的切削加工性能很好,适于各种切削加工方法,但因材料导热性差,切削速度快时,会使局部温度急剧升高,使其变焦、变软,影响加工质量,这是加工中应注意的问题。

　　2)陶瓷材料的工艺性能

　　陶瓷材料的加工工艺路线为

$$陶瓷材料(粉末) \rightarrow 成形加工(配料、压制、烧结) \rightarrow 磨削加工 \rightarrow 零件$$
$$热处理$$

　　陶瓷材料的工艺路线主要是成形。成形包括粉浆成形、压制成形、挤压成形和可塑成形等。

　　陶瓷材料成形后,有的需要碳化硅或金刚石砂轮进行磨削加工,但由于陶瓷材料的硬度很高,一般不能进行切削加工。

　　3)金属材料的工艺性能

　　金属材料的加工工艺路线较高分子材料和陶瓷材料复杂,加工工序较多。不同材料制成的不同零件,其加工工艺路线不同。用铸铁或碳钢制造性能要求不高的一般零件时,其加工工艺路线为

$$毛坯 \rightarrow 正火或退火 \rightarrow 切削加工 \rightarrow 零件$$

　　毛坯由铸造或锻压获得,正火或退火是为了消除铸、锻件组织应力,改善切削加工性能,提高零件的力学性能。

　　用合金钢、高强铝合金制造性能要求较高的机械零件时,其一般的加工工艺路线为

$$毛坯 \rightarrow 预先热处理(正火、退火) \rightarrow 粗加工 \rightarrow 最终热处理$$
$$(淬火、回火、渗碳、固溶时效等) \rightarrow 精加工 \rightarrow 零件$$

　　由以上加工工艺路线可知,用金属材料制造零件的基本加工方法是铸造、压力加工、焊接、机械加工和热处理。铸造、压力加工和焊接是制造毛坯的基本方法,热处理是作为改善机械加工性能和使零件得到所需性能的工艺。

　　材料的工艺性能对零件的加工生产有直接影响,其主要工艺性能如下。

　　(1)铸造性能　铸造性能主要包括合金的流动性、收缩性、成分偏析和吸气性等。铸造性能较好的合金主要是各种铸铁、铸钢、铸造铝合金和铜合金。其中铸铁铸造性能最好,铸造铝合金和铜合金则优于铸钢。

　　(2)锻造性能　锻造性能主要包括金属的塑性与变形抗力以及抗氧化性等。在碳钢中,低碳钢锻造性能最好,中碳钢次之,高碳钢较差。在合金钢中,低合金钢的锻造性能近于中碳钢,高合金钢较差。铜合金的锻造性能一般较好,铝合金较差。

　　(3)焊接性能　焊接性能主要是指形成冷裂或热裂及形成气孔的倾向等。铝合金和铜合金的焊接性能较差,灰口铸铁最差。低碳钢和低合金结构钢有较好的焊接性能,碳含量大于0.45%的碳钢和碳含量大于0.35%的合金钢的焊接性能较差。

　　(4)机械加工性能　机械加工性能主要指切削加工性。一般铝、镁合金的切削加工性最好,而奥氏体不锈钢、高速钢和耐热合金等切削加工性能最差,中碳钢、灰口铸铁等的切削加工性能较好。

　　(5)热处理工艺性能　热处理工艺性能主要包括淬透性、变形开裂倾向、过热敏感性等。对于钢而言,它与含碳量、合金元素的种类和多少有密切关系。铝合金因为熔点低,所以对热处理加热温度要求较严,温度波动小于 ±5 ℃。铜合金只有几种合金可以用热处理强化。

1.7.3　选用材料要确保材料的经济性

　　在满足使用性能的前提下,选用零件材料时应注意降低零件的总成本。零件的总成本包括材料本身的价格和与生产有关的其他一切费用。

　　在金属材料中,碳钢和铸铁的价格是比较低廉的,因此在满足零件力学性能的前提下,应尽量选用铸铁和碳钢,这不仅可降低成本,且加工工艺性良好。

　　低合金钢强度比碳钢高,工艺性与碳钢相近,所以选用低合金钢总的经济效益往往比较显著。

　　在选材时还应考虑国家的生产和供应情况,所选用材料的种类、规格应尽量少而集中,以便采购和管理。

　　总之,作为一个设计人员、工艺人员,在选材时必须了解我国工业生产发展形势,要按照国家标准,结合我国资源和生产条件,从实际情况出发,全面考虑力学性能、工艺性能和经济性等方面的问题。

1.8　典型零件的选材及工艺

1.8.1　齿轮类

　　齿轮是机械工业中应用最广的零件之一,主要用于调节速度和传递扭矩,其工作时一般受力情况如下:

　　①齿部承受很大的交变弯曲应力;

②换挡、启动或啮合不均匀时承受一定的冲击力；

③齿面相互滚动、滑动，承受较大的接触压应力和摩擦力。

齿轮的损坏形式主要是齿的折断和齿面的剥落及严重磨损。所以要求齿轮必须具有以下主要性能：

①高的弯曲疲劳强度和接触疲劳强度；

②齿面具有高的硬度和耐磨性；

③齿轮心部有足够的强度和韧性。

下面以机床和汽车齿轮为例进行具体分析。

1. 机床齿轮

机床变速箱齿轮担负着传递动力、改变运动速度和方向的任务，转速中等，载荷较小，工作较平稳无强烈冲击，一般可选用中碳钢制造。中碳钢齿轮经调质处理后心部具有良好的综合力学性能，能承受较大的弯曲应力和冲击载荷。同时，表面采用高频表面淬火以提高其硬度和耐磨性并增强抗疲劳破坏的能力。机床齿轮的具体加工工艺路线为

下料→锻造→正火→粗加工→调质→精加工→高频淬火及低温回火→精磨

机床齿轮所选用的中碳钢通常为 40、50 钢，也可选用低合金钢，如 40Cr、45Mn2、40MnB 等。

2. 汽车齿轮

汽车齿轮主要分装在变速箱和差速器中。在变速箱中，通常用以改变发动机、曲轴和主轴齿轮的速比。在差速器中，通过齿轮增加扭矩，并调节左右轮的转速。全部发动机的动力均通过齿轮传给车轴，推动汽车运行。所以汽车齿轮的工作条件比机床齿轮要繁重得多，其耐磨性、疲劳强度、心部强度及冲击韧性等，均要求比机床齿轮为高。如选用调质钢则不能满足其要求。我国应用最多的是合金渗碳钢 20Cr 或 20CrMnTi，并经渗碳、淬火和低温回火。选用这种材料和工艺制造的齿轮，在心部具有较高强度和韧性的同时，表层还具有高硬度、高耐磨性和高的疲劳强度。为进一步提高齿轮的耐用性，渗碳、淬火、回火后，再进行喷丸处理，以增大表层压应力。汽车齿轮具体加工工艺路线为

下料→锻造→正火→切削加工→渗碳、淬火及低温回火→喷丸处理→磨削加工

除上述齿轮外，根据受力情况和性能要求不同，一些齿轮还可以采用中碳合金钢进行调质并经氮化处理后使用，有的还可采用铸铁、铸钢制造。

1.8.2　轴类

轴类零件在机械制造工业中也是一类用量较大且占有相当重要地位的结构件，一切作回转运动的零件都装在轴上，其主要作用是支承零件并传递运动和动力，其受力情况如下：

①受交变扭转载荷和交变弯曲应力；

②轴颈承受较大的摩擦；

③承受一定的过程或冲击载荷。

轴类的损坏形式主要有交变载荷长期作用造成疲劳断裂，或大载荷的作用发生折断和扭断，或轴颈严重磨损。根据轴的工作条件和损坏形式，轴类材料必须具有如下性能：

①良好的综合力学性能，即强度和塑性、韧性有良好配合，以防过载冲击时断裂；

②高的疲劳强度，以防疲劳断裂；

③良好的耐磨性，以防轴颈磨损。

下面以机床主轴和汽车半轴为例具体分析。

1.机床主轴

图 1-44 所示车床主轴工作中受交变弯曲和扭转的复合应力,但载荷、转速及冲击载荷均不高,所以一般的综合力学性能即可满足要求。但大端的轴颈、锥孔与卡盘、顶尖之间有摩擦,这些部位要求有较高的硬度和耐磨性。所以常选用 45 钢来制造,热处理工艺为整体调质处理,轴颈和锥孔进行表面淬火、低温回火。它的工艺路线为

　　下料→锻造→正火→粗加工→调质处理→半精车外圆、钻中心孔、精车外圆、铣键槽

→局部淬火、低温回火→车定刀槽、粗磨外圆、滚铣花键→花键淬火、低温回火→精磨

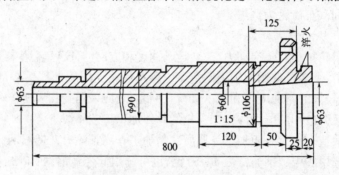

图 1-44　车床主轴简图

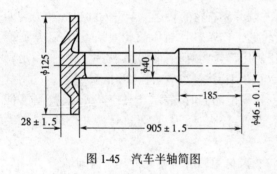

图 1-45　汽车半轴简图

2.汽车半轴

图 1-45 所示汽车半轴是传递扭矩的一个重要部件。汽车运行时,发动机输出的扭矩经过多级变速和主动器传递给半轴,再经半轴传给车轮,其工作条件十分繁重,故必须选用抗弯强度、疲劳强度和韧性高的材料制造。一般中型载重汽车的半轴选用 40Cr 钢制造,重型汽车半轴则选用性能更高的 40CrMnMo 钢制造,并经调质处理,以获得良好的综合力学性

能。其具体加工工艺路线为

　　下料→锻造→正火→粗加工→调质处理→精加工→盘部钻孔→磨花键

1.8.3　箱体类

箱体类零件是机械中很重要的一类零件,如床头箱、变速箱、进给箱、溜板箱、缸体、缸盖等均为箱体零件。

箱体大都结构复杂,一般只能用铸造方法生产,故箱体都是由铸造合金浇铸而成。

一些受力较大,要求高强度、高韧性的箱体选用铸钢制造。

受力不大、工作中只承受静压力、不受冲击的箱体件应选用灰口铸铁制造。

受力不大、要求自重较轻且导热良好的箱体件应选用铸造铝合金制造。

受力很小、要求自重很轻的箱体件可采用工程塑料制成。

用铸钢制作箱体件时,在机械加工前,应进行完全退火或正火,以消除粗晶组织、偏析及铸造应力,铸铁件在机械加工前一般要进行去应力退火;对铸造铝合金,应根据其成分,加工前也应进行退火或时效等处理。

1.8.4　汽车部分零件的选材及工艺

汽车上的每一个零件,各自有不同的使用性能,所以对它们的性能要求也不同,因此每个零件所选用的材料也不完全相同。表 1-21、表 1-22 列举了汽车底盘部分零件的使用性能、损坏方式及所选用的材料情况。

表 1-21　汽车发动机部分零件的选材情况

代表性零件	材料种类及牌号	使用性能要求	主要损坏方式	热处理及其他
缸体、缸盖、飞轮、正时齿轮	灰口铸铁 HT200	刚度、强度、尺寸稳定性	产生裂纹、孔臂磨损、翘曲变形	不处理或去应力退火,也可用 ZL104 铝合金做缸体缸盖,固溶处理后时效
缸套、排气门座等	合金铸铁	耐磨性、耐热性	过量磨损	铸造状态
曲轴等	球墨铸铁 QT600—2	刚度、强度、耐磨性、疲劳抗力	过量磨损、断裂	表面淬火、圆角滚压、氮化,也可以用锻钢件
活塞销等	渗碳钢 20、20Cr、18CrMnTi、12Cr2Ni4	强度、冲击韧性、耐磨性	磨损、变形、断裂	渗碳、淬火、回火
连杆、连杆螺栓、曲轴等	调质钢 45、40Cr、40MnB	强度、疲劳抗力、冲击韧性	过量变形、断裂	调质、探伤
各种轴承、轴瓦	轴承钢和轴承合金	耐磨性、疲劳抗力	磨损、剥落、烧蚀、破裂	
排气门	耐热钢 4Cr3Si2、6Mn20Al5MoVNb	耐热性、耐磨性	起槽、变宽、氧化、烧蚀	淬火、回火
气门弹簧	弹簧钢 65Mn、50CrVA	疲劳抗力	变形、断裂	淬火、中温回火
活塞	高硅铝合金 ZL108、ZL110	耐热强度	烧蚀、变形、断裂	固溶处理及时效
支架、盖、罩、挡板、壳等	钢板 Q235、08、20、16Mn	刚度、强度	变形	

表 1-22　汽车底盘部分零件的选材情况

代表性零件	材料牌号	使用性能要求	主要损坏方式	热处理及其他
纵梁、横梁、传动轴 (4 000 r/min)、钢圈等	25、16Mn 钢板等	强度、刚度、韧性	弯曲、扭斜、铆钉松动、断裂	要求用冲压工艺性能好的优质钢板
前桥(前轴)转向节臂(羊角)、半轴等	调质钢 45、40Cr、40MnB	强度、韧性、疲劳抗力	弯曲变形、扭转变形、断裂	模锻成形、调质处理、圆角滚压、无损探伤
变速箱齿轮、后桥、齿轮等	渗碳钢 20CrMnTi、30CrMnTi、20MnTiB、12Cr2Ni4 等	强度、耐磨性、接触疲劳抗力及断裂抗力	麻点、剥落、齿面过量磨损、变形、断齿	渗碳(渗碳层深 0.8 mm 以上)、淬火、回火,表面硬度 HRC58～62
变速器壳、离合器壳	灰口铸铁 HT200	刚度、尺寸稳定性、一定强度	产生裂纹、轴承孔磨损	去应力退火
后桥壳等	可锻铸铁 KT350—10 球墨铸铁 QT400—15		弯曲、断裂	后桥还可用优质钢板冲压后焊成或用铸钢

续表

代表性零件	材料牌号	使用性能要求	主要损坏方式	热处理及其他
钢板弹簧等	弹簧钢65Mn、60Si2Mn、50CrMn、55SiMnVB	耐疲劳、冲击和腐蚀	折断、弹性减退、弯度减少	淬火、中温回火、喷丸强化
驾驶室、车箱、罩等	钢板08、20	刚度、尺寸稳定性	变形、开裂	冲压成形
分泵活塞、油管	铝合金、紫铜	耐磨性、强度	磨损、开裂	

复习思考题

1.金属材料的力学性能通常用哪几个指标来衡量?

2.材料的拉伸试棒尺寸为:直径 $\phi 10$ mm、标长 50 mm。拉伸试验时,屈服时的拉力为 18 840 N,试样断裂前所承受的最大拉力为 35 320 N,试样断裂时的标距之间的长度为 73 mm,断裂处截面直径为 $\phi 6.7$ mm。求此种材料的屈服强度 σ_s、抗拉强度 σ_b、伸长率 δ 和断面收缩率 ψ。

3. $\sigma_{0.2}$ 的意义是什么?

4.硬度与抗拉强度之间有没有一定关系? 为什么?

5.说明布氏硬度、洛氏硬度和维氏硬度的适用范围。

6. α_k 代表什么指标,这一指标的意义是什么?

7.什么情况下会产生疲劳断裂?

8.什么是晶胞和晶粒? 常见的金属晶体结构有哪几种?

9.什么叫做同素异构转变? 纯铁在不同温度下的晶格如何变化?

10.金属晶粒的大小对力学性能有何影响?

11.什么叫合金、金属化合物和固溶体?

12.什么叫奥氏体、铁素体、渗碳体、珠光体和莱氏体? 它们的性能如何?

13.从铁碳合金相图上看,含碳量为 0.2%、0.4%、0.6% 的碳素钢在室温下由哪些组织构成? 相比而言这些钢的强度如何?

14.绑扎物体一般用镀锌低碳钢丝,而起重机吊重物却用钢丝绳,为什么?

15.试分析白口铁的结晶过程。

16.常用的热处理工艺有哪几种?

17.锯条、弹簧、齿轮、轴各应采有什么热处理方法?

18.用 T10 钢制造形状简单的刀具,工艺路线为:锻造—热处理—机加工—热处理—磨削加工。

(1)指出热处理工序的名称及作用;

(2)试制定热处理工艺规范;

(3)指出最终热处理的显微组织。

19.用 45 钢制造齿轮,其工艺过程为:下料—锻造—正火—粗车—调质—精车、滚齿—齿面淬火—磨削—检验。说明热处理工序的作用。

20.试分辨下列牌号的钢,它们各属于哪一类? 数字和元素符号代表什么意思? 它们的主要用途、性能特点是什么?

Q235—A、20、40Cr、9CrSi、65、16Mn、45、W18Cr4V、T10A、60Si2MnA、GCr15、1Cr18Ni9Ti、ZG270—500(ZG35)、20CrMnTi

21.合金元素 Mn、Cr、W、Mo、V、Ni、Si 等在钢中的作用是什么?

22.什么是铸铁? 与碳钢比较,铸铁在化学成分和显微组织上有何不同?

23.试述石墨形态对铸铁性能的影响。

24.为什么一般机器的支架、机床的床身常用灰铸铁制造?

25.可锻铸铁是否可锻? 与灰铸铁比较,可锻铸铁有何优点?

26.与灰铸铁、可锻铸铁比较,为什么球墨铸铁的力学性能较高?

27.生产中出现下列现象,应采取何种办法予以解决?

(1)灰铸铁磨床床身,铸后就进行切削加工,结果切削后产生较大变形。

(2)灰铸铁铸件薄壁处出现白口组织,造成切削加工困难。

28.硅铝明属于哪类铝合金? 它的主要特点和用途是什么?

29.普通黄铜与特殊黄铜的牌号如何表示? 试举例说明。

30.锡青铜属于什么合金? 它的主要用途是什么?

31.说出下列合金的类别、成分、性能及用途。

(1)T2、H80;

(2)QBe2、ZCuZn40Pb2、ZCuPb30;

(3)L2、LF2、LY1;

(4)ZAlSi9Mg、ZAlCu10、ZAlZn6Mg;

(5)ZChSnSb11—6、ZChPbSn16—16—2。

32.轴瓦材料必须具有什么特性?

33.举例说明常用巴氏合金的成分、性能及用途。

34.叙述粉末冶金的工艺过程。

35.粉末冶金机械零件、硬质合金、金属陶瓷都是用粉末经压制、烧结而成,它们三者之间有何区别?

36.说出下列塑料的类别、性能及用途。

(1)聚丙烯、ABS;

(2)酚醛塑料、环氧塑料;

(3)聚四氟乙烯。

37.说出下列橡胶的性能和用途。

(1)天然橡胶、氟橡胶;

(2)丁腈橡胶、硅橡胶。

38.什么是特种陶瓷? 说明下列陶瓷的主要组成、性能和用途。

(1)刚玉陶瓷、氧化锆陶瓷;

(2)氮化硅陶瓷、碳化硅陶瓷。

39.什么叫复合材料？复合材料有几种？各有什么特点？

40.机械零件的选材原则是什么？

41.某机床厂制造的机床床身，是用铸铁铸造而成。而某机械研究所新设计的机床床身，制造首台时却用钢板焊接而成的。两者选材的主要依据是什么？

42.请为下列齿轮选择材料，并制定加工工艺路线：

(1)承受冲击的高速重载齿轮($\phi 200$)，批量生产；

(2)不受冲击的低速中载齿轮($\phi 250$)，小批生产；

(3)小模数仪表用无润滑小齿轮($\phi 30$)，批量生产；

(4)卷扬机用大型人字齿轮($\phi 1\,500$)，少量生产；

(5)钟表用小模数精密传动齿轮($\phi 15$)，大批量生产。

43.生产箱体类零件，一般应选用哪类材料？其加工工艺路线如何？

第 2 章 铸 造

将液态金属浇铸到具有与零件形状、尺寸相适应的铸型型腔中,待其冷却凝固后获得毛坯或零件的方法,称为铸造。

铸造是历史最悠久的金属成形方法,直到今天,它仍然是毛坯生产的主要方法。在机器设备中铸件所占的比例很大,如在机床、内燃机、重型机器中,铸件约占总质量的 70% ~ 90%;在拖拉机、农业机械中占 40% ~ 70%;在汽车中占 20% ~ 30%。

铸造的实质是液态成形,因而具有下列优点。

①可以形成形状复杂的零件。具有复杂内腔的毛坯或零件,如复杂箱体、机床床身、阀体、泵体、缸体等都能铸造成形。

②适应范围广。工业上常用的金属材料如铸铁、碳素钢、合金钢、铜合金、铝合金等,均可在液态下成形。特别是对于不宜压力加工或焊接成形的材料,铸造生产方法具有特殊的优势。并且铸件的大小、形状几乎不受限制,质量可从几克到数百吨,壁厚可从 1 mm 到 1 000 mm。

③生产成本较低。铸造用原材料大都来源广泛,价格低廉,并可直接利用废机件、旧回炉料,甚至切屑。同时,铸件与最终零件的形状相似,尺寸相近,加工余量小,因而可节省加工工时和金属。

液态成形也给铸造带来某些不足,如铸造组织疏松、晶粒粗大,内部易产生缩孔、缩松、气孔、夹渣等缺陷,因此铸件的力学性能,特别是冲击韧性,比同样材料压力加工件的力学性能低。又如铸造工序多,且难以精确控制,使得铸件的质量不够稳定,同时劳动条件也较差。

按工艺方法的不同,铸造分为砂型铸造和特种铸造两大类。砂型铸造是目前应用最广泛的铸造方法。特种铸造包括熔模铸造、金属型铸造、压力铸造、离心铸造等,它们在不同的条件下各有优势。

2.1 合金的铸造性能

铸造合金除应具有符合要求的力学性能和必要的物理化学性能外,还应该有良好的铸造性能。这种性能是合金在铸造生产中表现出来的工艺性能,主要有流动性和收缩性等。它们对能否获得合格铸件有着极大的影响。

2.1.1 合金的流动性

1.流动性的概念

液态合金充满铸型型腔,获得轮廓清晰、形状完整的优质铸件的能力,称为液态合金的流动性,又叫"充型能力"。

流动性好的合金不仅易于制造薄壁而形状复杂的铸件,而且有助于液体金属在铸型中凝固收缩时得到补缩,有利于气体与非金属夹杂物从液体合金中上浮并排除,为获得高质量铸件

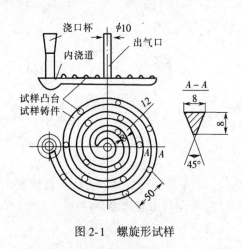

图 2-1　螺旋形试样

创造了有利条件。相反,流动性不好,铸件易产生浇不足、冷隔、气孔、缩孔、热裂纹等缺陷。因此,在铸件设计、选择铸造合金和制定铸造工艺时,常需考虑合金的流动性。

合金流动性的好坏,通常以螺旋形流动性试样的长度来衡量,如图 2-1 所示。由图可见,螺旋试样上每 50 mm 有一个凸点,数出凸点数目即得到试样全长。显然,在相同的铸型及浇铸条件下,浇出的螺旋形试样越长,表明该合金的流动性越好。表 2-1 列举了常用铸造合金的流动性比较数据。其中以灰口铸铁和硅黄铜的流动性最好,铸钢最差。

表 2-1　常用合金的流动性(砂型,试样截面 8 mm × 8 mm)

合金种类		铸型种类	浇铸温度(℃)	螺旋长度(mm)
铸铁	C + Si = 6.2%	砂型	1 300	1 800
	C + Si = 5.9%	砂型	1 300	1 300
	C + Si = 5.2%	砂型	1 300	1 000
	C + Si = 4.2%	砂型	1 300	600
铸钢　C = 0.4%		砂型	1 600	100
			1 640	200
铝硅合金(硅铝明)		金属型(300℃)	680 ~ 720	700 ~ 800
镁合金(含 Al 及 Zn)		砂型	700	400 ~ 600
锡青铜(Sn≈10%,Zn≈2%)		砂型	1 040	420
硅黄铜(Si = 1.5% ~ 4.5%)		砂型	1 100	1 000

2.影响合金流动性的因素

影响合金流动性的因素很多,概括起来,凡能影响合金保持在液态时间长短及合金流动速度的因素,均能影响合金的流动性。其中主要是合金的化学成分、浇铸温度和铸型充填条件等。

1)化学成分

不同成分的铸造合金具有不同的结晶特点,因而流动性的影响也不同。共晶成分合金是在恒温下进行结晶的,此时液体金属在充填过程中,从表层开始逐层向中心凝固。由于已凝固硬壳的内表面较光滑,对尚未凝固的金属流动阻力小,金属可流动较长距离。此外,在相同的浇铸温度下,因为共晶成分合金凝固温度最低,相对来说,增大了液态金属的过热度,推迟了液态金属的凝固,所以,共晶成分合金的流动性最好。

其他成分的合金(纯金属除外)的结晶特点是在一定温度范围内进行的,即经过一个液态和固态并存的两相区域。此时,金属的结晶是在铸件截面一定宽度的凝固区域 S 内同时进行的,如图 2-2 所示。在这个区域内,初生的树枝晶体不仅阻碍液态金属的流动,且因其导热系数大,使液体金属的冷却速度加快,故流动性较差。合金的结晶度范围越大,两相区越宽,树枝晶体也越发达,金属也越较早地停止流动,流动性越差。

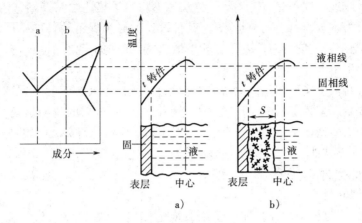

图 2-2　不同成分合金的结晶特性

a)共晶成分合金;b)具有一定结晶温度范围合金

图 2-3 所示为铁 – 碳合金流动性与含碳量的关系。由图可见,亚共晶铸铁随含碳量增加,结晶温度范围减小,流动性提高。愈接近共晶成分,愈容易铸造。

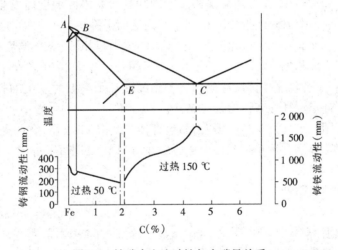

图 2-3　铁碳合金流动性与含碳量关系

2)浇铸温度

浇铸温度对合金流动性的影响极为显著。浇铸温度提高,合金的黏度下降,同时,因过热度高,合金在铸型中保持流动的时间长,而且液态金属传给铸型的热量增多,减缓了金属的冷却速度,这些都使合金的流动性得到提高。因此,提高合金的浇铸温度,是防止铸件产生浇不足、冷隔等铸造缺陷的重要工艺措施。但浇铸温度过高,金属的总收缩量增加,吸气增多,氧化严重,铸件又容易产生缩孔、缩松、粘砂、气孔、粗晶等缺陷。因此,在保证有足够流动性的前提下,尽量降低浇铸温度。生产中通常采用"高温出炉、低温浇铸"的原则。通常,灰口铸铁的浇铸温度为 1 200 ~ 1 380 ℃,铝合金为 680 ~ 780 ℃。

3)铸型充填条件

铸型的充填条件对流动性也有很大影响。铸型中凡能增加金属流动阻力、降低流速和增快冷速的因素,均会降低合金的流动性,如型腔过窄、直浇道过低、浇道截面太小或布置得不合理、型砂水份过多或透气性不足、铸型排气不畅、铸型材料导热性过大等,都会使铸件产生浇不足、冷隔等缺陷。为了改善铸型的充填条件,铸件设计时必须保证铸件的壁厚大于规定的"最小壁厚",并在铸型工艺上应针对需要采取相应的措施,如增加直浇道高度、扩大内浇道面积、增加出气口、采用干铸型等。

对特种铸造而言,金属型铸造因为金属型冷却速度快,浇入铸型的金属液被迅速冷却,因而流动性较差,故金属型铸造只能生产较厚的铸件。而熔模铸造的铸型是处在较高温度下进行浇铸的,故能铸出薄壁铸件。离心铸造、压力铸造和低压铸造,都增加了浇铸时的充型压力,故均提高了合金的流动性。

2.1.2　合金的收缩性

1.合金收缩性的概念

铸件在冷却凝固过程中其体积和尺寸减小的现象,称为收缩。

收缩是铸造合金本身的物理性质,其产生的原因是:液态金属是由原子团及空穴组成,原子间距离比固态金属大得多,随着温度的下降,液态金属原子间距缩短,空穴数减少甚至完全消失,原子有次序有规则地排列,使金属体积缩小。随着温度继续下降,原子间距进一步缩短,线尺寸继续缩小。可见,金属从浇铸温度冷却到室温要经历三个相互关联的收缩阶段。

(1)液态收缩　液态收缩指金属从浇铸温度冷却到开始凝固温度时发生的收缩。此时金属处在液态,其收缩表现为体积的减小,引起型腔内液面下降。

(2)凝固收缩　凝固收缩指金属从凝固开始温度冷却到凝固终止温度时所发生的收缩。凝固收缩也是表现为体积的减小,合金的结晶温度范围越大,其体积收缩也越大。

(3)固态收缩　固态收缩指金属从凝固终了温度冷却到室温时发生的收缩。固态收缩通常直接表现为铸件外形尺寸在各个方向的减小。

液态收缩和凝固收缩常用单位体积收缩量(即体收缩率)来表示,它们是铸件产生缩孔、缩松的基本原因。固态收缩常用单位长度上的收缩量(即线收缩率)来表示,它是铸件产生内应力、变形、裂纹的基本原因。

2.影响合金收缩的因素

1)化学成分

不同合金的收缩率不同。在常用的铸造合金中,铸钢的收缩率最大,灰口铸铁最小。灰口铸铁收缩很小的原因是由于其中大部分碳是以单质石墨状态存在,石墨的比容大,在结晶过程中石墨析出所产生的体积膨胀,抵消了合金的部分收缩所致。表 2-2 所示为几种铁碳合金的收缩率。

表 2-2　几种铁碳合金的收缩率　　　　　　　　　　　%

合金种类	体收缩率	线收缩率
碳素铸钢	10 ~ 14.5	~ 2
白口铸铁	12 ~ 14	~ 2
灰口铸铁	5 ~ 8	~ 1

在灰口铸铁中,碳、硅含量越高,析出石墨的数量越多,其收缩越小。硫是阻碍石墨析出的元素,使收缩增大。适当的含锰量可抵消硫对石墨析出的阻碍作用,使收缩率减小。

2)浇铸温度

浇铸温度越高,合金的液态收缩加大,总的收缩率增加。

3)铸件结构与铸型条件

合金在铸型中的线收缩大多不是自由收缩,而是受阻收缩。这些阻力来源于铸件各部分收缩时受到的相互制约及铸型和型芯对铸件收缩的阻碍。显然,铸件的实际收缩率比合金自由收缩率要小。因此,在设计模样时,必须根据合金的种类、铸件的具体形状和尺寸等因素,选取适合的收缩率。

3.缩孔和缩松的形成

由于合金的液态收缩和凝固收缩,铸件内部常形成一些孔洞,按孔洞的大小和分布,可将其分为缩孔和缩松两类。

1)缩孔

缩孔是集中在铸件上部或最后凝固部位容积较大的孔洞。缩孔呈倒圆锥形,其内表面粗糙。缩孔通常隐藏在铸件表层下面,有时经机械加工可暴露出来,在某些情况下,缩孔可外露在铸件的上表面,呈明显的凹坑。

缩孔的形成过程如图 2-4 所示。液态合金填满铸型后(图 2-4a)),由于铸型吸热,靠近型腔表面的金属很快就降到凝固温度,形成一层外壳(图 2-4b))。温度继续下降,凝固层增厚,内部剩余液体,由于液态收缩和补充凝固收缩,体积减小,液面下降,铸件内部形成空隙(图 2-4c))。温度继续下降,外壳继续增厚,液面不断下降,空隙加大,待内部完全凝固就形成了缩孔(图 2-4d))。已形成缩孔的铸件,继续冷到室温,由于固态收缩而使铸件尺寸稍有缩小(图 2-4e))。综上所述,缩孔的形成,是由于合金的液态收缩和凝固收缩未能得到外来金属补充所致。

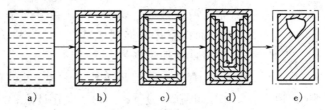

a)   b)   c)   d)   e)

图 2-4 缩孔的形成过程

2)缩松

铸件中分散在某区域内的细小缩孔,称为缩松。当缩松容积与缩孔容积相同时,缩松的分布面积要比缩孔大得多。

对于结晶温度范围较大的合金,因其凝固结晶是在铸件截面上一定宽度的区域内几乎同时进行的,所以结晶前沿凸凹不平。在凝固后期,结晶前沿几乎同时到达心部,形成一个同时凝固区。在这个区域内,剩余液体被凸凹不平的结晶前沿分隔成许多小液区。这些数量极多的小液区凝固收缩时,因得不到补缩而形成缩松。这样的缩松,通常出现在集中缩孔的下方或铸件轴线区域内,用肉眼可看得见,被称为宏观缩松,图 2-5 所示。有些缩松是由于初生的树枝晶把液体分隔成许多小液区而形成。这种缩松更为细小,要在显

缩孔

缩松

图 2-5 宏观缩松

微镜下才能观察到,被称为显微缩松。显微缩松在铸件中难以完全避免,对于一般铸件通常不作缺陷,但如果要求铸件有较高的气密性、高的力学性能和物理化学性能时,则必须设法减少或防止显微缩松的产生。

从以上分析可以得出以下几点结论。

①液态收缩和凝固收缩大的合金,易于产生缩孔和缩松。

②浇铸温度越高,液态收缩越大,缩孔和缩松的容积越大。

③不同合金形成缩孔和缩松倾向不同。共晶成分合金和结晶间隔小的合金易于形成集中缩孔,缩松倾向较小。结晶间隔大的合金易于形成缩松。

普通灰口铸铁尽管接近共晶成分,但因石墨的析出,其凝固收缩甚小,所以,在一情况下,其缩孔和缩松的倾向都较小。

实践证明,缩孔较缩松易发现和防止;缩松,特别是显微缩松,分布面广,既难补缩,又难发现。因此,越接近共晶成分的合金,越易于铸造。

4.缩孔与缩松的防止

收缩是合金的物理本性,虽然已经确定成分的合金的收缩容积很难改变,但这并不是说铸件的缩孔与缩松是不可避免的。实践证明,只要合理地控制铸件的凝固过程,使之实现顺序凝固,尽管合金的收缩较大,也可获得没有缩孔的致密铸件。

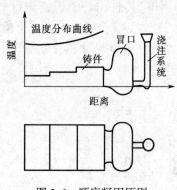

图 2-6   顺序凝固原则

所谓顺序凝固,就是在铸件上可能出现缩孔的厚大部位(被称为热节)安放冒口,使远离冒口的部位先凝固,尔后是靠近冒口部位凝固,最后才是冒口本身凝固,如图2-6所示。按照这样的凝固顺序,先凝固部位的收缩,由后凝固部位的金属液来补充,后凝固部位的收缩,由冒口中的金属液来补充,从而使铸件各个部位的收缩均能得到补充,而将缩孔转移到冒口之中。冒口为铸件的多余部分,在铸件清理时将其去除。

有时铸件的热节不止一处,可设置多个冒口进行补缩,如图 2-7b)所示。为了简化造型,对于难以安放冒口的部位安放冷铁,如图 2-7c)所示,侧冒口处改用冷铁,以增大该处的冷却速度,使铸件向着顶部冒口的方向顺序凝固,其收缩集中到顶部冒口中,达到防止铸件产生缩孔的目的。

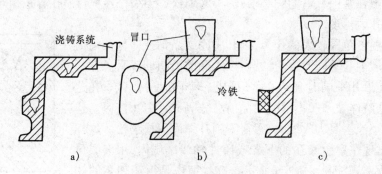

图 2-7   冒口补缩示意图

a)未加冒口;b)加两个冒口;c)加冷铁实现顺序凝固

安放冒口和冷铁,实现顺序凝固,虽有效地防止缩孔和缩松的产生,但却耗费许多金属和工时,加大了铸件成本。同时,顺序凝固扩大了铸件各部分的温度差,促进了铸件的变形和裂纹倾向。因此,主要用于必须补缩的场合,如铝青铜、铝硅合金和铸钢件等。

2.1.3 铸造内应力、变形和裂纹

铸件在凝固后的继续冷却过程中,其收缩若受到阻碍,就会在铸件内部产生内应力。铸造内应力是铸件产生变形和裂纹的基本原因。

1.内应力的形成

按照内应力的产生原因,可分为热应力和机械应力两种。

1)热应力

热应力是由于铸件壁厚不均匀,各部分冷却速度不同,以致在同一时期内铸件各部分收缩不一致而引起的。

为了分析热应力的形成,首先必须了解金属自高温降至室温时力学状态的变化。固态金属在临界温度 t_k(钢和铸铁为 620 ~ 650 ℃)以上时,处于塑性状态。此时,在较小的应力下就可发生塑性变形,变形后应力自行消失。在临界温度 t_k 以下,金属处于弹性状态,此时在应力作用下将发生弹性变形,而变形之后应力继续存在。

下面用图 2-8a)所示的框形铸件来分析热应力的形成。该铸件由杆 I 和杆 II 两部分组成,其中杆 I 较粗、杆 II 较细。当铸件处于高温阶段(图中 τ_0 ~ τ_1 时段),两杆均处于塑性状态,尽管两杆的冷却速度不同,收缩不一致,但瞬时的应力均可通过塑性变形而自行消失。继续冷却后,冷速较快的杆 II 已进入弹性状态,而粗杆 I 仍处于塑性状态(图中 τ_1 ~ τ_2 时段)。因为细杆 II 冷却快,收缩大于粗杆 I,所以细杆 II 受拉伸、粗杆 I 受压缩(图 2-8b)),在铸件内部形成了暂时内应力(拉应力用"+"表示,压应力用"−"表示),但这个内应力随之便被粗杆 I 的微量塑性变形(压短)而消失(图 2-8c))。当进一步冷却到更低温度时(图中 τ_2 ~ τ_3 时段),已被塑性压短的粗杆 I 也处于弹性状态,此时,尽管两杆长度相同,但所处的温度不同,粗杆 I 的温度较高,还会进行较大的收缩,细杆 II 的温度较低,收缩已趋于停止。因此,粗杆 I 的收缩必然受到细杆 II 的强烈阻碍,于是杆 II 受压缩,杆 I 受拉伸,形成内应力(图 2-8d)),并在室温呈现最大值。

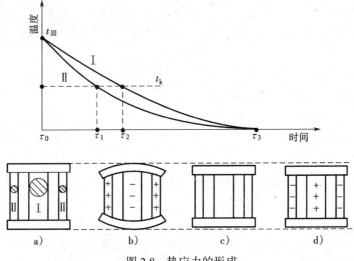

图 2-8 热应力的形成

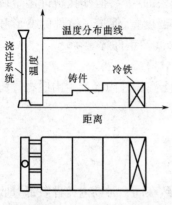

图 2-9　同时凝固原则

可以得出,热应力使得铸件厚壁部分或心部受拉伸,薄壁部分或表层受压缩。铸件壁厚差别越大,热应力越大。同时,合金的线收缩率越高、弹性模量越大,热应力也越大。

预防和减小热应力的基本途径是尽量减小铸件各部分的温度差,使其均匀冷却。为此,在铸造工艺上应采用同时凝固原则,如图 2-9 所示。这个原则是采取一些工艺措施,使铸件在冷却过程中,各处的温度尽量一致,如将内浇道开设在铸件薄壁处,以增加薄壁处的热量,减缓其冷却速度;也可在铸件厚壁处增设冷铁,以加快厚壁处的冷却速度等。

同时凝固可减少铸造内应力,防止铸件裂纹、变形等缺陷,而且,因不用冒口可省工省料,但铸件心部容易产生缩孔、缩松等缺陷,故主要用于不需要补缩的普通灰口铸铁、锡青铜等及其他易产生裂纹和易变形的铸件。

2)机械应力

机械应力是合金的线收缩受到铸型或型芯的机械阻碍所引起的内应力,如图 2-10 所示。

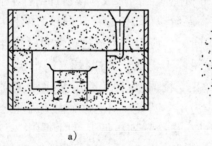
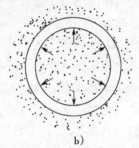

a)　　　　　　　　　　　　　　b)

图 2-10　机械应力的形成
a)铸型阻碍;b)型芯阻碍

机械应力使铸件产生拉应力或剪应力。机械应力是暂时的,铸件落砂后可自行消除,但它可与热应力共同起作用,增大某些部位的拉应力数值,促进铸件产生裂纹的倾向。

预防和减小机械应力,应提高铸型和型芯的退让性(如在型砂中加入适量的锯末),较早地落砂等。

2. 铸件的变形与防止

如前所述,具有残余内应力的铸件,厚的部位受拉伸,薄的部分受压缩。但处于应力状态的铸件是不稳定的,将自发地通过变形以减小内应力至趋于稳定状态。因此铸件常发生不同程度的变形,细而长或大而薄等刚度差的铸件变形尤为明显。图 2-11 所示为厚

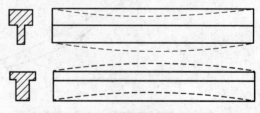

图 2-11　T形梁的变形

薄不均的 T 形梁铸件变形的情况,其变形方向是厚的部分呈内凹,薄的部分呈外凸(如图中虚线所示)。图 2-12 所示为车床床身铸件,其导轨部分较厚受拉应力,床壁部分较薄而受压应

力,于是朝着导轨方向发生弯曲变形,使导轨呈内凹(图中虚线为导轨应有的正确位置)。

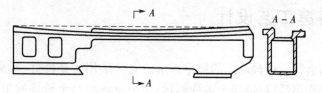

图 2-12　车床床身的变形

为防止铸件的变形,除在铸件结构设计上认真考虑外,可采用反变形法防止。反变形是在统计铸件变形规律的基础上,在模样上预先作出相当于铸件变形的反变形量,用以抵消铸件的变形。如长度大于 2 m 的机床床身铸件的反变形量达每米 1 ~ 3 mm,甚至更多。

实践证明,尽管铸件变形后其内应力有所减小,但并未彻底去除,这种铸件经机械加工后,由于残余内应力重新分布,还将缓慢地发生微量变形,使零件丧失应有的精度。对于不允许变形的重要机件必须进行时效处理。时效处理分为自然时效和人工时效两种。自然时效是将铸件置于露天场地半年以上,使其缓慢地发生变形,从而使内应力消除。人工时效是将铸件加热到 550 ~ 650 ℃ 进行去应力退火,它比自然时效速度快,内应力去除更为彻底,故应用较多。时效处理宜在粗加工之后进行,这样既可消除原有内应力,又可将粗加工过程所产生的内应力一并消除。

3. 铸件的裂纹与防止

当铸造内应力超过金属的强度极限时,铸件便产生裂纹。裂纹是铸件的严重缺陷,必须设法防止。裂纹可分为热裂纹和冷裂纹两种。

1)热裂纹

热裂纹是铸件在高温下产生的。其形状特征是:裂纹短、缝隙宽、形状曲折、缝内表面呈氧化色。热裂纹一般分布在铸件上易产生应力集中的部位(内尖角、断面突变处)或铸件热节附近。

试验证明,热裂纹是在凝固末期高温下形成的。此时,结晶出来的固体已形成完整的骨架,随着温度的降低,开始了固态收缩。但晶粒间还有少量液体,金属的强度很低,若此时的收缩受到铸型或型芯的阻碍,机械应力超过该温度下金属强度,即产生热裂纹。该裂纹如果得不到金属液的补充,就会遗留下来。

为了防止热裂纹,除了使铸件结构合理外,应合理选用型砂或芯砂的黏结剂,以提高其退让性,大的型芯可制成中空的或内部填以焦炭;同时严格控制铸钢及铸铁中的含硫量,因硫形成低熔点的共晶体会降它们的高温强度。

2)冷裂纹

冷裂纹是在低温下形成的裂纹。其形状特征是:裂纹细小,呈连续直线状,有时缝内表面呈轻微氧化色。冷裂纹常出现在形状复杂的大铸件受拉伸部位。有些冷裂纹在落砂时并未形成,而是在铸件清理、搬运或机械加工时受到震击才出现的。

壁厚差别大、形状复杂的铸件,尤其是大而薄的铸件易发生冷裂。凡是减小铸造内应力或降低合金脆性的因素,都能防止冷裂纹的产生。铸钢和铸铁中的磷能显著降低合金的冲击韧性,增加脆性,促使冷裂纹的形成,因此,在合金熔炼中必须严格加以限制。

2.2　砂型铸造工艺设计

砂型铸造是铸造行业中最基本的铸造方法。它是采用可塑性好、耐高温的型砂作为铸型材料,工艺多样,操作灵活,故适用于各种形状、大小及各种合金铸件的生产,而铸件成本较为低廉。因此,尽管其他特种铸造方法发展很快,但砂型铸件仍占铸件总产量的80%以上。

进行铸造生产的首要步骤就是根据零件结构特点、生产批量及生产条件等因素,设计铸造工艺方案。这个工艺方案包括:造型方法的选择;铸件的浇铸位置及分型面的确定;型芯及其固定方法;工艺参数的确定(如机械加工余量、拔模斜度、收缩率等);浇铸系统、冒口、冷铁的布置及其尺寸等。最后,将这个工艺方案用文字和各色工艺符号在零件图上表示出来,构成铸造工艺图。

铸造工艺图是指导模样(模板、芯盒)设计、生产准备、铸型制造和铸件验收的基本工艺文件,亦是绘制铸件图及合型图的依据。

2.2.1　造型方法的选择

砂型铸造的造型方法可分为手工造型和机器造型两大类。

1.手工造型

手工造型是铸造生产中常用的一种造型方法。造型的紧砂、起模、修型、合型等一系列过程都是由手工进行。其操作灵活,适应性强,工艺装备(模样、芯盒和砂箱等)简单,生产准备时间短。但生产率低,铸件的质量很大程度上取决于工人的操作技术水平,不易稳定,且工人的劳动强度大。所以主要用于单件或小批生产中及新产品的试制、工艺装备的制作、机器的修理和重型复杂铸件的生产。

手工造型的方法很多。合理地选择造型方法,对于获得合格铸件、减小制模和造型工作量、降低成本和缩短生产周期都非常重要。生产中应根据铸件的尺寸、形状、技术要求、生产批量和生产条件综合考虑后进行选择。表2-3列出了常用手工造型方法的特点及其适应范围。

表2-3　常用手工造型方法的特点和应用范围

造型方法	特　　　点	应用范围
整模造型	整体模,分型面为平面,铸型型腔全部在一个砂箱内。造型简单,铸件不会产生错模缺陷	铸件最大截面在一端,且为平面
分模造型	模样沿最大截面分为两半,型腔位于上、下两个砂箱内。造型方便,但制作模样较麻烦	最大截面在中部,一般为对称性铸件
挖砂造型	整体模,造型时需挖去阻碍起模的型砂,故分型面是曲面。造型麻烦,生产率低	单件小批量生产模样薄、分模后易损坏或变形的铸件
假箱造型	利用特制的假箱或型板进行造型,自然形成曲面分型。可免去挖砂操作,造型方便	成批生产需要挖砂的铸件
活块造型	将模样上妨碍起模的部分,做成活动的活块,便于造型起模。造型和制作模样都麻烦	单件小批量生产带有突起部分的铸件
刮板造型	用特制的刮板代替实体模样造型,可显著降低模样成本。但操作复杂,要求工人技术水平高	单件小批量生产等截面或回转体大、中型铸件
三箱造型	铸件两端截面尺寸比中间部分大,采用两箱造型无法起模时铸型可由三箱组成,关键是选配高度合适的中箱。造型麻烦,容易错箱	单件小批量生产具有二个分型面的铸件
地坑造型	在地面以下的砂坑中造型,一般只用上箱,可减少砂箱投资。但造型劳动量大,要求工人技术水平较高	生产批量不大的大、中型铸件,可节省下箱

2. 机器造型

随着铸造生产向集中化和专业化方向的发展,机器造型的比重日益增加,机器造型使紧砂和起模操作实现了机械化。与手工造型相比,具有生产率高,铸件质量好,不受工人技术水平和情绪影响,便于实现机械化、自动化流水线生产,大大减轻了工人劳动强度等优点。但机器造型设备和工艺装备费用高,生产准备时间长,因此只适用于成批大量生产。

造型机多以压缩空气为动力,也有用液压的。按照紧砂方法的区别,机器造型分为很多种。表 2-4 列出了各种机器造型的原理、特点和适用范围。

表 2-4　常用的机器造型方法的原理、主要特点和适用范围

造型方法	原　　理	主要特点和适用范围
振压造型	先以机械振击紧实型砂,再用较低的比压(0.15~0.4 MPa)压实	设备结构简单、造价低,效率较高,紧实度较均匀;但紧实度较低,噪声大。适用于成批和大量生产中、小型铸件
微振压实造型	在高频率、小振幅振动下,利用型砂的惯性紧实作用并同时或随后加压紧实型砂	砂型紧实度较高且均匀,频率较高,能适应各种形状的铸件,对地基要求较低;但机器微振部分磨损较快,噪声较大。适用于成批和大量生产各类铸件
高压造型	用较高的比压(0.7~1.5 MPa)紧实型砂	砂型紧实度高,铸件精度高、表面光洁;效率高,劳动条件好,易于实现自动化;但设备造价高、维护保养要求高。适用于成批和大量生产中、小型铸件
抛砂造型	利用离心力抛出型砂,使型砂在惯性力作用下完成填砂和紧实	砂型紧实度较均匀,不要求专用模板和砂箱,噪声小,但生产效率较低、操作技术要求高。适用于单件和小批生产中、大型铸件
射压造型	型砂被压缩空气高速射入型室后,再用高压压实	砂型紧实度高,铸件精度高;设备结构较简单,噪声小,可不用砂箱,生产效率高,易实现自动化。适用于成批和大量生产中、小型铸件
负压造型	型砂不含黏结剂,被密封于砂箱与塑料膜之间,抽真空使干砂紧实	设备投资较少;铸件精度高、表面光洁;落砂方便,旧砂处理简便;能耗和环境污染较小。但生产效率较低,形状复杂件覆膜较困难。适用于单件和小批生产形状不太复杂的铸件

注:比压是铸型的单位面积上所受的压力(MPa)。

机器造型的紧砂方式不能紧实型腔穿通的中箱,故不能进行三相造型。同时,机器造型也应尽力避免活块模,因取出活块模费时,使造型机的生产率大为降低。所以,在设计大批量生产铸件及制定铸造工艺方案时,必须考虑机器造型的这些工艺要求。

2.2.2　浇铸位置和分型面的选择

1. 浇铸位置的选择

铸件的浇铸位置是指浇铸时铸件在铸型中所处的位置。这个位置选择是否正确,对铸件质量影响很大。选择浇铸位置时应考虑下列原则。

(1)铸件的重要加工面或重要工作面应该朝下或位于侧面　这是因为铸件的上表面容易产生砂眼、气孔、夹渣等缺陷,而下表面缺陷较少,组织也比上表面致密。如果这些表面难以做到朝下,则应尽力使其位于侧面。当铸件上重要加工面有数个时,则应将较大的面朝下,并对朝上的表面采用加大加工余量的方法来保证铸件质量。

图 2-13 是车床床身铸件的浇铸位置方案。床身导轨面是关键表面,不允许有任何表面缺陷,而且要求组织均匀致密,因此,通常都将导轨面朝下浇铸。

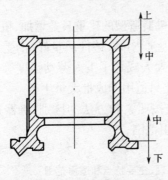

图 2-13　车床床身的浇铸位置

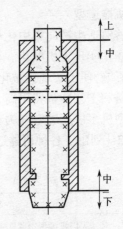

图 2-14　卷扬筒的
浇铸位置

图 2-14 是起重机卷扬筒铸件的浇铸位置方案。因为卷扬筒圆周表面的质量要求比较高，不允许有铸造缺陷，如果采用卧浇，虽然便于两箱造型，且下芯、合型方便，但上部圆周表面质量难以保证。若采用图中所示浇铸方案，虽然造型工艺工作量加大，但卷扬筒的全部圆周表面均处于侧面，易于获得合格铸件。

(2)铸件的大平面朝下　这是由于在浇铸过程中，高温的液态金属对型腔上表面有强烈的热辐射，有时型腔上表面型砂因急剧地热膨胀而拱起或开裂，于是金属液进入表层裂缝之中，形成了夹砂缺陷。因此，应使平板、圆盘类铸件的大平面朝下放置。图 2-15 为平板类铸件的正确浇铸位置。

(3)应有利于铸件的补缩　对于收缩较大的合金，当其壁厚不均匀时，浇铸时应该把厚的部分放在分型面附近的上部或侧面，这样便于在铸件厚处直接安放冒口进行补缩，防止缩孔的产生。如上述起重机卷扬筒铸件，厚端放在上部是合理的。

(4)应有利于充填铸型　对于具有较大面积的薄壁部分，为了防止产生浇不足或冷隔缺陷，应尽量将其放在铸型的下部或垂直、倾斜放置，有利于金属液充填铸型。这对于流动性差的合金尤为重要。图 2-16 为曲轴箱铸件的正确浇铸位置。

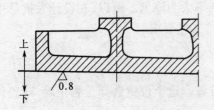

图 2-15　平板铸件浇铸位置

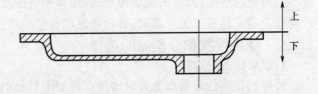

图 2-16　曲轴箱的浇铸位置

(5)应能减少型芯的数量，便于型芯的固定和排气　图 2-17 为一床腿铸件，按图中的方案a)，中间空腔需一个很大的型芯，增加了制模、制芯、烘干及合型的工作量，铸件成本较高。图中的方案 b)，中间空腔可自带型芯(砂垛)来形成，从而简化了造型工艺。图 2-18 所示的方案 b)浇铸位置比方案 a)合理，因为它便于合型，型芯固定也较牢固，同时亦有利于型芯中气体的排出。

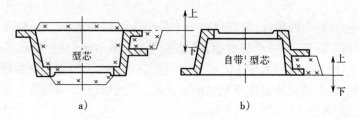

图 2-17　床腿铸件两种浇铸位置方案

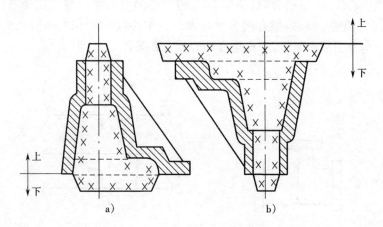

图 2-18　便于合型的浇铸位置

2.铸型分型面的选择

铸型分型面是指铸型间相互接触的表面。如果分型面选择不当,铸件质量难以保证,并使制模、造型、制芯、合型,甚至切削加工等工序复杂化。因此,分型面的选择应在保证铸件质量的前提下,尽量简化工艺,节省人力物力。分型面的选择主要考虑下列原则。

(1)应使铸件全部或大部分置于同一半型内　这样易于保证铸件的精度,若铸件的加工面较多,也应尽量使其加工基准面与大部分加工面在同一半型内。图 2-19 为一床身铸件的两种分型方案。由于其顶部平面是加工的基准面,采用方案 b)时,稍有错箱,对铸件质量就有很大影响。采用方案 a),使基准面和加工面在同一半铸型内,其铸件精度可以保证,是大批量生产时的合理方案。但在单件、小批生产的条件下,由于铸件的尺寸偏差在一定范围内可用划线来纠正,方

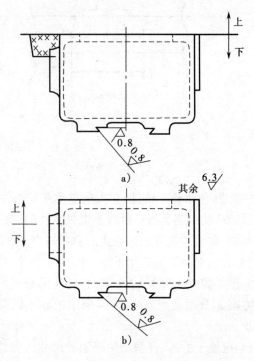

图 2-19　床身铸件不同分型面的选取

案 b)也可采用。

(2)应尽量减少分型面的数目,最好只有一个分型面 因为多一个分型面,铸型就会增加一些误差,使铸件精度降低;多一个分型面,就要多增加一只砂箱,使制模和造型工艺复杂化。如果铸件只有一个分型面,就可采用工艺简便的两箱造型方法。特别是机器造型的中小件,一般只许可一个分型面,以便充分发挥造型机的生产率。凡不能出砂的部位均采用砂芯,而不允许采用多个分型面的方法。

图 2-20 所示的三通铸件,其内腔必须用一个 T 字型芯来形成,但不同的分型方案,其分型面数量不同。当中心线 ab 呈垂直时(图中 b)),铸型必须有三个分型面才能取出模样。当中心线 cd 呈垂直时(图中 c)),铸型有两个分型面。当中心线 ab 与 cd 都呈水平位置时(图中 d)),铸型只有一个分型面。显然,后者是合理的分型方案。

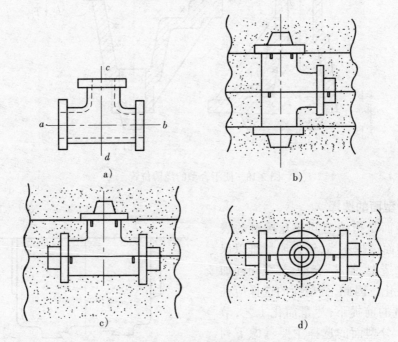

图 2-20　三通铸件的分型方案
a)三通铸件;b)三个分型面;c)两个分型面;d)一个分型面

图 2-21 所示轮形铸件,在大批量生产的条件下,为了能采用造型机生产,需采用图中方案a)所示的环状型芯。当单件或小批量生产时,宜采用有两个分型面的三箱造型。虽然多了一个分型面,但因为能省去一个大芯盒的花费,对手工造型而言是合理的。

(3)分型面应尽量选用平面 因为平直分型面可简化造型过程和模板制造,易于保证铸件精度。图 2-22 为起重臂铸件,图中方案 b)分型面为平面,它可采用较简单的分模造型。如果选用方案 a)分型面则为曲面,需采用挖砂或假箱造型。在大批量生产中,也使模板的制造成本增加。

(4)应便于下芯、合型及检查型腔尺寸 为此应尽量使型腔及主要型芯位于下型,以利于在下芯和合型时,调整砂芯位置,检查型腔尺寸,保证铸件壁厚均匀。但下型型腔也不宜过深,并尽量避免使用吊芯和大的吊砂。图 2-23 为减速箱盖铸件,方案 a)合型时型芯的位置无法检

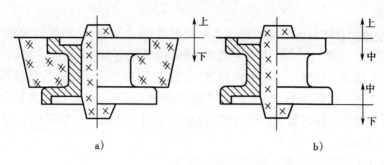

图 2-21　轮型铸件的分型方案

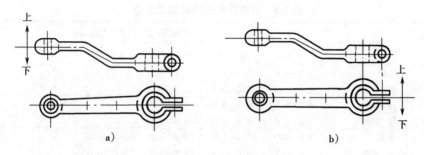

图 2-22　起重臂的分型方案

查。方案 b)采用两个分型面,合型时便于检查尺寸。

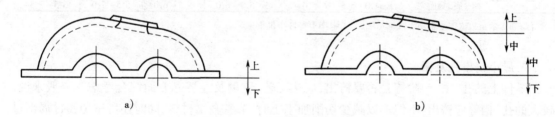

图 2-23　减速箱盖的分型方案

　　上述几项原则,对于具体铸件说,往往彼此矛盾,难以全面符合。因此,在确定浇铸位置和选择分型面时,要作全面分析,抓住主要矛盾。至于次要矛盾,则要从工艺措施上设法解决。如对质量要求高的铸件来说,浇铸位置的选择是主要的,分型面的选择处于从属地位;而对质量要求不高的铸件,则应主要从简化造型工艺出发,合理选择分型面,浇铸位置的选择则处于次要地位。

2.2.3　铸造工艺参数的确定

　　为了绘制铸造工艺图,在铸造工艺方案初步确定之后,还必须选定有关的铸造工艺参数。它们是:机械加工余量、拔模斜度、收缩率等。这些工艺参数直接影响模样、芯盒的尺寸和结构,选择不当则会影响铸件的精度、生产率和成本。

1.机械加工余量

　　机械加工余量指在铸件表面上留出的准备切削去的金属层厚度。余量过大,会增加金属材料的消耗及切削加工的工作量;余量过小,制品会因残留黑皮而报废,或者因铸件表层过硬而加速刀具磨损。

机械加工余量的具体数值取决于铸件生产的批量、合金的种类、铸件结构和尺寸及加工面在铸型内的位置等。大量生产时,因采用机器造型,铸件精度高,故余量可减小;反之,手工造型误差大,余量应加大。铸钢件因表面粗糙,余量应加大;有色合金铸件价格较昂贵,且表面粗糙度较低,所以余量应比铸铁小。铸件的尺寸越大或加工面到基准面的距离越大,铸件的尺寸误差也越大,故余量也应随之加大。此外,浇铸时朝上的表面因产生缺陷的机率较大,其加工余量应比底面和侧面大。

表 2-5 列出了灰口铸铁件的机械加工余量数值。

表 2-5　灰铸铁件的机械加工余量

铸件最大尺寸 (mm)	浇铸时位置	加工面与基准面的距离(mm)					
		< 50	50 ~ 120	120 ~ 260	260 ~ 500	500 ~ 800	800 ~ 1 250
< 120	顶面	3.5 ~ 4.5	4.0 ~ 4.5				
	底、侧面	2.5 ~ 3.5	3.0 ~ 3.5				
120 ~ 260	顶面	4.0 ~ 5.0	4.5 ~ 5.0	5.0 ~ 5.5			
	底、侧面	3.0 ~ 4.0	3.5 ~ 4.0	4.0 ~ 4.5			
260 ~ 500	顶面	4.5 ~ 6.0	5.0 ~ 6.0	6.0 ~ 7.0	6.5 ~ 7.0		
	底、侧面	3.5 ~ 4.5	4.0 ~ 4.5	4.5 ~ 5.0	5.0 ~ 6.0		
500 ~ 800	顶面	5.0 ~ 7.0	6.0 ~ 7.0	6.5 ~ 7.0	7.0 ~ 8.0	7.5 ~ 9.0	
	底、侧面	4.0 ~ 5.0	4.5 ~ 5.0	4.5 ~ 5.5	5.0 ~ 6.0	6.5 ~ 7.0	
800 ~ 1 250	顶面	6.0 ~ 7.0	6.5 ~ 7.5	7.0 ~ 8.0	7.5 ~ 8.0	8.0 ~ 9.0	8.5 ~ 10
	底、侧面	4.0 ~ 5.5	5.0 ~ 5.5	5.0 ~ 6.0	5.5 ~ 6.0	5.5 ~ 7.0	6.5 ~ 7.5

注:加工余量数值中下限用于大批量生产,上限用于单件小批量生产。

2. 最小铸出孔及槽

零件上的孔、槽、台阶等是否要铸出,应从工艺、质量及经济等方面综合考虑。一般来说,较大的孔、槽等应铸出,不但可以减少切削加工工时,节省金属材料,同时还可避免铸件局部过厚所形成的热节,提高铸件质量。若孔、槽的尺寸较小,则不必铸出,而依靠直接加工反而经济。有些特殊要求的孔,如弯曲孔、异形孔,无法实现机械加工,则一定要铸出。表 2-6 为最小铸出孔的数据,供参考。

表 2-6　铸件的最小铸出孔尺寸

生产批量	最小铸出孔直径(mm)	
	灰铸铁件	铸钢件
大　　量	12 ~ 15	—
成　　批	15 ~ 30	30 ~ 50
单件、小批	30 ~ 50	50

3. 拔模斜度

为便于取模,凡垂直于分型面的立壁,制造模样时必须留出一定的斜度,此斜度称为拔模斜度或起模斜度。拔模斜度一般用角度 α 或宽度 a 表示。

拔模斜度应根据模样高度、造型方法、模样材料等因素来确定。中小型木模的拔模斜度通常为 $\alpha = 0.5° \sim 3°$ 或 $a = (3.5 \sim 0.5)$ mm,模样高时取下限,矮时取上限,为了使型砂便于从模样内腔中脱出,以形成自带型芯,模样内腔斜度要大些,通常为 $3° \sim 10°$。

拔模斜度的形式有三种,如图 2-24 所示。对于要加工的侧面应加上加工余量后再给拔模斜度,一般按增加厚度法或加减厚度法确定。非加工的装配面上留斜度时,最好用减小厚度法,以免安装困难。

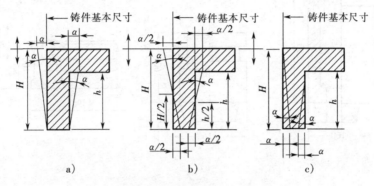

图 2-24 拔模斜度的三种形式
a)增加厚度法;b)加减厚度法;c)减小厚度法

4.收缩率

由于合金的线收缩,铸件冷却后的尺寸略为缩小,为保证铸件的应有尺寸,模样尺寸必须比铸件放大一个该合金的收缩量。放大的收缩量一般要根据合金的铸造收缩率来定。铸造收缩率定义如下:

$$铸造收缩率 \quad K = \frac{L_{模} - L_{件}}{L_{模}} \times 100\%$$

式中 $L_{模}$——模样尺寸;

       $L_{件}$——铸件尺寸。

在铸件冷却过程中,其线收缩不仅受到铸型和型芯的机械阻碍,同时,还存在铸件各部分之间的相互制约,不是自由收缩。因此,铸件的线收缩率除因合金种类而异外,还随铸件尺寸大小及形状复杂程度而定。通常灰口铸铁为 0.7% ~ 1.0%,铸钢为 1.3% ~ 2.0%,铝硅合金为 0.8% ~ 1.2%,锡青铜为 1.2% ~ 1.4%。

为了方便,制造模样时常用特制的"收缩尺",其刻度值为普通尺长度上加上收缩量。有 0.8%,1.0%,1.5%……各种比例的缩尺。

2.2.4 型芯的设计

型芯的功用是形成铸件的内腔、孔以及铸件外形不易出砂的部位。型芯设计的内容主要包括确定型芯的形状和个数、芯头结构、下芯顺序等,此外,还要考虑型芯的通气和加强问题。

一个铸件所需型芯数量及每个型芯的形状主要取决于铸件结构及分型面的位置。由于造芯费工、费时、增加成本,应尽量少用型芯。对于高度小、直径大的内腔或孔应采用砂垛或吊砂来形成。手工造芯的型芯应考虑填砂、安放芯骨及舂实方便,烘干时支承面大,通气容易等问题。机器制芯时则考虑型芯对制芯机的适应性,能用标准型号制芯机及型芯便于射紧与硬化等问题。

在型芯结构当中,芯头是重要组成部分,起着定位和支撑型芯及排除型芯内气体的作用。

根据芯头在铸型中的位置,芯头可分为垂直芯头和水平芯头两种。图 2-25 所示为垂直芯头的几种形式。图 a)为上、下都有芯头,用得最多;图 b)只有下芯头而无上芯头,适用于截面较大,而高度不大的型芯;图 c)为上、下都无芯头,适用于较稳的大型芯。

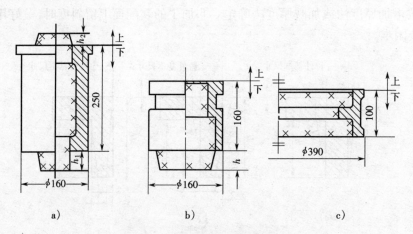

a)   b)   c)

图 2-25 垂直芯头几种形式
a)上下都有芯头;b)只有下芯头;c)上下都无芯头

水平芯头的一般形式为两个芯头。生产盲孔时,则只有一个水平芯头,其型芯称为悬臂芯。当型芯只有一个水平芯头,或虽有两个水平芯头仍然定位不稳固而发生倾斜或转动时,还可以采用其他形式的芯头,如联合芯头、加长或加大芯头以及安放型芯撑来支撑型芯(图 2-26)。

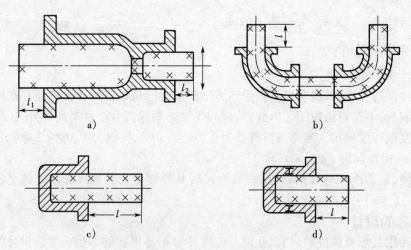

a)   b)

c)   d)

图 2-26 水平芯头几种形式
a)一般形式;b)联合芯头;(c)加长芯头;d)芯头加型芯撑

芯头结构包括芯头长度、斜度、间隙等。只要满足芯头的基本要求,希望芯头不要太长,否则增加砂箱尺寸及填砂量。对于水平芯头,砂芯越大,所受浮力也越大,因此芯头长度也应增加,或如前述,悬壁芯为提高其稳定性而加长芯头(图 2-26c))。垂直芯头的高度,根据型芯的总高度和横截面大小而定。一般下芯头的高度大于上芯头,以承受型芯的重量。而上芯头的斜度大于下芯头,以避免合型时上芯头和铸型相碰。对水平芯头,如果造芯时芯头不留斜度就能顺利从芯盒中取出,那么芯头可以不留斜度。为了下芯方便,通常在芯头和铸型的芯头座之间留有间隙。间隙大小取决于型芯大小及精度等。机器造型,制芯间隙一般较小,而手工造型,制芯间隙较大,一般为 0.5 ~ 4 mm。有关垂直芯头结构参看图 2-25a)所示。

2.2.5 铸造工艺设计举例

1.支承台铸件

图 2-27 所示为支承台铸件的零件图。该零件用于支承中等静载荷,所选材料为 HT200,A面为加工基准面,B 面与 A 面有平行度要求,两面质量要求较高,不允许有气孔、夹渣等缺陷。

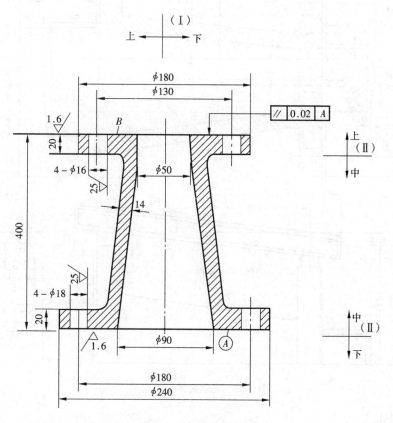

图 2-27　支承台零件图

其铸造工艺方案主要有以下两种。

方案 I:铸件处于水平浇铸位置,基准面和加工面 B 侧立放置,选中间对称的最大截面为分型面,采用较简单的分开模两箱造型,中间空腔用一水平型芯形成。

方案 II:铸件处于垂直浇铸位置,A、B 两面均处于水平位置,A 面在下,B 面在上,采用两个分型面的三箱造型,中间空腔用一垂直型芯形成。

综合分析:方案 I 使 A、B 两面处于垂直位置,质量较有保证,分型面处在最大截面处便于起模和下芯,并有利于型芯的固定、排气和检验。但易受错型影响,支承台体可能出现气孔、夹渣缺陷。方案 II 使 A 面处在底面,支承台体处于侧面,A 面及支承台体的质量易于保证,但质量要求较高的 B 面质量较差。因铸件全部处于中箱内,易于保证铸件精度。中间空腔需一高度较大的垂直型芯,下芯较复杂。从经济方面看,方案 II 用三箱造型,多耗用一个砂箱,型砂消耗也大,造型及下芯工时较长,为了保证 *B* 面的质量,*B* 面(顶面)要将加工余量加大,金属耗费较多,故不如方案Ⅰ合算。当批量较大、机器造型时,必须采用方案Ⅰ。

图 2-28 是根据方案Ⅰ绘制的制造工艺图。其中 $\phi16$ 和 $\phi18$ 两孔尺寸较小,不预铸出;加工余量及芯头和间隙等尺寸,可查有关表格得到。

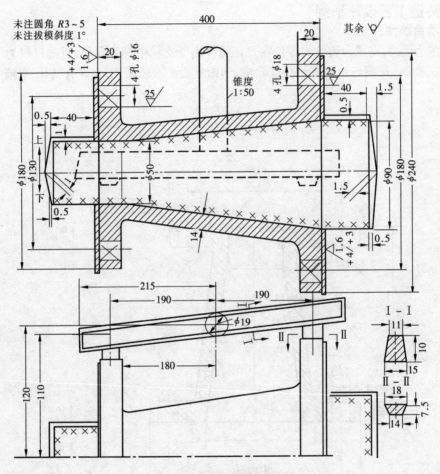

图 2-28 支承台铸造工艺图

2.支座铸件

图 2-29 为支座铸件的零件图。该零件没有特殊质量要求的表面,由于为一普通支承件,可选用铸造性能优良的 HT150。因此,在制定工艺方案时,不必考虑浇铸位置的要求,主要着眼于从分型面的选取上简化铸造工艺过程。

支座虽属单件,但底板上四个 $\phi10$ 孔有凸台及两个轴孔内凸台可能妨碍起模。同时,轴孔如若铸出,还必须考虑下芯的可能性。该件分型面选择主要有以下两种方案。

方案Ⅰ:沿底板中心线分型,即采用分开模造型。其优点是轴孔下芯方便。其缺点是底板上四个凸台必须采用活块模,同时,铸件在上、下箱各半,容易产生错型缺陷,飞边的清理工作量大。

方案Ⅱ:沿底面分型,铸件全部在下箱,即采用整模造型。其优点是上箱为平面,不会产生错箱缺陷,铸件清理简便。其缺点是轴孔凸台妨碍起模,必须采用活块模或下芯来克服;当采用活块模时,$\phi30$ 轴难以下芯。

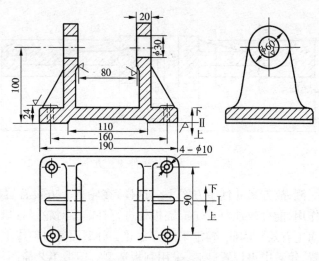

图 2-29　支座零件图

上述两个方案通过如下进一步分析,便可作出对比。

①单件、小批量生产时,因为轴孔直径较小,在批量不大的情况下不需铸出,方案Ⅱ已不存在下芯难的缺点,所以采用方案Ⅱ进行活块模造型较为经济合理。

②大批量生产时,因为机器造型难以进行活块模造型,所以需采用型芯克服起模的困难。其中方案Ⅱ下芯简便,型芯数量少,若轴孔需铸出,采用一个组合型芯便可完成。

综上所述,方案Ⅱ适于各种批量生产,是合理的工艺方案。图 2-30 为其铸造工艺简图(轴孔不铸出),由图可见,它是采用一个方型芯使铸件形成内凸台,而型芯的宽度大于底板是为使上箱压住该型芯,以防浇铸时上浮。

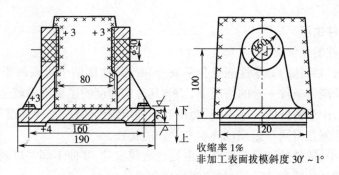

收缩率 1%
非加工表面拔模斜度 30′ ~ 1°

图 2-30　支座的铸造工艺简图

3.大齿轮铸件

图 2-31 为大齿轮铸件,所用材料为 ZG340—640。铸钢的体收缩率大,且齿轮的轮缘和轮毂部分厚大,与辐板交接处形成热节区,很容易形成缩孔、缩松缺陷,因此,决定按顺序凝固原则进行铸造。在轮缘、轮毂分别设置冒口。浇铸后,薄壁的辐板先凝固,其液态和凝固收缩分别由厚壁的轮缘和轮毂处的钢水补给,冒口最后凝固,用来补给轮缘及轮毂处凝固时所需要的钢水,以便消除缩孔、缩松。

浇铸位置及分型面的选择如图 2-31 所示。方案Ⅰ和方案Ⅱ都可行。但因 70 mm 厚的辐

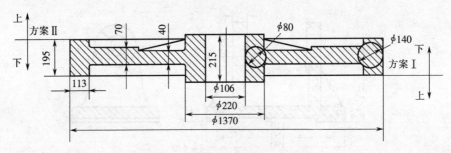

图 2-31　大齿轮铸件工艺方案

板及六条筋都偏向一侧,故方案Ⅱ优于方案Ⅰ。这样,在轮毂上方设置冒口,六条筋都可以起到增加补缩通道的作用,能有效地对 40 mm 辐板处进行补缩。对轮缘冒口而言,对于要补缩处由于补缩距离较近而更有效。因此,确定采用方案Ⅱ。分型面通过轮缘上表面。浇铸位置为:使六条筋呈向上位置,轮毂中央设置砂芯,采用刮板造型。铸造工艺简图从略。

2.3　常用合金铸件生产

常用铸造合金有铸铁、铸钢、铜合金、铝合金等,它们占铸件的绝大多数。各种合金铸件的生产均有其铸造工艺特点。

2.3.1　铸铁件生产

常用铸铁有灰口铸铁、球墨铸铁、可锻铸铁等,它们都使用相同的熔炼设备,通常都采用砂型铸造方法。这是它们的共同特点。但是它们在铁水的化学成分、浇铸温度、铸造工艺等方面有着很大的差异。

1.灰口铸铁件生产

1)灰口铸铁件的化学成分

如前所述,灰口铸铁的力学性能受化学成分和冷却速度两个因素的影响。对于每一个铸件而言,在铸型及浇铸条件一定的情况下,影响其冷却速度的主要因素就是铸件的壁厚。同一化学成分的铁水,由于铸件的壁厚不同,会得到不同组织的铸铁;不同壁厚的铸件,只有配合适当成分的铁水,才能获得同一组织(即同一牌号)的铸铁。

在实际生产中,铸件的牌号及壁厚是由设计者规定的,要使不同壁厚的铸件获得同牌号的铸铁,就要根据铸件的壁厚,适当调整铸铁的化学成分。

表 2-7 为我国某些工厂砂型铸造生产各牌号灰口铸铁件的化学成分。由表可见,随着铸铁力学性能(即牌号)的提高,碳和硅的含量逐渐下降,锰的含量逐渐提高,硫和磷的含量限制得更为严格。只有这样,才能逐渐减少组织中石墨的数量,增加珠光体的数量,并减少非金属夹杂物的数量,使铸铁的力学性能逐步提高。同样,对于同一牌号的铸铁,随着铸铁件壁厚的增加,碳、硅含量相应减少,锰的含量相应增加。目的是以此来抵消由于铸件加厚、冷却速度降低,可能导致的石墨化程度提高所带来的不良影响。

表 2-7 我国一些工厂常用的灰口铸铁件化学成分(供参考)

牌号	铸件主要壁厚 (mm)	化学成分(%)				
		C	Si	Mn	P	S
HT100	所有尺寸	3.2 ~ 3.8	2.1 ~ 2.7	0.5 ~ 0.8	< 0.3	≤ 0.15
HT150	< 15	3.3 ~ 3.7	2.0 ~ 2.4	0.5 ~ 0.8	< 0.2	≤ 0.12
	15 ~ 30	3.2 ~ 3.6	2.0 ~ 2.3			
	30 ~ 50	3.1 ~ 3.5	1.9 ~ 2.2			
	> 50	3.0 ~ 3.4	1.8 ~ 2.1			
HT200	< 15	3.2 ~ 3.6	1.9 ~ 2.2	0.6 ~ 0.9	< 0.15	≤ 0.12
	15 ~ 30	3.1 ~ 3.5	1.8 ~ 2.1	0.7 ~ 0.9		
	30 ~ 50	3.0 ~ 3.4	1.5 ~ 1.8	0.8 ~ 1.0		
	> 50	3.0 ~ 3.2	1.4 ~ 1.7	0.8 ~ 1.0		
HT250	< 15	3.2 ~ 3.5	1.8 ~ 2.1	0.7 ~ 0.9	< 0.15	≤ 0.12
	15 ~ 30	3.1 ~ 3.4	1.6 ~ 1.9	0.8 ~ 1.0		
	30 ~ 50	3.0 ~ 3.3	1.5 ~ 1.8	0.8 ~ 1.0		
	> 50	2.9 ~ 3.2	1.4 ~ 1.7	0.9 ~ 1.1		
HT300	< 15	3.1 ~ 3.4	1.5 ~ 1.8	0.8 ~ 1.0	< 0.15	≤ 0.12
	15 ~ 30	3.0 ~ 3.3	1.4 ~ 1.7	0.8 ~ 1.0		
	30 ~ 50	2.9 ~ 3.2	1.4 ~ 1.7	0.9 ~ 1.1		
	> 50	2.8 ~ 3.1	1.3 ~ 1.6	1.0 ~ 1.2		
HT350	< 15	2.9 ~ 3.2	1.4 ~ 1.7	0.9 ~ 1.2	< 0.15	≤ 0.12
	15 ~ 30	2.8 ~ 3.1	1.3 ~ 1.6	1.0 ~ 1.3		
	30 ~ 50	2.8 ~ 3.1	1.2 ~ 1.5	1.0 ~ 1.3		
	> 50	2.7 ~ 3.0	1.1 ~ 1.4	1.1 ~ 1.4		

　　如果使用冲天炉熔炼,在熔炼过程中铁料与炽热的焦炭和炉气直接接触,铁料的化学成分将发生一些变化。为此,在冲天炉配料时必须加以考虑。

　　2)灰口铸铁的孕育处理

　　对于高牌号灰口铸铁(一般指 HT250 以上),单纯靠调整其化学成分,很难达到所需要的力学性能。这是因为,铸铁中的碳、硅含量降低到一定程度,就会产生很大的白口倾向,使力学性能非但不能提高,反而下降。提高灰口铸铁力学性能的有效方法之一,就是对出炉铁水进行孕育处理,即向铁水内加入少量促进石墨化元素(称为孕育剂),然后浇铸。用这种方法制成的铸铁称为孕育铸铁。

　　孕育处理时,铁水中均匀地悬浮着外来弥散质点(固体小颗粒),增加了石墨的结晶核心,使石墨化作用骤然提高,因此石墨细小,分布均匀,并获得珠光体基体,使得孕育铸铁的强度、硬度比普通灰口铸铁有了显著的提高。

　　孕育铸铁的另一优点是冷却速度对其组织和性能的影响甚小,因此铸件上厚大截面的性能较为均匀(图 2-32)。

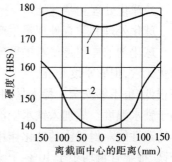

图 2-32 孕育处理对大铸件截面
(300 mm × 300 mm)硬度的影响
1—孕育铸铁;2—普通灰口铸铁

　　孕育铸铁的制造工艺较普通灰口铸铁严格。为了取得应有的孕育效果,必须熔炼出碳、硅含量均低的原始铁水(2.7%~3.3%C,1%~2%Si),这种铁水若不经孕育直接进行浇铸,将形成白口或麻口组织。如果原始铁水中碳、硅含量高,则孕育处理后强度不仅不会提高,反而有所降低。

　　低碳铁水流动性差,而且孕育处理过程中铁水的温度还要降低,所以要求出炉铁水的温度不低于1 420~1 450 ℃。

　　常用的孕育剂是75%的硅铁。加入量根据铸铁的牌号而定,牌号越高,加入量越多,一般为铁水质量的0.2%~0.5%。孕育剂的块度随铁水量而定,浇包越大,块度越大,一般为2~10 mm。孕育处理常用的方法是,将硅铁放入出铁槽中,经搅拌扒渣后,立即浇铸。必须在孕育处理后15~20 min内将铁水浇铸完毕,否则孕育效果减弱。目前,浇口杯孕育、型内孕育等瞬时孕育技术已收到良好的孕育效果。

　　3)灰口铸铁的铸造工艺特点

　　因灰口铸铁接近共晶成分,凝固中又有石墨化膨胀补偿收缩,故流动性好,收缩小,铸造性能优良。铸件的缩孔、缩松、浇不足、热裂纹倾向均较小,铸造时一般不需要冒口补缩,也较少应用冷铁,通常采用同时凝固原则。同时,其浇铸温度较低,因而对型砂的要求不高,中小铸件多采用经济、简便的湿型来铸造。此外,灰口铸铁件一般不需热处理,或仅需进行时效处理。

2.球墨铸铁件生产

　　1)球墨铸铁件的化学成分

　　球墨铸铁化学成分的要求比灰口铸铁严格,碳、硅含量比灰口铸铁高,锰、磷、硫含量比灰口铸铁低。石墨呈球状后,石墨数量对力学性能的影响已不是很明显,因此,确定碳、硅含量时主要考虑铸造性能。为此,碳含量应选在共晶点附近,而球墨铸铁共晶点由于球化元素的影响已移至4.6%~4.7%,故需增加碳、硅含量。一般含碳量为3.6%~4.0%,含硅量对珠光体球铁为2.0%~2.5%,对铁素体球铁为2.6%~3.1%。

　　锰提高铸铁强度,但降低韧性,为保证球墨铸铁的韧性,希望含锰量尽量低,以不超过0.4%为宜。磷增加冷脆性,应限制在0.1%以下。

　　硫是相当有害的元素,硫含量高会消耗较多的球化剂,严重影响球化,因为球化元素都是强有力的脱硫剂。加入铁水后首先和硫作用,再起球化作用。硫还会引起球化衰退和皮下气孔等铸造缺陷。因此希望硫含量越低越好,一般要求控制在0.06%以下。

　　2)球化处理和孕育处理

　　球化处理和孕育处理是生产球墨铸铁的关键,必须严格掌握。

　　球化剂的作用是使石墨呈球状析出,我国广泛采用的球化剂是稀土镁合金。镁是重要的球化元素,但它密度小、沸点低(1 120 ℃),若直接加入铁水中将立即沸腾,这不仅使镁的回收率很低,也不够安全。稀土是镧(La)、铈(Ce)、钇(Y)、钪(Sc)等17个元素的总称。它们的沸点高于铁水温度。故加入铁水中没有沸腾现象,同时,有着强烈脱硫去气能力,还能细化组织、改善铸造性能。但稀土的球化作用较镁弱,单纯用它作球化剂石墨球不够完整。稀土镁合金(其中镁、稀土含量均小于10%,其余为硅和铁)综合了稀土和镁的优点,而且结合了我国的资源特点,用它作球化剂作用平稳、节约镁的用量,还能改善球铁的质量。球化剂的加入量一般为铁水质量的1.3%~1.8%。

　　孕育剂的作用是促进铸铁石墨化,防止球化元素造成的白口倾向。同时,通过孕育处理还可以使石墨球圆整、细化,改善球铁的力学性能。常用孕育剂与灰口铸铁相同,为 75% 的硅铁,其加入量为铁水质量的 0.5% ~ 1.5%。

球化处理的工艺方法有多种,其中以冲入法最为普遍,如图 2-33 所示。它是将球化剂放在铁水包的堤坎内,上面铺以硅铁粉和稻草灰,以防止球化剂上浮,并使其作用缓和。开始时,先将铁水包容量 2/3 左右的铁水冲入包内,使球化剂与铁水充分反应。尔后,将孕育剂放在冲天炉出铁槽内,用剩余 1/3 铁水将其冲入包内进行孕育处理。目前,型内球化技术也收到良好的球化效果。

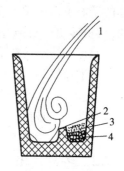

图 2-33　冲入法球
化处理

1—铁水;2—堤坎;3—硅铁
粉;4—球化剂

3)球墨铸铁的铸造工艺特点

球墨铸铁的凝固过程、铸造性能与灰口铸铁有明显不同,因而铸造工艺也不同。

球墨铸铁的铸造性能介于灰口铸铁和铸钢之间。球墨铸铁的流动性本应与灰口铸铁大致相同,但因球化处理时铁水的温度会下降 50 ~ 100 ℃,再加上球化元素镁会在铁水表面形成氧化膜,使其流动性比灰口铸铁差。

球墨铸铁的凝固特点与灰口铸铁有显著区别,其共晶凝固温度范围较宽。在浇铸后的较长时间内,铸件的外壳仍未完全凝固,而此时石墨化膨胀的膨胀力,往往大于铸型的强度,从而迫使型壁外移,使铸型的型腔变大,致使球墨铸铁具有较大的缩孔、缩松倾向。此外,球墨铸铁的变形与冷裂倾向也大于灰口铸铁。

因此,球墨铸铁在铸造工艺上多应用冒口和冷铁,采用顺序凝固原则。同时,砂型的紧实度、透气性应比灰口铸铁高,型砂的水分不能太高,型腔要有很好的排气能力。

4)球墨铸铁的热处理

多数球铁件铸后要进行热处理,以保证应有的力学性能。这是由于铸态球铁基体多为珠光体与铁素体混合组织;有时还有自由渗碳体,形状复杂件还存有残余内应力。常用的热处理为退火和正火。退火的目的是获得单一铁素体基体,以提高球铁的塑性和韧性,常用于 QT400—18、QT450—10 等牌号。正火的目的是获得单一珠光体基体,以提高强度和硬度,常用于 QT600—3 以上牌号。

3.可锻铸铁件生产

可锻铸铁件的生产可分为两个步骤:先浇铸为白口铸铁的铸件毛坯,然后再将白口铸铁件进行石墨化退火,使渗碳体分解出团絮状石墨。

1)生产白口铸铁件毛坯

获得合格的可锻铸铁件的首要关键是保证铸件坯料的组织全部是白口。因为如果退火前的铸件组织中出现了片状石墨,哪怕是极小量的片状石墨,也会极大地影响退火后可锻铸铁的组织和性能。为此,出炉铁水的成分必须具备低碳、低硅、低硫磷的特点。可锻铸铁的化学成分为:2.4% ~ 2.8%C,0.8% ~ 1.4%Si,Mn > 0.5%,S < 0.2%,P < 0.1%。

2)白口铸件毛坯的石墨化退火

黑心可锻铸铁石墨化退火分为两个阶段。第一阶段,将白口铸件加热至 900 ~ 980 ℃,经 15 h 左右的保温,使渗碳体分解为奥氏体加团絮状石墨。然后,在缓慢冷却过程中,随着温度的降低,过饱和的碳自奥氏体中析出,附着在已生成的团絮状石墨上。第二阶段,当温度降到共析转变温度范围内,并以缓慢速度冷却时,共析渗碳体全部石墨化,最终获得单一铁素体基体的黑心可锻铸铁。珠光体可锻铸铁则只有第一阶段石墨化,在通过共析转变时冷却速度较快,共析转变产物仍为珠光体,最终获得珠光体可锻铸铁。

3)可锻铸铁铸造工艺特点

可锻铸铁的碳、硅含量较低,其熔点比灰口铸铁高,结晶温度范围也较宽,因而铁水的流动性差,凝固收缩大。易产生浇不足、冷隔、缩孔及裂纹等铸造缺陷。为了避免产生这些缺陷,在铸造工艺上应按照顺序凝固原则设置冒口和冷铁,适当提高型砂的耐火性和退让性,提高铁水的出炉温度和浇铸温度等。

2.3.2　铸钢件生产

铸钢的应用仅次于铸铁,铸钢件的产量占铸件总产量的 15% 左右。按照化学成分,铸钢可分为铸造碳钢和铸造合金钢两大类。其中,碳钢应用较广,占铸钢件总产量的 80% 以上。

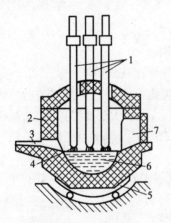

图 2-34　三相电弧炉
1—电极;2—炉墙;3—出钢口;4—电弧;5—倾斜机构;6—钢水;7—加料口

1)铸钢的熔炼设备

生产铸钢件的熔炼设备主要有电弧炉、感应电炉、平炉等。目前在一般铸钢车间广泛采用的是三相电弧炉,其构造如图 2-34 所示。三相电弧炉开炉、停炉方便,可炼的钢种多,钢水的质量高。同时,因多采用碱性炼钢法,故对金属炉料(如废钢及回炉料)的质量要求不甚严格,其炼钢周期比较容易与造型及合型等铸造进度相协调,便于组织生产。

近些年来,感应电炉在我国得到了迅速发展。感应电炉能炼各种高级合金钢及含碳量极低的钢,其熔炼速度快、能源消耗少,且钢水质量高,适于小型铸钢件生产。

平炉容量大,主要用于大型铸钢件生产。

2)铸钢件的铸造工艺特点

与铸铁相比,铸钢的熔点高,因而其浇铸温度也高,熔炼时易于氧化、吸气,浇铸时易于产生粘砂等缺陷;随着含碳量的增加,结晶温度范围越来越宽,结晶时的树枝晶越来越发达,其流动性越来越差;同时铸钢的体收缩约为铸铁的 3 倍,因而有较大的缩孔、缩松和热裂倾向。为此,必须采取一系列工艺措施,才能获得致密健全的铸件。

铸钢用型砂应有高的耐火性和抗粘砂性,以及高的强度、透气性和退让性。为了提高型砂的耐火性和透气性,要采用颗粒大而均匀的石英砂,大铸件常采用人工破碎的石英砂。为防止粘砂,型腔表面要涂以石英粉或锆砂粉涂料。为降低铸型材料的发气性、提高强度、改善填充条件,大件采用干型或水玻璃砂快干型。此外,型砂中还常加入糖浆、糊精或木屑等,以提高强度和退让性。

铸钢件的浇铸系统和冒口的安置对铸件质量有很大影响,必须使之能防止缩孔、缩松,又能防止裂纹。除了少数壁厚均匀的薄壁件,一般铸钢件都要设置相当数量的冒口和冷铁,使之实现顺序凝固。

图 2-35 为铸钢齿圈铸件的铸造工艺方案。该齿圈壁厚均匀,但因壁厚较大(80 mm),心部极有可能产生缩孔、缩松缺陷,故需采用冒口和冷铁使其顺序凝固。该铸件使用了 3 个冒口和 3 块冷铁,浇入的钢水首先在冷铁处凝固,形成朝着冒口方向的顺序凝固,使齿圈各部分的收缩都能得到金属液的补充。

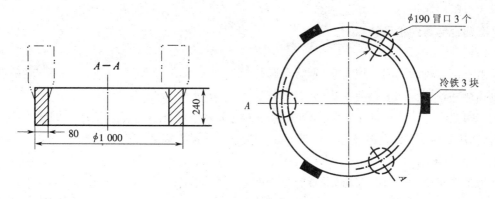

图 2-35　铸钢齿圈的铸造工艺

3)铸钢件的热处理

热处理是生产铸钢件的必要工序。因为铸态钢件晶粒粗大,组织不均,枝晶偏析严重,且常存有残余内应力,因而铸件必须进行热处理。通常采用正火或退火处理。正火钢的力学性能较退火高,且生产率高,成本低,所以应尽量采用正火。但对形状复杂、容易产生裂纹的铸件或较易硬化的铸件,应进行退火处理。

2.3.3　铝合金及铜合金铸件生产

与铸铁相比较,铝、铜合金的熔点低,在液态下极易氧化和吸气,所以无论是熔炼设备及熔炼工艺,还是铸造工艺,都与铸铁有较大的差别。

1.铝合金及铜合金的熔炼设备

铝、铜合金熔炼时要求金属材料不与燃料直接接触,以减少金属的损耗、保持金属的纯洁。同时,要求金属炉料能快速熔化和升温,炉温便于调节和控制。

铝、铜合金的熔炉种类很多,一般多用坩埚炉。坩埚炉常用焦炭或煤气作燃料,结构简单,使用方便,熔化速度较快,一般中、小车间常用。缺点是火焰直接与液面接触,温度不易控制。图 2-36 所示为焦炭坩埚炉。

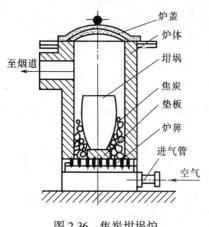

图 2-36　焦炭坩埚炉

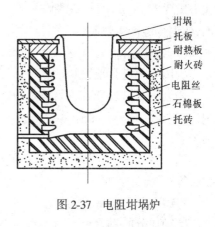

图 2-37　电阻坩埚炉

还可以用电阻坩埚炉来熔炼铝合金。电阻坩埚炉是通过电阻丝发热来熔化金属的。其优点是炉气中性,铝液不会强烈氧化,炉温便于控制,缺点是熔炼时间较长,耗电量较大。图2-37

所示为电阻坩埚炉。

2.铝合金铸件生产特点

1)铝合金的熔炼特点

由于铝是较活泼的金属元素,铝合金在熔炼时极易氧化和吸气。铝氧化后形成 Al_2O_3,其熔点高(2 050 ℃),密度稍大于铝液,悬浮于铝液之中,很难排除,成为铝合金铸件中的主要夹杂物。当铝液与空气中的水蒸气或与炉料、工具、炉衬中的水分及油脂反应时,产生大量原子态的氢[H],并溶于高温铝液中。当铸件冷却时,由于氢溶解度下降,过饱和氢则以气泡形式析出,形成许多分散的小气孔——针孔。

为了尽量减少铝合金在熔炼时的氧化和吸气,熔炼时采用以下工艺措施。

①用熔剂进行覆盖。熔化铝合金时,向坩埚内加入 $NaCl$、KCl、Na_3AlF_6 等盐类作为熔剂。它们的比重小,流动性好,在铝液表面形成连续的覆盖层,使铝液与炉气隔离。

②用精炼剂进行精炼。精炼的目的是除气、除渣。一般做法是向铝液中通入溶于铝的氮气或氯气,或加入六氯乙烷(C_2Cl_6)、四氯化碳(CCl_4)等氯盐。通入的 N_2、Cl_2 或反应生成的 HCl、$AlCl_3$ 等以气泡形式上浮时,将铝液中溶解的气体和夹杂物一并带出液面除去。

2)铝合金的铸造工艺特点

铝合金的铸造性能与化学成分密切相关。其中 Al-Si 合金处于共晶成分附近,铸造性能最好,与灰口铸铁相似。Al-Cu 合金远离共晶成分,结晶温度范围大,铸造性能最差。在实际生产中,铝铸件都要用冒口补缩,Al-Si 类合金的结晶温度范围小,冒口补缩效率高,易获得组织致密的铸件。其他类铸造铝合金的结晶温度范围大,冒口补缩效率低,铸件致密性较差。

铝合金极易吸气和氧化,因此,浇铸系统必须保证铝液较快而平稳地流入型腔,避免搅动。通常采用开放式浇铸系统,并多开内浇道,直浇道常用蛇形或鹅颈形等特殊形状。

3.铜合金铸件生产特点

1)铜合金的熔炼特点

与铝合金一样,铜合金在熔炼时,尤其在过热时,也将伴随严重的氧化和吸气现象。铜氧化后生成的 Cu_2O,能不断溶解于铜液中,在铸件凝固时,又以低熔点共晶的形式在晶界处析出,使铜合金产生热脆性。熔炼时溶解于铜液中的[H],在铸件凝固时能以氢气和水蒸气气泡形式析出,使铸件形成针孔。为了减少熔炼过程中的氧化和吸气,一般采用如下措施。

①用熔剂进行覆盖。铜合金常用的覆盖剂为木炭、玻璃、硼砂、苏打等。

②进行脱氧处理。脱氧就是使溶解在铜液中的 Cu_2O 还原的过程。最常用的脱氧剂是磷铜(含磷8%~14%)。通常黄铜和铝青铜中的 Zn 和 Al 本身就是优良的脱氧剂,所以不需加磷铜脱氧。

③用精炼剂进行精炼。精炼的目的主要是除氢。生产中常用的方法有氧化法、吹氮法、沸腾法等。

2)铜合金的铸造工艺特点

各种成分的铜合金的结晶特征不同,铸造性能不同,铸造工艺特点也不同。

锡青铜的结晶温度范围很大,同时凝固区域很宽,流动性较差,易产生缩松。但氧化倾向不大,因所含 Sn、Pb 等元素不易氧化,故锡青铜铸造时着重解决疏松问题。对壁厚较大的重要铸件,必须采取严格的顺序凝固;对形状复杂薄壁件和一般厚壁件,若致密性要求不高,可采用同时凝固。

铝青铜、铝黄铜等含铝较高的铜合金,结晶温度范围很小,流动性较好,易形成集中缩孔,但极易氧化。铸造时要解决的主要问题是防止氧化夹杂和消除缩孔。浇铸系统应具有很强的撇渣能力,如浇铸系统带过滤网、集渣包等。为消除缩孔,必须使铸件顺序凝固。

硅黄铜的铸造性能则介于锡青铜和铝青铜之间。

2.4　特种铸造

特种铸造是指砂型铸造以外的其他铸造方法,如金属型铸造、熔模铸造、压力铸造、低压铸造、离心铸造、实型铸造、陶瓷型铸造等。这些铸造方法在提高铸件精度、降低表面粗糙度、改善合金性能、提高劳动效率、改善工作环境和降低材料消耗等方面,各有其优越之处。因此,在铸造生产中占有重要地位,是铸造业重点发展方向之一。

2.4.1　金属型铸造

金属型铸造是将液态合金浇入金属铸型,以获得铸件的一种铸造方法。铸型是用金属制成,可反复多次使用,故又称为永久型铸造。

1.金属型构造

按照分型面的方位,金属型可分为整体式、垂直分型式、水平分型式和复合分型式几种。其中垂直分型式便于开设浇铸系统和取出铸件,也易于实现机械生产,所以应用最广。金属型的排气依靠出气口及分布在型面上的许多通气槽。为了能在开型过程中将灼热的铸件从型腔中推出,多数金属型设有推杆机构。

金属型一般用铸铁制成,也可采用铸钢。铸件的内腔可用金属型芯或砂芯来形成。其中,金属型芯用于有色金属。为了从较复杂的内腔中取出金属型芯,型芯可由几块拼合而成,浇铸后按先后次序取出。

图 2-38 为铸造铝活塞金属型典型结构简图,由图可见,该金属型是垂直分型式的结构。铝活塞内腔存有凸台,整体型芯无法抽出,故采用组合型芯。浇铸后,先抽出带有斜度的型芯4,再抽出型芯 3 和 5。其中,型芯 1 是形成销孔的型芯。

2.金属型铸造工艺特点

金属型导热快,没有退让性,因此铸件易产生浇不足、冷隔、裂纹等缺陷,灰铸铁件还常出现白口组织。此外在高温金属液体的冲刷下,型腔易损坏,不仅影响金属型的寿命和铸件表面质量,还使铸件的取出发生困难。为此,在生产上必须采取下列工艺措施。

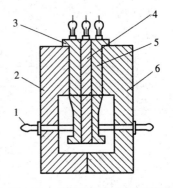

图 2-38　铸造铝活塞金属型简图
1—销孔金属型芯;2—左半型;3、4、5—组合金属型芯;6—右半型

(1)保持铸型温度　金属型应保持在一定温度下工作,这样可以减缓铸型的冷却速度。这不仅有助于金属液的充填和铸件石墨化,并能延长铸型的寿命。金属型的合理工作温度为:铸铁件 250～350 ℃;有色金属铸件 100～250 ℃。因此,开始浇铸前要对金属型进行预热;而在连续使用过程中,为了防止铸型因吸入较多热量而使温度过高,还必须冷却金属型,或利

用散热装置(水冷或气冷装置)来散热。

(2)喷刷涂料　金属型型腔和型芯表面必须喷刷涂料,其目的是为了减缓铸件的冷却速度;防止高温金属液流对型壁的直接冲刷;利用涂料有一定的蓄气、排气能力,防止气孔的产生。

(3)控制开型时间　由于金属型没有退让性,浇铸后要尽早从铸型中取出铸件,以防止裂纹和白口组织的产生,提高生产率。通常铸铁件的出型温度为780~950 ℃。由于铸件温度不易测量,常根据铸件在型中的停留时间来开型,开型时间一般要经过实验来确定。

3.金属型铸造的特点和应用范围

与砂型铸造相比,金属型铸造有下列特点。

①金属型铸造冷却快,组织致密,力学性能较高。如铝合金金属型铸件,其抗拉强度平均提高25%,同时,抗蚀性和硬度也显著提高。但是,浇铸铸铁件时易产生白口组织,给切削加工带来困难。

②铸件的精度较高,表面粗糙度较低。金属型铸件尺寸精度等级为IT12~IT14,表面粗糙度 R_a 值可达 12.5~6.3 μm。但是制造金属型的成本较高,周期长。

③浇铸系统及冒口尺寸较小,液体金属耗量减少,一般可节约金属15%~25%。

④不用砂或少用砂,可节约造型材料80%~100%,减少砂处理和运输设备,减少粉尘污染。

金属型铸造是在高温下操作,生产率很高,因此,铸造生产尽量采用机械化和自动化,否则生产条件反而恶劣。

金属型铸造适用于大批生产的有色合金铸件,如铝合金的活塞、汽缸盖、油泵壳体及铜合金轴瓦、轴套等。对于黑色金属铸件,只限于形状简单的中、小件。

2.4.2　压力铸造

压力铸造(简称压铸)是将熔融金属在压铸机中以高速压入金属铸型内,并在压力下结晶的铸造方法。常用压铸比压为几个至几十个兆帕,充填速度为 0.5~50 m/s,充填时间为 0.01~0.2 s。

1.压铸机和压铸工艺过程

压铸机是压铸生产中最主要的设备,主要由合型机构和压射机构两部分组成。合型机构是用来开合压型的,并在压入金属时用压力顶住压型,防止液体金属自分型面泄出。压射机构的作用是对浇入压室的液态金属施以高压,使其高速充填型腔,并在高压下成形与结晶。

压铸机按压室的差别分为热压室式和冷压室式两类。热压室式压铸机的压室与保温金属用的坩埚装置连成一个整体,压室浸在金属液中进行压铸,如图2-39所示。这种压铸机由于压力较小,压室浸在金属液中易被腐蚀,只适用于压铸低熔点合金(如铝、锡、锌等合金)。目前广泛应用的是冷压室式压铸机。其压室和保温炉分开,压铸时从保温

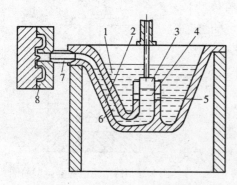

图 2-39　热压室式压铸示意图
1—液态金属;2—坩埚;3—压射冲头;4—压型;
5—进口;6—通道;7—喷嘴;8—压铸型

炉中取出金属液注入压室中进行压射,这种压铸机又分为立式和卧式两种,卧式应用较多。

图 2-40 为卧式冷压室式压铸机压铸工艺过程示意图。工作时,首先移动动型,使压型闭合。然后用定量勺将液体金属通过压室上的注液孔注入压室(图 a))。接着,压射冲头向前推进,将液体金属迅速压入型中,继续保持压力,直至液体金属凝固(图 b))。最后打开压型(即移动动型,使压型分开),由顶杆机构将铸件顶出(图 c))。

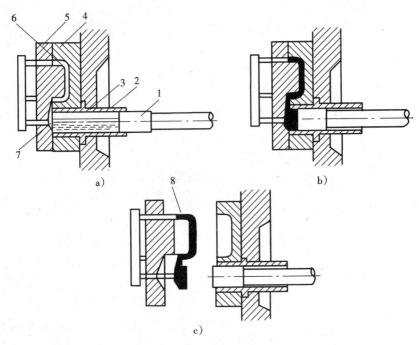

图 2-40　卧式冷压室式压铸机工作过程
1—压射冲头;2—压室注液孔;3—压室;4—定型;5—动型;6—型腔;7—浇道;8—铸件

2.压力铸造的特点及应用范围

压力铸造的特点如下。

①可以铸造精度高(铸件尺寸精度等级为 IT11 ~ IT13)、表面粗糙度小(表面粗糙度 R_a 可达 3.2 ~ 0.8 μm)、形状复杂的薄壁铸件,并可直接铸出螺纹、齿形、花纹、图案和文字等,通常无需切削加工就可以使用,且互换性好。

②铸件的强度和表面硬度都较高。因为压铸件表面的一层金属晶粒较细,组织致密。铸件的抗拉强度比砂型铸件提高 25% ~ 30%,但伸长率有所降低。

③生产率很高。压力铸造的生产率比其他铸造方法都高,有时甚至比冷冲压还高。如我国生产的卧式冷压室压铸机的工作循环每小时可达 30 ~ 240 次,而且压铸过程易于实现自动化。

压力铸造存在的主要问题如下。

①由于液态金属充型速度快,高速液流会包住大量空气,凝固后在铸件表皮下形成许多气孔。故压铸件不能有较多余量的切削加工,以免气孔外露,影响零件的使用性能。同时,有气孔的压铸件不能进行热处理,因高温加热时气孔内气体膨胀会使铸件表面鼓泡或变形。

②由于液态合金冷却凝固快,浇道的补缩作用很小,铸件中易出现小的缩孔或缩松,厚壁铸件尤为严重。所以,压铸件的最大壁厚不应超过 6 ~ 8 mm,通常以 2 ~ 4 mm 为宜,而且尽可

能使壁厚均匀。

　　③设备投资大,生产准备周期长,只有在大量生产条件下,经济上才合算。

　　④压铸黑色金属时,压铸型寿命很短,困难很大。

　　目前压力铸造主要用于低熔点有色合金的小型、薄壁、复杂铸件的大批量生产。此法已在汽车、拖拉机、仪表、电器、计算机、兵器、纺织机械、农业机械等制造业中得到广泛的应用,如气缸体、气缸盖、变速箱箱体、发动机罩、化油器、喇叭外壳、仪表和照相机的壳体与支架、管接头、齿轮等。

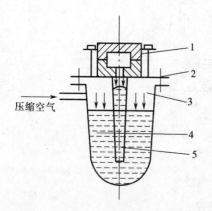

图 2-41　低压铸造
1—铸型;2—密封盖;3—坩埚;
4—金属液;5—升液管

2.4.3　低压铸造

　　低压铸造是用较低压力将金属液由铸型底部注入型腔,并在压力下凝固以获得铸件的方法。由于压力较低(0.02 ~ 0.07 MPa),是一种介于重力铸造和压力铸造之间的铸造方法。

　　1.低压铸造的工艺过程

　　图 2-41 为低压铸造工作原理示意图,其工艺过程如下。

　　(1)准备合金液和铸型　将熔炼好的合金液倒入电阻保温炉的坩埚中,装上密封盖、升液管及铸型。

　　(2)升液、浇铸　通入干燥压缩空气,合金液在低压力下从升液管平稳上升,注入型腔。

　　(3)增压、凝固　使气体上升到规定的工作压力,并保持适当的时间,使合金液在较高压力下结晶,直至全部凝固。

　　(4)减压、降液　撤除液面上的压力,使升液管和浇道中尚未凝固的金属液在重力下流回坩埚。

　　(5)开型　用开启铸型装置打开铸型,取出铸件。

　　2.低压铸造的特点和适用范围

　　低压铸造有如下的特点。

　　①充型压力和速度便于控制,故可适应各种铸型,如金属型、砂型、熔模壳型、树脂壳型等。

　　②浇铸时压力较低,合金液充填平稳,减少了金属液对型腔的冲刷和飞溅。同时,由于是在压力下充型,提高了液体合金的充型能力,有利于获得轮廓清晰、表面粗糙度低的铸件。

　　③铸件在压力下结晶,浇道又能起补缩作用,使铸件自上而下顺序凝固,故铸件的组织致密。它还能有效地克服铝合金铸件中的针孔、夹渣等缺陷,因而铸件质量较好。

　　④铸件的收得率高。因为浇铸系统简单,浇道余头小,故金属的实际利用率高,可达 85% ~ 90%。

　　此外,低压铸造设备较压力铸造简单,也便于实现机械化和自动化生产。但目前使用广泛的如图 2-41 所示的顶铸式低压铸造机生产效率较低,保温炉不能充分发挥作用,密封、保养不方便。

　　由于低压铸造的上述优点,从 20 世纪 60 年代起,国内外相继重视这一新工艺,并用于生产。主要用来铸造质量要求高的铝合金、镁合金铸件,如气缸体、气缸盖、高速内燃机的铝活塞等形状较复杂的薄壁铸件。

2.4.4　熔模铸造

熔模铸造是用易熔材料制成的和铸件形状相同的模样（即熔模），在模样表面涂挂几层涂料和石英砂，经硬化、干燥后将模样熔出，得到一个中空的型壳，再经干燥和高温焙烧，浇铸铸造合金而获得铸件的工艺方法。常用的制模材料为蜡质材料，故又称为"失蜡铸造"。

1.熔模铸造的工艺过程

熔模铸造工艺过程如图 2-42 所示。

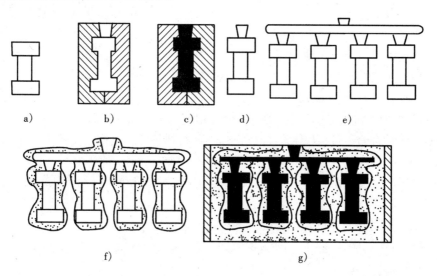

图 2-42　熔模铸造的工艺过程
a)母模；b)压型；c)铸造熔模；d)单个熔模；(e)组合熔模；f)结壳、熔失熔模；g)填砂、浇铸

1)母模

母模（图 a)）是铸件的基本模样，多用钢或黄铜经机械加工制成。它用来制造压型。其形状与铸件相同，但尺寸比铸件稍大些，因为要加上熔模材料和铸造合金的收缩量。

2)压型

压型（图 b)）是用来制作熔模的铸型。为了保证熔模质量，压型的尺寸精度和表面质量要求很高。当大批生产或生产高精度铸件时，压型常用钢或铝合金经加工而成；当生产的批量不大，或铸件的精度要求不高时，常用易熔合金（Sn、Pb、Bi 合金）直接浇铸出来；在单件小批生产时，也可用石膏压型。随着塑料工业的发展，还有用塑料制作的压型。

3)熔模的制作

熔模材料有两种：一种是常用的蜡基模料（生产中常采用 50% 石蜡和 50% 硬脂酸）；另一种是树脂（松香）基模料，主要用于高精度铸件。制作熔模的方法是用压力把糊状模料压入压型（图 c)），待冷却后取出熔模，并放在冷水中继续冷却，再经修整检验后得到单个合格的熔模（图 d)）。为了提高生产率，还需将多个熔模黏合到一个浇铸系统上，制成熔模组（图 e)）。

4)铸型的制造

铸型的制造包括以下几个步骤。

(1)结壳　先将熔模浸挂一层用水玻璃和石英粉配成的涂料，再向其表面撒一层石英砂。然后将其放入硬化剂（通常为氯化铵熔液）中，使涂层硬化。如此反复 3~7 次，直至结成 5~10

mm 硬壳为止。

（2）脱模　将结壳后型壳放入 80～90 ℃的水中（或放在高压釜，通入 0.2～0.5 MPa 蒸汽），使熔模熔化而脱出，型壳则形成了铸型空腔（图 f）。

（3）造型　为了提高型壳的强度，防止浇铸时变形或破裂，将型壳置于铁箱内，周围用干砂填紧（图 g））。

（4）焙烧　为了进一步排除型壳内的残余挥发物，提高其质量，还需要将装好型壳的铁箱在 900～950 ℃下焙烧。

（5）浇铸　为了提高液态合金的充型能力，防止浇不足缺陷，常在焙烧后趁热（600～700 ℃）进行浇铸（图 g））。

2.熔模铸造的特点及应用范围

熔模铸造的主要特点如下。

①铸件的精度和表面质量较高，尺寸精度等级可达 IT11～IT13，表面粗糙度 R_a 值可达 12.5～1.6 μm，减少了机加工工作量，实现了少无切削加工，显著提高金属材料的利用率。

②适用于各种合金铸件，从铜、铝合金等有色金属到各种合金钢均可铸造。尤其适合铸造高熔点合金和难以切削的合金，如耐热合金、磁钢等。

③可制造形状较复杂的铸件，如涡轮发动机叶片。对由几个零件组合成的复杂部件，适于用熔模铸造整体铸出。

④生产批量不受限制，既适于单件生产也适于大批生产。

但是，这种方法工序繁多，生产周期较长（4～15 天），并且铸件不能太大太长。熔模铸件的质量一般不超过 25 kg。

熔模铸造主要用来生产汽轮机、燃汽轮机、涡轮发动机的叶片和叶轮，高速切削刀具，以及汽车、拖拉机、风动工具和机床上的小型零件。目前，它的应用还在日益扩大。

2.4.5　离心铸造

将液态合金浇入高速旋转的铸型中，使金属液在离心力作用下充填铸型并结晶，这种铸造方法称为离心铸造。

1.离心铸造的基本方式

离心铸造主要用于生产圆筒形铸件。为了使铸型旋转，离心铸造需要在离心铸造机上进行。离心铸造机按其旋转轴位置的不同，分为立式与卧式两种。

在立式离心铸造机上铸型是绕垂直轴旋转的。当其浇铸圆筒形铸件时，由于金属液在离心力的作用下，沿铸型周壁分布，这样便于自动形成内腔。而铸件的壁厚则取决于浇入的金属量。图 2-43 为立式离心铸造示意图。此种方式的优点是便于铸型的固定和金属的浇铸，但其内表面呈抛物线状，使铸件上薄下厚。显然，铸件的高度越大，壁厚的差别也越大。因此，主要用于高度小于直径的环套类铸件。

在卧式离心铸造机上的铸型是绕水平轴旋转的，如图 2-44 所示。因为铸件各部分的冷却条件相近，故铸出的圆筒形铸件无论在轴向和径向的壁厚都是均匀的，因此适用于生产长度较大的套筒、管类铸件，是最常用的离心铸造方法。

离心铸造还可用于生产成形铸件，此时，多在立式离心铸造机上进行，如图 2-45 所示。铸型紧固于旋转工作台上，浇铸时金属在离心力的作用下填满型腔。成形铸件的离心铸造虽未省去型芯，但在离心力的作用下，提高了金属液的充型能力，便于薄壁铸件的成形，而且，浇铸

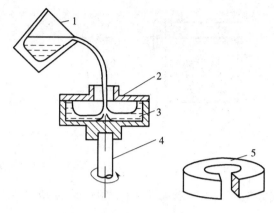

图 2-43　立式离心铸造示意图
1—浇包；2—铸型；3—液体金属；4—旋转轴；5—铸件

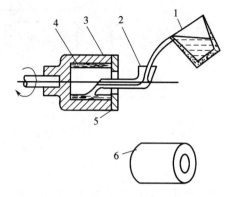

图 2-44　卧式离心铸造示意图
1—浇包；2—浇铸槽；3—铸型；4—液体金属；
5—端盖；6—铸件

系统也可起到补缩作用，使铸件组织致密。

2.离心铸造的特点及应用范围

离心铸造有以下特点。

①铸件组织致密，无缩孔、缩松、气孔、夹渣等缺陷，力学性能好。这是因为在离心力作用下，金属中的气体、熔渣等夹杂物因比重小均集中在内表面，铸件是从外向内顺序凝固，补缩条件好。

②铸造中空铸件时，可不用型芯和浇铸系统，大大简化生产过程，节约了金属。

③由于是在离心力的作用下充型，金属液的充型能力得到提高，可以浇铸流动性较差的合金铸件和薄壁铸件。

④便于铸造双金属铸件，如钢套镶铜轴承等。其结合面牢固耐用，可节约许多贵重金属。

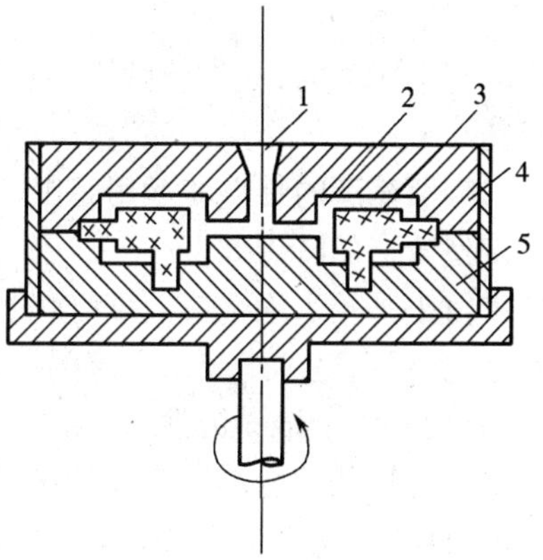

图 2-45　成形铸件的离心铸造
1—浇铸系统；2—型腔；3—型芯；4—上型；
5—下型

离心铸造的缺点是铸件易产生偏析、内孔不准确，内表面较粗糙。

由于离心铸造的上述优点，应用越来越广泛。在生产一些管、套类铸件如铸铁管、铜套、缸套、双金属钢背铜套等时，离心铸造几乎是主要的方法。同时，在耐热钢管道、特殊钢无缝钢管毛坯、造纸机干燥滚筒等生产方面，离心铸造用得也很有成效。

2.4.6　实型铸造

实型铸造又称消失模铸造，它是采用泡沫塑料模代替普通模样，造好型后不取出模样就直接浇入金属液，在金属液的作用下，塑料模燃烧、气化、消失，金属液取代原来塑料模所占据的空间位置，冷却凝固后获得所需铸件的铸造方法。其工艺过程如图 2-46 所示。

1.泡沫塑料模样的制作

制模材料常用聚苯乙烯泡沫塑料，制模方法有发泡成形和加工成形两种。发泡成形是通过蒸汽或热空气加热，使置于模具内的预发泡聚苯乙烯珠粒进一步膨胀，充满模腔成形，用于成批、大量生产。加工成形是采用手工或机器加工预制出各个部件，再经黏结和组装成形，用

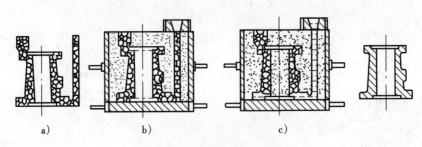

图 2-46　实型铸造工艺过程
a)泡沫塑料模;b)铸型;c)浇铸;d)铸件

于单件、小批生产。模样表面应涂刷涂料,以提高型腔表面的耐火性和铸件的表面质量。

2.铸造工艺

在单件、小批生产中,实型铸造多采用水玻璃砂、水泥砂等自硬砂造型。春砂时要自上而下分层均匀春实。在大批量生产中,可采用无黏结剂的干硅砂,填砂之后用机械将干砂振实即可。

浇铸金属液时,要先慢后快,使金属液上升的速度稍低于模样的气化速度,以减少气化模分解物与金属液的作用。同时,浇铸场地要有良好的通风和排烟设施,以保护环境。

3.实型铸造的特点和适用范围

实型铸造的特点如下。

①由于采用了遇金属液即气化的泡沫塑料模样,无需起模,无分型面,无型芯,也就无飞边毛刺,减少了由型芯组合而引起的铸件尺寸误差。铸件的尺寸精度和表面粗糙度接近熔模铸造,但其尺寸大于熔模铸件。

②各种形状的复杂的模样均可采用泡沫塑料模黏合,成形为整体,为铸件结构设计提供了充分的自由度。

③减少了铸件生产工序,缩短了生产周期,简化了铸件工艺设计。

实型铸造适用范围较广,几乎不受铸造合金、铸件大小及生产批量的限制,尤其适用于形状复杂件。但实型铸造目前尚存在模样气化时污染环境、铸钢件表面易增碳等问题。

2.4.7　陶瓷型铸造

陶瓷型铸造是以陶瓷作为铸型材料的一种铸造方法。

1.陶瓷型铸造工艺过程

陶瓷型铸造有不同的工艺方法,较为普通的如图 2-47 所示。工艺过程如下。

(1)砂套制作　陶瓷型通常是先制作出砂套,砂套即相当于砂型铸造时的背砂,其目的是为了节省昂贵的陶瓷材料和提高铸型的透气性。制作砂套通常采用水玻璃砂。制作砂套的模样应比制造铸件的模样大一个陶瓷料的厚度,如图 a)所示。砂套的制作方法与砂型铸造的造型过程相同,不过要留出灌浆孔和出气孔,如图 b)所示。

(2)灌浆与胶结　即制造陶瓷面层。其过程是将模样固定在平板上,刷上分型剂,扣上砂套,将配制好的陶瓷浆注入型腔,如图 c)所示。灌浆时砂箱座应轻微振动,以提高浆料的流动性和易于浆料中的气体上浮。经数分钟后,陶瓷浆便开始胶结。陶瓷浆由耐火材料(如刚玉粉、铝矾土等)、黏接剂(硅酸乙酯水解液)、催化剂($Ca(OH)_2 \cdot MgO$)、透气剂(过氧化氢)等组成。

(3)起模与喷烧　当浆料胶结固化,但尚有一定弹性时取出模样(一般灌浆后 5 ~ 15 min)。

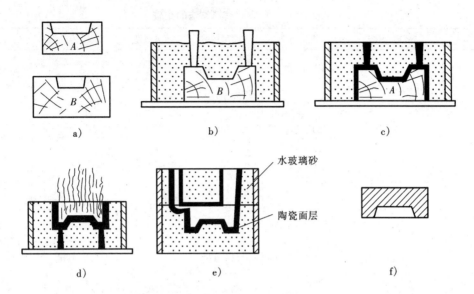

图 2-47　陶瓷型铸造工艺过程
a)模样;b)砂套制作;c)灌浆;d)喷烧;e)合箱;f)铸件

起模后立即用明火均匀地喷烧整个型腔,如图(d)所示。喷烧是为了加速固化过程,提高铸型强度。

(4)焙烧与合型　陶瓷型要在浇铸之前加热到 350～550 ℃,焙烧 2～5 h,以烧去残存的乙醇、水分等,并使铸型的强度进一步提高。焙烧完成后合型等待浇铸。

(5)浇铸　在陶瓷型尚有余热时即可浇铸。浇铸温度可略高些,以获得轮廓更为清晰的铸件。

2.陶瓷型铸造的特点及适用范围

陶瓷型铸造有如下特点。

①因起模是在陶瓷层处于弹性状态下进行的,同时,陶瓷型高温时变形小,故铸件的尺寸精度和表面粗糙度与熔模铸造相近。此外,陶瓷材料耐高温,故可铸造高熔点合金铸件。

②陶瓷型铸件的大小几乎不受限制,可从几千克到数吨。

③在单件、小批生产条件下,需要的投资少,生产周期短,在一般铸造车间较易实现。

陶瓷型铸造的不足之处是它不适于批量大、重量轻或形状复杂的铸件的生产,且生产过程难以实现机械化和自动化。

目前,陶瓷型铸造主要用于生产厚大的精密铸件,广泛用于生产冲模、锻模、玻璃器皿模、压铸模和模板等,也可用于生产中型铸钢件。

2.4.8　常用铸造方法比较

各种铸造方法都有其优、缺点,各适用于一定的范围。选择铸造方法时,除了要熟悉各种铸造方法的基本特点外,还要从技术、经济、生产条件三个方面综合分析比较,选出成本较低,同时在现有或可能的生产条件下,生产出合乎质量要求的铸件的铸造方法。表 2-8 是对常用的几种铸造方法的基本特点加以比较。

表 2-8 几种常用铸造方法的比较

	砂型铸造	熔模铸造	金属型铸造	压力铸造	低压铸造	离心铸造
适用合金	各种合金	碳钢、合金钢、有色合金	各种合金,以有色合金为主	有色合金	有色合金	铸钢、铸铁、铜合金
适用铸件大小	不受限制	几十克至几公斤的复杂铸件	中、小铸件	中、小铸件,几克至几十公斤	中、小铸件,有时达数百公斤	零点几公斤至十多吨
铸件最小壁厚（mm）	铸铁为 3~4	0.5~0.7,孔为 0.5~2.0	铸铝 >3 铸铁 >5	铝合金 0.5 锌合金 0.3 铜合金 2	2	优于同类铸型的常压铸造
表面粗糙度 R_a（μm）	50~12.5	12.5~1.6	12.5~6.3	3.2~0.8	12.5~3.2	决定于铸型材料
铸件尺寸精度（mm）	IT14~IT15	IT11~IT13	IT12~IT14	IT11~IT13	IT12~IT14	
金属收得率（%）	30~50	60	40~50	60	85~90	85~95
毛坯利用率（%）	70	90	70	95	80	70~90
投产的最小批量(件)	单件	1 000	700~1 000	1 000	1 000	100~1 000
生产率(一般机械化程度)	低、中	低、中	中、高	最高	中	中、高
应用举例	机床床身、箱体、支座、轴承盖,曲轴,气缸体、盖,水轮机转子、刹车盘等	刀具、叶片、自行车零件、机床零件、刀杆、风动工具等	铝活塞、水暖器材、水轮机叶片、一般有色合金铸件等	汽车化油器、缸体、仪表和照相机的壳体与支架等	发动机缸体、缸盖、壳体、箱体,船用螺旋桨,纺织机零件等	各种铸铁管、套筒、环叶轮、滑动轴承等

注:金属收得率 $= \dfrac{铸件重}{铸件重 + 浇冒口重} \times 100\%$;毛坯利用率 $= \dfrac{零件重}{铸件重} \times 100\%$。

在适用合金种类方面,主要取决于铸型的耐热状况。砂型铸造所用的石英砂耐火温度达 1 700 ℃,比碳钢的浇铸温度还高 100~200 ℃,因此砂型铸造可用于铸钢、铸铁、有色合金等材料的生产。熔模铸造的型壳是由耐火度更高的石英粉和石英砂制成,因此它还可以用于熔点更高的合金钢铸件。金属型铸造、压力铸造和低压铸造一般都使用金属铸型和金属型芯,即使表面刷上耐火涂料,铸型寿命也不高,因此一般只用于有色合金铸件。

在适用铸件尺寸大小方面,主要与铸型尺寸、金属熔炉、起重设备的吨位等条件有关。砂型铸造限制较小,可铸造大、中、小件。熔模铸造由于难以制作出较大熔模及型壳强度和刚度所限,一般只用于生产小件。对于金属型铸造、压力铸造和低压铸造,由于制造大型金属铸型和金属型芯较困难及设备吨位的限制,一般用于生产中、小型铸件。

在铸件的尺寸精度和表面粗糙度方面,主要与铸型型腔的尺寸精度和表面粗糙度有关。砂型铸件的尺寸精度最差,表面粗糙度 R_a 值最大。熔模铸造因压型加工得很精确、光洁,故熔模也很精确。而且型壳是个无分型面的铸型,所以熔模铸件的尺寸精度很高,表面粗糙度 R_a 值很低。压力铸造其压铸型也加工得很准确,且在高压高速下成形,故铸件的尺寸精度也很高,表面粗糙度 R_a 值很低。金属型铸造和低压铸造的金属铸型(型芯)不如压铸型精确、光洁,且是在重力或低压下成形,铸件的尺寸精度和表面粗糙度不如压铸件,但优于砂型铸件。

凡是采用砂型(型壳)和砂芯生产铸件,可以做出形状很复杂的铸件。但是压力铸造采用结构复杂的压铸型也能生产出复杂形状的铸件,这只有在大量生产时才是合算的,因为压铸件节省了大量切削加工工时,综合计算零件成本还是下降的。而离心铸造较适用于管、套等特定形状的铸件。

2.5 铸件结构设计

进行铸件设计时,不仅要保证铸件的使用功能和力学性能要求,还必须考虑铸件生产的经济性,并便于保证铸件质量,亦即使铸件具有良好的结构工艺性。为此,设计者必须认真考虑铸造工艺各个环节(如制模、造型、造芯、合型、清理等)和合金铸造性能对铸件结构的要求,并使铸件的具体结构与这些要求相适应。

2.5.1 铸造工艺对铸件结构的要求

铸件的结构应尽可能使制模、造型、造芯、合型和清理等过程简化,避免不必要的人力、物力的耗费,降低成本,保证铸件质量,并为铸件的机械化生产创造条件。

1.铸件的外形

铸件的外形应能满足使用要求,外形美观,但又能简化造型工艺,使其便于起模,尽量避免操作费时的三箱、挖砂、活块模造型以及使用外部型芯。

1)避免外部侧凹

铸件的侧壁若有中间凹入部分必将妨碍起模,增加分型面的数量。这不仅使造型费工,而且增加了错型的可能性,使铸件的尺寸误差增大。图 2-48a)所示端盖,由于上部法兰边缘伸出而形成了侧凹,使铸件形成了两个分型面,通常要采用三箱造型。如果是机器造型,需增加一个环状外型芯,使造型工艺复杂。图 2-48b)所示为改进设计后的结构,取消了上部法兰凸缘,使铸件仅有一个分型面。图 2-49a)所示的铸件因有侧凹,必须用外部型芯才能取出模样;而按照图 b)改进设计,避免了侧凹,减少了造芯、下芯工作量。

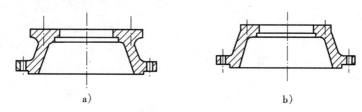

a) b)

图 2-48 端盖铸件

a)改进前;b)改进后

2)分型面尽量平直

平直的分型面可避免操作费时的挖砂造型或假箱造型。同时,铸件的飞边少,减轻了铸件清理的工作量。如图 2-50a)所示的托架,原设计忽略了分型面尽量平直的要求,在分型面上也加了外圆角,结果只得采用挖砂(或假箱)造型;按照图 b)改进后,便可采用简易的整模造型。

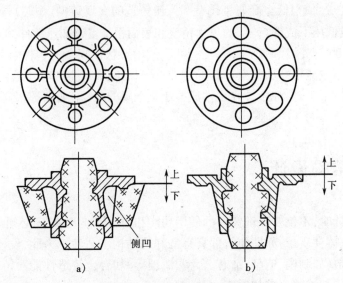

图 2-49　避免外部型芯的设计
a)改进前；b)改进后

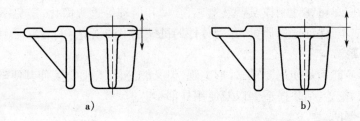

图 2-50　托架铸件
a)改进前；b)改进后

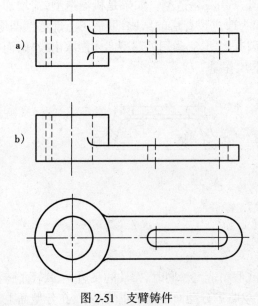

图 2-51　支臂铸件
a)改进前；b)改进后

图 2-51 所示的支臂铸件，其最大截面在中间，而带长孔的支臂厚度较小。由于木模的强度所限，在单件、小批生产时，不能采用较为简便的分开模造型，必须采用挖砂造型。若按图 b)改进设计，则可采用整模造型。

3)改进凸台、筋条结构

铸件侧壁上的凸台常常妨碍起模，如图 2-52a)所示，以致必须采用活块模或者增加外部型芯来克服。如果这些凸台与分型面较近，可将凸台延长到分型面，如图 2-52b)所示；或者采用沉头孔，如图 2-52c)所示。这样都会避免活块模，使造型简便。

筋的布置也应使造型简便。如图 2-53 所示铸件，都有四条筋，所起的作用相同。但图 a)中筋的布置妨碍填砂、舂砂和起模。而图 b)中筋的布置合理，填砂、舂砂均很方便。

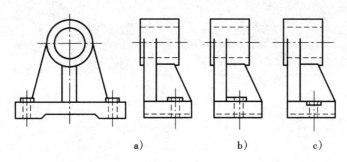

图 2-52　轴承座铸件凸台设计的改进
a)改进前；(b)、c)改进后

2.铸件的内腔

铸件的内腔大多靠型芯来形成，这不仅增加了配制芯砂、制芯、烘干、下芯等多道工序，加大了铸件的成本，而且在合型、浇铸时易产生缺陷。因此内腔的形状要力求简单，少用型芯，而且还要考虑型芯在铸型中的固定、排气及铸件的清理问题。

1)尽量少用或不用型芯

在铸件设计中，尤其是设计批量很小的产品时，应尽量避免或减少型芯。图 2-54 为一悬臂支架铸件，图 a)采用中空结构，必须以悬臂芯来形成。

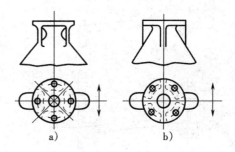

图 2-53　筋的布置
a)改进前；b)改进后

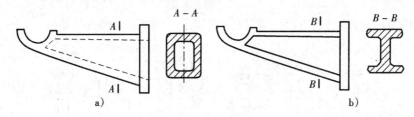

图 2-54　悬臂支架铸件
a)改进前；b)改进后

这种型芯须用型芯撑来加固，使下芯费工。当改为图 b)所示的开式结构后，省去了型芯，降低了成本。

铸件的内腔在一定条件下也可利用模样内腔自然形成的砂垛（被称为自带型芯）来形成。图 2-55a)所示铸件因腔出口处较小，只好采用型芯。图 b)为改进后结构，因内腔直径 D 大于高度 H，故可用砂垛取代砂芯。

2)应便于型芯的固定、排气及清理

型芯在铸型中必须支承牢固、排气通畅，以免铸件产生偏芯、气孔等缺陷。型芯的固定，主要依靠型芯头。当型芯头的支承面数量不够时，需用芯撑辅助加固。但是，型芯撑常因表面氧化或因铸件壁薄而未能与金属很好地熔合，使铸件在承受水压或气压时，易产生渗漏。并且，铸件在型芯撑附近硬度很高，甚至出现白口组织。因此型芯撑只能用于非滑动表面、非加工表面和不需进行耐压试验的铸件。一般铸件应尽量避免采用型芯撑。

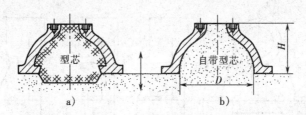

图 2-55　内腔的两种设计

a)改进前;b)改进后

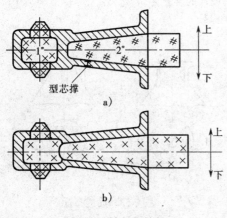

图 2-56　轴承架铸件

a)改进前;b)改进后

图 2-56 所示为轴承架铸件。图 a)所示结构需用两个型芯。其中大的型芯呈悬臂状,必须用型芯撑来支撑。若改为图 b)所示的结构,只需一个整体型芯。这样不仅使型芯安放稳固,也有利于排气。

为了便于型芯的固定、排气及清理,在不影响铸件使用性能的前提下,可增设一些工艺孔。如图 2-57a)所示铸件,因底部没有型芯头,只好采用型芯撑;图 b)为改进后在铸件底面上增设了两个工艺孔,这样不仅省去了型芯撑,也便于排气和清理。图 2-58 所示为支架结构。原结构(图 a))内腔的型芯无法清理,若改成图 b)所示结构,增设了工艺孔后,给型芯的排气和清理带来了方便。若铸件在使用性能上不允许工艺孔存在,则最后可用螺钉、柱塞或其他方法堵住。

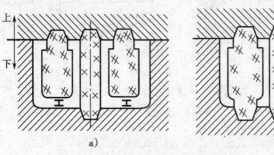

图 2-57　活塞铸件

a)改进前;b)改进后

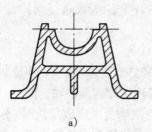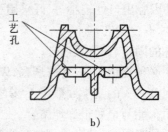

图 2-58　支架铸件

a)改进前;b)改进后

3.铸件的结构斜度

许多铸件在设计过程中,便可初步确定其分型面。在此前提下,应使垂直于分型面的不加工表面留有一定斜度(图 2-59),这种斜度称为结构斜度。

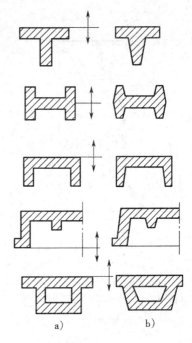

具有结构斜度的外壁,不仅使造型便于起模,还可美化铸件的外观;具有结构斜度的内腔,有利于形成自带型芯,因此,在一定条件下,可减少型芯的数量。

铸件结构斜度的大小,视铸件的高度不同而不同。高度越大、斜度越小,具体数值可参见表 2-9。由表可见,铸件上凸台或壁厚过渡处斜度可达 30°～45°。

铸件的结构斜度与拔模斜度不同。前者是由零件设计者直接在零件图上示出,且斜度值较大,主要用于不加工表面;后者是在绘制铸造工艺图或模样图时,对零件图上没有结构斜度的立壁给予很小的角度。

图 2-59　结构斜度

a)无斜度;b)有斜度

4.铸件的分体铸造与联合铸造

有些大而复杂的铸件,可考虑分成两个以上简单的铸件,分别铸造后再用螺栓或焊接方法连接起来,常常可以简化铸造过程,使本来受工厂条件限制无法生产的大铸件成为可能,图 2-60 和图 2-61 分别为灰铸铁床身的分体铸造和铸钢底座的铸焊结构示意图。

表 2-9　铸造零件的结构斜度

	斜度 α/H	角度 β	使用范围
	1:5	11.5°	$H < 25$ mm 铸钢件和铸铁件
	1:10～1:20	5.5°～3°	$H = 25～500$ mm 铸钢件和铸铁件
	1:50	1°	$H > 500$ mm 铸钢件和铸铁件
	1:100	0.5°	有色合金铸件

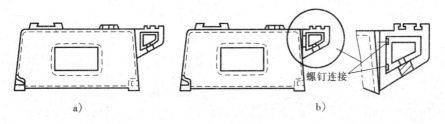

图 2-60　床身的分体铸造

a)整体铸造;b)分体铸造

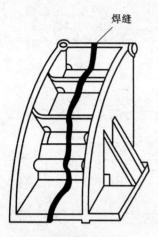

焊缝

图 2-61　底座的铸焊结构

与分体铸造相反,一些很小的零件,如轴套等,常可把许多小铸件连在一起,铸成一个较长的铸件,对铸造和机械加工都方便,这种方法称为联合铸造。

2.5.2 合金的铸造性能对铸件结构的要求

铸件的一些主要缺陷,如浇不足、冷隔、缩孔、变形、裂纹等,有时是由于铸件的结构不够合理,未能充分考虑合金的铸造性能要求所致。因此,设计铸件时,必须了解合金的铸造性能对铸件结构的要求。

1. 铸件的壁厚

每种铸造合金都有其适合的壁厚范围,过小或过大都会容易产生铸造缺陷。对铸件的壁厚要求如下。

1) 铸件的壁厚应不小于合金的"最小壁厚"

对于每一种铸造合金而言,在一定的铸造条件下,都存在一个使液态合金能充满铸型的最小允许壁厚,这个壁厚称为该合金的"最小壁厚"。若设计铸件的壁厚小于该"最小壁厚",则容易产生浇不足、冷隔等缺陷。在砂型铸造条件下,几种铸造合金的最小壁厚如表 2-10 所示。

表 2-10　砂型铸造条件下铸件的最小壁厚　　　　　　　　　　mm

铸件尺寸	铸钢	灰口铸铁	球墨铸铁	可锻铸铁	铝合金	铜合金
< 200 × 200	5 ~ 8	3 ~ 5	4 ~ 6	3 ~ 5	3 ~ 3.5	3 ~ 5
200 × 200 ~ 500 × 500	10 ~ 12	4 ~ 10	8 ~ 12	6 ~ 8	4 ~ 6	6 ~ 8
> 500 × 500	15 ~ 20	10 ~ 15	12 ~ 20	—	—	—

2) 铸件的壁不应过厚

过厚的铸件中心部位晶粒粗大,力学性能降低,而且易在中心区出现缩孔、缩松缺陷。实验证明,同一牌号的灰口铸铁,60 mm 方试样的抗弯强度只是 12 mm 方试样的 50%。这说明增加壁厚,并不能使铸件的承载能力按比例地增加。表 2-11 为灰口铸铁件壁厚的参考值。

表 2-11　灰口铸铁件壁厚的参考值

铸件质量 (kg)	铸件最大尺寸 (mm)	外壁厚度 (mm)	内壁厚度 (mm)	筋的厚度 (mm)	零件举例
< 5	300	7	6	5	盖、拨叉、轴套、端盖
6 ~ 10	500	8	7	5	挡板、支架、箱体、门、盖
11 ~ 60	750	10	8	6	箱体、电机支架、溜板箱、托架
61 ~ 100	1 250	12	10	8	箱体、油缸体、溜板箱
101 ~ 500	1 700	14	12	8	油盘、皮带轮、镗模架
501 ~ 800	2 500	16	14	10	箱体、床身、盖、滑座
801 ~ 1 200	3 000	18	16	12	小立柱、床身、箱体、油盘

为了提高零件承载能力而不增加铸件的壁厚,铸件结构设计应选用合理的截面形状,如 T

字形、工字形、槽形或箱形结构等,必要时,在脆弱部位安置加强筋,如图 2-62 所示。

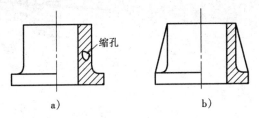

图 2-62　采用加强筋减小铸件壁厚结构

a)不合理结构;b)合理结构

3)铸件壁厚要均匀

一般说来,无论哪类合金铸件的壁厚都应尽可能均匀,避免铸件各个部分之间壁厚相差悬殊,如图 2-63 所示。否则,在铸件厚壁处,由于金属聚集,造成热节,易于出现缩孔、缩松缺陷。同时,还将形成较大热应力,有时可使铸件薄厚连接处产生裂纹。

必须指出,所谓壁厚均匀是指使铸件各壁的冷却速度相近,并非要求所有壁厚完全相同。例如,铸件的内壁因散热慢,故应比外壁薄些(如图 2-64),而筋的厚度则应更薄(参见表 2-11)。

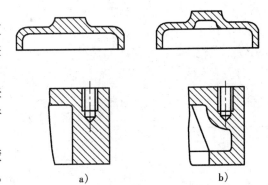

图 2-63　壁厚力求均匀的实例

a)不合理结构;b)合理结构

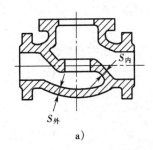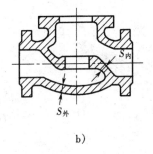

图 2-64　阀体壁厚设计

a)不合理结构($S_内 = S_外$);b)合理结构($S_内 < S_外$)

检查铸件壁厚的均匀性时,必须将铸件的加工余量同时考虑在内才较准确。因为有的铸件在不包括加工余量时,虽较均匀,但加上加工余量之后,热节却很大。

2.铸件壁的连接

设计铸件壁的连接或转角时,也应尽量避免金属的积聚和内应力的产生。

1)铸件的结构圆角

铸件上任何两个非加工表面相交的转角处,都应当以适当大小的圆角相连,如图 2-65 所示,凸出的圆角 2 称为铸造外圆角,凹入的圆角 1 称为铸造内圆角。

(1)铸造外圆角　铸件内部的结晶构造是不均匀的,如图 2-66 所示,铸件表层是等轴细

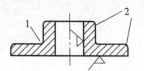

图 2-65　铸造内圆角
和外圆角
1—内圆角；2—外圆角

a)　　　　　　　b)

图 2-66　金属结晶的方向性
a)无外圆角；b)有外圆角

晶，中心是等轴粗晶，在细晶与粗晶之间，常常有一层垂直于铸件表面的柱状晶。如果铸件没有外圆角，则在对角线上形成一个整齐的分界面(图 2-66a)；这里会集中较多的杂质，造成铸件的薄弱环节。铸件即使经过热处理，也不能改变该处杂质的分布。铸件有了外圆角(图 2-66b))，就能消除这个薄弱的界面。

外圆角能使铸造外形美观，并能避免碰伤人体。铸造外圆角半径的大小，可参考表2-12。

表 2-12　铸造外圆角半径 R　　　　　　　　　　　　mm

C	≤25	26 ~ 50	51 ~ 150	151 ~ 250	251 ~ 400	401 ~ 600	601 ~ 1 000
R	2	4	6	8	10	12	16

注：C 为两夹角边中的短边。本表是指 76°~ 105°夹角的 R；夹角大于 105°，R 应增大；夹角小于 76°，R 应减小。

图 2-67　没有内圆角
可能出现的缺陷
1—热节处；2—裂纹；3—缩孔

(2)铸造内圆角　铸件两壁相连的内侧必须用圆角过渡。如果没有内圆角(图 2-67)，则尖角处很容易产生裂纹。因为铸件的连接处是热节所在(由图可见，此处内节圆最大)，尖角处不易散热，容易产生缩孔；同时尖角处又是应力集中的地方。对于砂型而言，浇铸时容易把尖角型砂冲坏，使铸件报废；或者被高温金属液烧结，造成粘砂，使清理铸件发生困难。

但是，内圆角半径太大，会增大热节，对铸件质量也是不利的。铸造内圆角半径的具体数值可参考表 2-13。

表 2-13　铸造内圆角半径 R　　　　　　　　　　　　mm

$\frac{a+b}{2}$	≤8	9 ~ 12	13 ~ 16	17 ~ 20	21 ~ 27	28 ~ 35	36 ~ 45	46 ~ 60
铸铁	4	6	6	8	10	12	16	20
铸钢	6	6	8	10	12	16	20	25

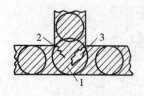

注：本表是指 76°~ 105°夹角的 R；夹角大于 105°，R 应增大；夹角小于 76°，R 应减小。

$0.5a \leqslant b \leqslant 2a$。

2)避免交叉和锐角连接

如果铸件壁之间是锐角连接或交叉连接,即使是采用不大的内圆角半径就会使连接处内接圆直径显著增加,如图 2-68a)所示。使连接处成为较大热节点,易于产生缩孔、缩松缺陷。因此,要尽量避免交叉和锐角连接。倘若必须为锐角连接,应采用过渡形式;假如非要交叉,可选用交错接头,如图 2-68b)所示。有时大件的交叉壁采用中空的环形接头。

3)厚壁与薄壁间的连接要逐步过渡

设计铸件时,壁厚不可能完全均匀,这时厚壁与薄壁的连接要采用逐步过渡的方法。当两部分壁厚相差不大时,可用上述的圆角过渡。如果两部分壁厚之比超过 2 倍时,则应用楔形过渡,如图 2-69 所示。

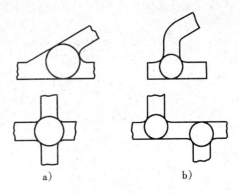

图 2-68　铸件接头结构
a)不合理结构;b)合理结构

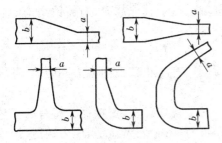

图 2-69　不同壁厚的楔形过渡($b > 2a$)

3.铸件应尽量避免有过大的水平面

铸件上大的水平面不利于金属的填充,且易产生浇不足、冷隔等缺陷。同时,铸型内水平型腔的上表面,由于受高温液体金属长时间烘烤,易产生夹砂,此外,大的水平面也不利于气体和非金属夹杂物的排除。因此,应将其尽量设计成倾斜壁,如图 2-70 所示。

4.避免受阻收缩

当铸件的收缩受到阻碍,产生的铸造内应力超

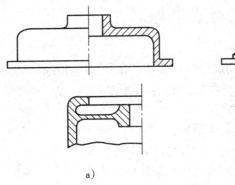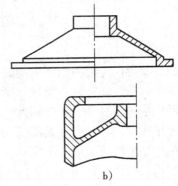

图 2-70　避免过大水平面的结构
a)不合理结构;b)合理结构

过合金的强度极限时,铸件将产生裂纹。因此,设计铸件时应尽量使其能够自由收缩。图 2-71a)所示为常见的轮形铸件(如带轮、齿轮、飞轮等),其轮辐为偶数、直线形。这种轮辐易于制模,当采用刮板造型时,分割轮辐较准确。但是对于线收缩大的合金,有时因内应力过大,而产生裂纹。为了防止产生裂纹,可改为图 b)所示的弯曲轮辐,或图 c)所示的奇数轮辐,借轮辐或

轮缘的微量变形来减小内应力,防止产生裂纹。

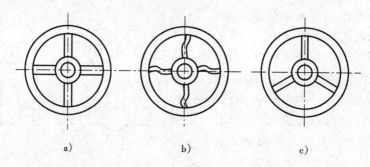

图 2-71　轮辐的设计
a)偶数轮辐;b)弯曲轮辐;c)奇数轮辐

必须指出,各类合金的铸造性能有差别,因而它们对结构的要求也有各自的特点。

普通灰口铸铁因其缩孔、缩松、热裂倾向均小,所以对铸件壁厚的均匀性、壁间的过渡、轮辐形式等要求均不像铸钢那样严格,但其壁厚对力学性能的敏感性大(参考图 2-32),故以薄壁结构最为适宜,但要防止出现白口组织。灰口铸铁牌号越高,铸造性能越差,对铸铁结构的要求也就越高,但孕育铸铁可设计成较厚的铸件。

钢的铸造性能很差,要严格控制铸钢件的结构工艺性。因为其流动性差,收缩又大,所以铸件壁厚不能过薄,热节要小,设计上尽量能使之顺序凝固。为防止较大内应力和裂纹,壁厚要均匀,筋、辐的布置要合理。

此外,不同的铸造方法,对结构的要求也不尽相同。对于特种铸造,要根据其特有的工艺特点对结构加以设计。如熔模铸造、压力铸造,设计壁厚可薄些;金属型铸造、压力铸造、熔模铸造要考虑金属型芯从铸型中或从压型中抽出方便等。

复习思考题

1.铸件为什么获得广泛应用? 铸造的成形特点及其存在主要问题是什么?

2.何谓合金的铸造性能? 它主要包括哪些方面? 铸造性能不好,会引起哪些缺陷?

3.可采用哪些措施提高合金的流动性?

4.为什么要采用"高温出炉、低温浇铸"的原则?

5.缩孔和缩松是怎样形成的? 可采用什么措施加以防止?

6.从铸件结构和铸造工艺两方面考虑,如何防止铸件产生内力、变形和裂纹?

7.什么是顺序凝固原则? 什么是同时凝固原则? 上述两种凝固原则各适用于哪种场合?

8.试用图 2-72 所示轨道铸件分析热应力的形成原因,并用虚线表示铸件的变形方向。

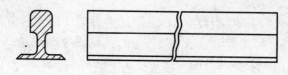

图 2-72　轨道铸件

9. 图 2-73 所示铸件可采用哪些造型方法？分型面在何处？在单件生产的条件下，采用哪种造型方法最好？

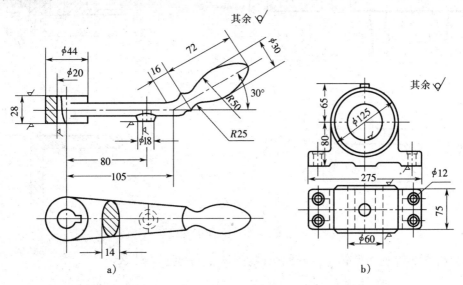

图 2-73　题 9 图

10. 试绘出图 2-74 和图 2-75 两铸件的铸造工艺图。

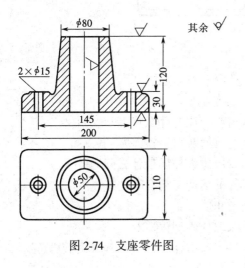

图 2-74　支座零件图

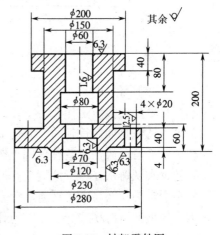

图 2-75　轴架零件图

11. 图 2-76 所示的铸件结构有何缺点？如何改进？

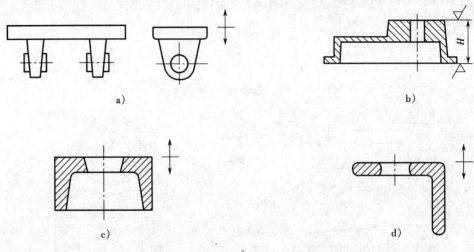

图 2-76 题 11 图

12. 分析图 2-77 所示砂箱带的两种结构各有何优缺点？为什么？

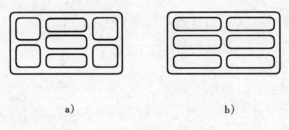

图 2-77 题 12 图

13. 图 2-78 所示铸件的两种结构中哪种更合理？为什么？

14. 孕育处理的实质是什么？孕育铸铁与普通灰铸铁相比有什么特点？

15. 球墨铸铁是如何得到的？其铸造性能为什么比普通灰口铸铁差？

16. 为什么可锻铸铁只适宜薄壁小铸件的生产？壁厚过大易出现什么问题？

17. 铸钢和灰铸铁在铸造性能上有何差别？铸钢件的铸造工艺有哪些特点？

18. 铝合金为什么易产生夹渣和针孔缺陷？如何防止？

19. 金属型铸造有哪些优缺点？为什么不能用它来取代砂型铸造？

20. 压力铸造和低压铸造有哪些差异？各有什么特点？为什么铝合金常采用低压铸造？

21. 为什么熔模铸造是最具有代表性的精密铸造方法？它有哪些优越性？

22. 离心铸造在生产圆筒铸件中有哪些优越性？成型铸件采用离心铸造的目的是什么？

23. 下列铸件在大批量生产时,采用什么铸造方法为宜？

①铝活塞;②缝纫机头;③汽轮机叶片;④铸铁污水管;⑤摩托车汽缸体;⑥汽缸套;⑦车床床身。

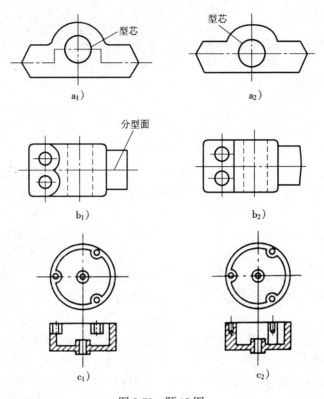

图 2-78 题 13 图

第3章 压力加工

利用金属在外力作用下所产生的塑性变形,来获得具有一定形状、尺寸和力学性能的原材料、毛坯或零件的加工方法,称为压力加工。

使金属产生塑性变形的外力可以是冲击力,也可以是静压力。锤类设备通过向金属坯料施加冲击力使之产生塑性变形;轧机和压力机则通过向金属坯料施加静压力使之产生塑性变形。

用于压力加工的金属材料必须具有良好的塑性。各类钢和大多数有色金属及其合金都具有一定的塑性,因此它们均可在热态或冷态下进行压力加工。钢产量中有相当大的比例是通过压力加工成为各种钢材(如圆钢、方钢、角钢、钢板和钢管等)后供使用的。这些钢材可以直接使用,也可以作为原材料进一步加工成为毛坯或零件。但铸铁、青铜等脆性材料却难以进行压力加工。

金属材料经压力加工产生塑性变形后,不但能获得所要求的形状和尺寸,而且由于塑性变形还改善了金属材料的内部组织,从而提高了其力学性能。因为金属材料经塑性变形后,能压合铸坯中的内部缺陷(如微裂纹、缩松、气孔等),使其组织致密;通过再结晶过程,使晶粒细化。因此,压力加工件的力学性能高于同材质的铸件。压力加工是一种重要的加工方法,广泛地用于机械制造业各个领域。

金属压力加工的主要生产方式有:轧制、挤压、拉拔、锻造和冲压等。其中,轧制、挤压、拉拔一般常用于金属型材、板材、管材和线材等原材料的生产;锻造和冲压统称为锻压,常用于直接生产毛坯或零件。锻造又包括自由锻和模锻等,主要用于承受重载荷的受力复杂的零件的生产,如机床主轴、重要齿轮、连杆等。冲压又称板料冲压,主要用于加工板料,适用于制造各种薄壁零件,广泛用于汽车、电器、仪表零件及日用品工业等方面。锻压生产方式如图 3-1 所示。

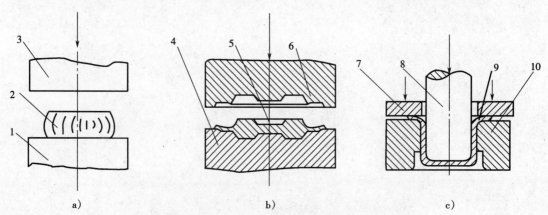

图 3-1 锻压生产方式示意图

a)自由锻;b)模锻;c)板料冲压

1—下砧铁;2、5、9—坯料;3—上砧铁;4—下模;6—上模;7—压板;8—凸模;10—凹模

3.1　金属的塑性变形

压力加工是借助外力和一定的工模具,使金属产生一定的塑性变形而进行的。塑性变形是金属压力加工的基础,了解塑性变形的机理,对于从本质上认识各种压力加工方法的原理、工艺及保证压力加工件的质量都有着重要的意义。

3.1.1　金属塑性变形的实质

1.单晶体的塑性变形

所谓单晶体就是由一个晶核生长而成的晶体。可以把一块单晶体看成是一个硕大的晶粒或其中的一部分。根据晶体结构的理论,任何一个晶粒都包含有若干方位的晶面。当一块单晶体材料受外力 P 拉伸(或压缩)时(图 3-2),某一个晶面 $M—N$ 上所产生的拉伸应力 P,可以分解为垂直于该晶面的正向应力 σ 和平行于该晶面的切向应力 τ。

正应力对单晶体变形的作用如图 3-3 所示。在正应力 σ 的作用下,单晶体的晶格沿 σ 的方向被拉长。变形使原子的位能升高,而处于高位能状态下的原子有返回低位能状态的倾向。因此,如果正应力消除,晶格就会恢复原状,原子回到变形前的位置。显然,这种变形是弹性变形。如果正应力 σ 增大到超过原子间的结合力,晶体则被拉断。由此可见,正应力 σ 只能造成晶体的弹性变形或断裂,而不能引起晶体的塑性变形。

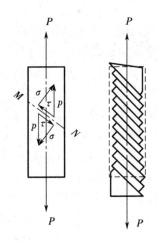

图 3-2　单晶体拉伸示意图

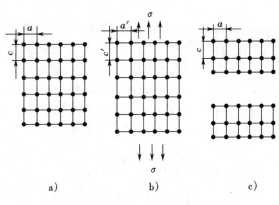

图 3-3　单晶体在正应力作用下的变形

a)变形前;b)弹性变形;c)断裂

图 3-4 所示为沿晶面方向的切应力 τ 造成晶体变形的情形。在切应力 τ 的作用下,晶体产生剪切变形,即发生晶格歪扭。切应力较小时,变形是弹性的;如切应力增大到超过原子间的结合力,原子沿着某些晶面(滑移面)相对地移动一个或若干个原子间距。在外力去除后,晶格歪扭可以恢复,但已经滑移的原子

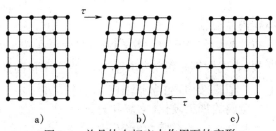

图 3-4　单晶体在切应力作用下的变形

a)变形前;b)晶格歪扭;c)滑移变形后

不能回复到变形前的位置上去,原子在新的平衡位置上稳定下来,即产生了塑性变形。

滑移是塑性变形的基本方式。过去认为在切应力的作用下,滑移面上每个原子都同时移到另一个平衡位置上,即晶体作整体的相对滑移。根据这种刚性滑移假设,计算出的晶体开始滑移所需的切应力远比实际需要的大得多。如纯铁理论计算开始滑移切应力值为 2 300 MPa,而实际只要 29 MPa,说明这种假设是不合理的。现代位错理论研究证明,滑移是通过晶体中位错缺陷的移动来实现的。

图3-5是含有位错的单晶体在切应力作用下的情形。外力尚未作用的时候,位错中心附近的晶格已经处于扭曲状态。外力作用以后,在滑移面上的切应力并不是均匀分布在各个原子之间,而是集中在位错中心的附近。因此,只要有不大的切应力就能产生滑移,使位错中心向右迁移而形成滑移。

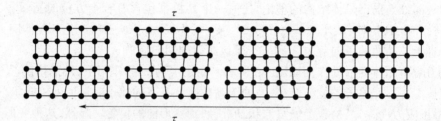

图 3-5　通过位错的移动进行滑移示意图

2.多晶体的塑性变形

图 3-6　多晶体晶粒逐批滑移示意图

一般金属材料都是多晶体。多晶体的塑性变形,就其每个晶粒内部的变形而言,与单晶体的变形情形相似,也是主要以滑移的方式进行的。但金属是由无数位向不同的晶粒组成,晶粒之间存在晶界,其附近的原子排列紊乱,杂质原子往往较多,增加了晶格畸变,因而晶界处滑移的阻力大。发生塑性变形时,各晶粒发生滑移的倾向不同,处于有利位向(切应力最大方向)的晶粒先滑移,但滑移不能越过晶界,而且受到邻近位向不同晶粒的阻碍。在滑移过程中已滑移晶粒的位向将发生转动,会逐步转到不利于滑移的位向而停止滑移。与此同时另一批晶粒开始滑移变形。就这样金属的塑性变形在不同的晶粒中逐批发生。图 3-6 所示为多晶体逐批发生滑移示意图,不同位向的晶粒 A、B、C 依次产生滑移而使多晶体发生塑性变形。由此可见,多晶体的塑性变形受晶界和不同位向晶粒的影响,其抗力比单晶体大,变形过程也复杂得多。

同时可以看出,金属材料的塑性与晶粒大小有关。金属晶粒越细小,单位体积内晶粒数越多,在一定的变形程度下,变形将分散在很多的小晶粒之内进行。因此,变形分布较为均匀,应力集中较小,金属材料在较大的应力作用下,仍能保持塑性变形而不易出现断裂,表现为细晶粒材料具有较高的塑性和韧性,但变形抗力较大。

3.1.2　塑性变形对金属组织和性能的影响

1.金属的加工硬化、回复和再结晶

钢和其他一些金属在室温下进行塑性变形时,随着变形程度的增加,强度和硬度不断提高,塑性和冲击韧性不断降低,这种现象称为加工硬化。图 3-7 所示为常温下低碳钢的力学性

能随变形量的增加而变化的情形。

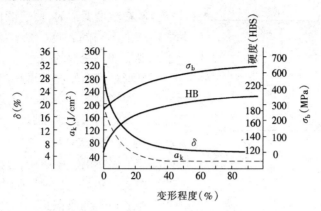

图 3-7 常温下塑性变形对低碳钢性能的影响

加工硬化现象是由于塑性变形时金属的组织发生变化引起的。在滑移的过程中,在滑移面上产生一些细小的碎晶块,并使滑移面附近的晶格产生畸变,同时存在较大的内应力,从而大大增加继续滑移的阻力,使继续变形越来越困难,也即表现为随着塑性变形的发展,金属的强度和硬度提高而塑性和韧性下降。

加工硬化现象在生产上具有重要的实用意义,它是强化金属材料的手段之一。尤其是一些不能通过热处理方法强化的金属,如低碳钢、奥氏体不锈钢、形变铝合金等,可通过冷轧、冷挤、冷拔或冷冲压等方法,来提高其强度和硬度。

塑性变形造成的晶格畸变也同样使金属原子处于高位能的不稳定状态,原子有回复到稳定状态的自发趋势。但是,在常温下,大多数金属的原子扩散能力很低,这种不稳定状态能够长期维持而不发生明显的变化。

如果将变形后的金属加热,使原子获得必要的热能,热运动加剧,增强扩散能力,就能比较容易地回到正常的排列,从而消除晶格的畸变,内应力明显降低,强度、硬度略有下降,而塑性、韧性略有上升,这一过程称为回复。使晶格畸变达到消除的温度称为回复温度,其值为

$$T_{回} = (0.25 \sim 0.3) T_{熔}$$

式中 $T_{回}$——金属回复的绝对温度(K);

  $T_{熔}$——金属熔化的绝对温度(K)。

如将变形金属加热到更高的温度,使原子具有更强的扩散能力,就能以滑移面上的碎晶块和杂质为晶核长成新的等轴晶粒,这个过程称为再结晶。经过再结晶后,完全消除了塑性变形所引起的金属组织和性能的变化,而且晶粒得到细化,力学性能还可进一步改善。其再结晶温度大约为

$$T_{再} = 0.4 T_{熔}$$

式中 $T_{再}$——金属的再结晶温度(K);

  $T_{熔}$——金属的熔化温度(K)。

再结晶过程完成后,若再继续升高加热温度,或过分延长加热时间,金属的晶粒会不断长大,从而使力学性能降低。故在再结晶退火时应正确掌握加热温度和保温时间。加工硬化的金属在加热时组织和性能变化如图 3-8 所示。

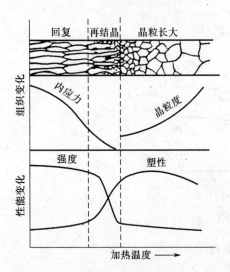

图 3-8　加工硬化的金属
在加热时组织和性能变化

2.冷变形和热变形

金属在塑性变形时,由于变形温度不同,对组织和性能产生不同的影响。结合实际生产应用,就确立了冷变形和热变形的概念。

冷变形是指金属在其再结晶温度以下进行的塑性变形。变形过程中无再结晶现象,变形后的金属具有加工硬化的组织。所以变形过程中变形程度不宜过大,避免产生破裂。冷变形能使金属获得较高的硬度和低粗糙度。生产中常应用冷变形来提高产品的表面质量和对产品加以强化。

热变形是指金属在其再结晶温度以上进行的塑性变形。变形后,金属具有再结晶组织,而无加工硬化的痕迹。金属只有在热变形情况下,才能以较小的功达到较大的变形,同时能获得具有高的力学性能的再结晶组织。因此,金属压力加工生产多采用热变形来进行。

3.纤维组织的形成及其应用

锻造生产常用的坯料是由钢锭轧制而成的型钢,而大锻件则常以钢锭为坯料直接锻造而成。钢锭热轧时,由于变形速度很高,会出现短暂的加工硬化现象,晶粒也被明显拉长,但立即被回复和再结晶消除,最终获得细小的等轴细晶粒。但钢锭中分布在晶界上的杂质,在轧制过程中随着晶粒的变形而被拉长,在再结晶时金属晶粒形状改变,而杂质沿着被拉长的方向保留下来,呈纤维形状,我们称之为纤维组织,或称锻造流线。图 3-9 为钢锭热轧时组织变化示意图。

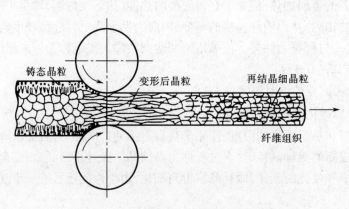

图 3-9　钢锭热轧时组织变化示意图

纤维组织稳定性很高,热处理等工艺无法改变,只有经过塑性变形才能改变纤维组织的方向。

纤维组织的出现,使金属材料的力学性能呈现方向性。平行纤维方向(纵向)比垂直纤维方向(横向)的塑性和韧性要高。变形程度越大,纤维组织越明显,性能上的差别也越大。

　　为了使零件获得最佳力学性能,在设计和拟定工艺方案时,必须使零件工作时的最大正应力方向和纤维方向平行,最大切应力方向与纤维方向垂直;并尽量使纤维分布与零件轮廓符合不被切断。如图 3-10a)所示的曲轴,其拐颈直接锻出,纤维组织分布合理,提高了曲轴的使用寿命,并降低了材料消耗。而图 b)由切削加工出拐颈,纤维组织被切断,使用时容易沿轴肩断裂。

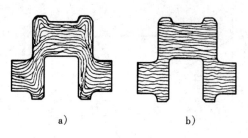

图 3-10　曲轴中的纤维组织分布
a)直接锻出拐颈;b)切削加工出拐颈

3.1.3　金属的锻造性能

1.金属锻造性能的概念

　　金属的锻造性能是用来衡量金属材料利用压力加工方法成形时的难易程度,是金属的工艺性能指标之一。金属的锻造性能好,表明该金属适于采用压力加工方法成形。

　　金属的锻造性能常用金属的塑性和变形抗力两个因素来综合衡量,塑性越好,变形抗力越小,则金属的锻造性能越好。因为塑性高则金属变形不易开裂;变形抗力小,则压力加工省力,而且不易磨损工具和模具。

　　在实际生产中,选用金属材料时,优先考虑的还是金属材料的塑性,再创造必要的外部条件,使金属材料便于压力加工成形。

2.影响金属锻造性能的因素

　　影响金属锻造性能的因素主要有两个方面,即金属的本质和金属的变形条件。

　　1)金属的本质

　　(1)化学成分的影响　不同化学成分的金属,其塑性不同,锻造性能也不同。一般纯金属的锻造性能较好。组成合金后,由于塑性下降、强度增高,锻造性能变差。合金元素的含量越多,金属的锻造性能越差。因此,低碳钢的锻造性能较好,随着含碳量的增加,锻造性能逐渐变差。特别是含有提高高温强度的元素,如钨、钼、钒、钛等,这类高合金钢一般都具有较低的锻造性能,若用锻造方法成形时,对变形条件的要求和控制都要严格。

　　(2)组织结构的影响　同样成分的金属在形成不同的组织结构时,其锻造性能有很大差别。固溶体(如奥氏体等)具有良好的锻造性能,而化合物(如渗碳体等)则锻造性能很差。金属在单相状态下的锻造性能较多相状态好,因为多相状态下各相的塑性不同,变形不均匀会引起内应力,甚至开裂。细晶粒的塑性较粗晶粒好,但变形抗力较大。因此,碳钢锻造时,希望加热到单相的奥氏体区域,而且要控制加热温度,避免晶粒过大。

　　2)变形条件

　　(1)变形温度的影响　在高温下,金属的锻造性能显著提高。因为随着温度的升高,原子动能增加,原子间的引力削弱,使塑性提高,变形抗力减小。

　　此外,随着温度的升高,固溶体的溶解度增加,有利于形成单一的固溶体。同时,高温下加强了金属的再结晶作用,迅速消除了加工硬化带来的不利影响。因此,提高变形温度是改善金属锻造性能的有效手段。但变形温度不宜过高,否则出现过热、过烧现象(见 3.2 节),反而使锻造性能变坏。

　　(2)变形速度的影响　变形速度是指金属材料在单位时间内的变形程度。金属在再结晶

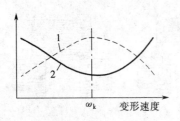

图 3-11　变形速度对金属
锻造性能影响
1—变形抗力曲线；2—塑性曲线

温度以上加工变形时，加工硬化和回复、再结晶同时在进行。在一般情况下，变形速度增大，回复和再结晶速度来不及完全消除金属变形所引起的硬化作用。于是残留的加工硬化作用逐渐积累，使金属的塑性下降，变形抗力增加，锻造性能变坏，如图 3-11 左段所示。如果变形速度超过了临界值 ω_k，则金属变形所产生的热效应，会明显提高金属的变形温度，及时消除加工硬化现象，致使变形速度越大金属的锻造性越好。

但是，热效应现象只有在高速锤锻造时才能实现，一般设备无法达到如此高的变形速度。因此，对于锻造性能较差的金属，如高合金钢，还是用较低的变形速度为宜。

（3）应力状态的影响　采用不同的变形方法，在金属中产生的应力状态是不同的，因而表现出不同的锻造性能。

实践证明，三个方向中压应力的数目越多，塑性越好；拉应力的数目越多，塑性越差。这是因为变形过程中的压应力使滑移面紧密结合，阻止滑移面上产生裂纹。拉应力则使滑移面趋向分离，而容易导致破裂。但是，压应力会增加金属变形过程中的内摩擦，使变形抗力增加。

例如，金属在挤压时三向受压（图 3-12a)），表现出较高的塑性和较大的变形抗力；拉拔时两向受压，一向受拉（图 3-12b)），表现出较低的塑性和较小的变形抗力。

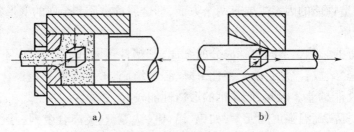

a)　　　　　　　　　　　b)

图 3-12　不同变形方法的应力状态
a)挤压；b)拉拔

所以在选择变形方法时，对于本质塑性高的金属，变形时出现拉应力是有利的，可以减小变形能量的消耗；对于本质塑性低的金属，尽可能采用三向压应力状态下变形，以免开裂。综上所述，金属的锻造性能既取决于金属的本质，又取决于变形条件。在压力加工过程中，要依据金属的本质和成形要求，力求创造最有利的变形条件，充分发挥金属的塑性，降低变形抗力，以求消耗较少的能量，获得合格的压力加工件。

3.2　坯料的加热和锻件的冷却

3.2.1　坯料的加热

如前所述，提高变形温度是提高金属的塑性，降低变形抗力，即提高金属锻造性能的有效途径，在实际生产中广泛应用。但是坯料加热时，不仅要考虑提高坯料的锻造性能，而且要保证锻件质量,缩短加热时间,并尽量减少材料及燃料的消耗。

1.加热温度范围

加热虽是改善金属锻造性能的必要措施,但加热不当会出现一些缺陷,影响锻件质量,甚至使坯料报废。因此,应严格控制加热温度。

对于碳钢锻件,要将坯料加热到铁碳相图的 *GSE* 线以上某一温度,使其内部转变为具有良好的塑性的单一奥氏体组织,以利于变形。

似乎是在奥氏体区域内温度越高越有利于塑性变形。但是,奥氏体晶粒随温度升高而具有长大的倾向,因而加热温度不能太高。若坯料加热超过一定温度,晶粒急剧长大,我们把这种现象称为过热。温度越高,加热或保温时间越长,过热现象越严重。过热使坯料的锻造性能和锻件的力学性能下降,应尽力避免。已经过热的坯料,应通过多次锻造,严格控制冷速及进行热处理等,使晶粒细化。

当坯料加热到接近熔化温度时,其晶间的低熔点物质开始熔化,这样,炉气中的氧化性气体(O_2、CO_2、H_2O 等)很容易渗入到坯料内的晶粒边界,在晶界上形成氧化层,破坏晶粒间的联系,使金属丧失锻造性能,这种现象称为过烧。过烧是无法挽回的加热缺陷,坯料一旦出现过烧现象,只好报废。

因此,为了便于锻造,而又不出现加热缺陷,锻造必须在一定的温度范围内进行。

开始锻造时的温度称为始锻温度。始锻温度的确定原则是使坯料不发生过热和过烧现象。一般碳钢的始锻温度比固相线低 200 ℃左右。随着含碳量的增加,始锻温度逐渐降低,如图 3-13 所示。采用快速加热时,始锻温度可适当提高。采用高速锤锻造时,考虑到热效应,始锻温度可降低 100 ℃左右。锻造工序时间短的,始锻温度也可降低些。

终止锻造时的温度称为终锻温度。终锻温度确定原则是在结束锻造前,金属具有足够的塑性,而锻后能获得再结晶组织。若终锻温度过低,很难保证金属再结晶的完整性,会使锻件留有残余应力,容易形成裂纹;若终锻温度过高,停锻后金属的晶粒还会重新长大,从而降低锻件的力学性能。

为了满足上述要求,碳钢的终锻温度一般定在组织均匀的奥氏体区。但对于含碳量小于 0.3%的低碳钢,在铁素体和奥氏体共存的两相区仍具有很好的塑性,所以它的终锻温度定在 A_3 线与 A_1 线之间。而对于含碳量大于 1.0%的过共析钢,若终锻温度定在 *ES* 线以上奥氏体区,那么在冷却过程中要有网状二次渗碳体析出,严重降低钢的塑性。因此,控制在 A_1 线以上 50～100 ℃停锻,即终锻温度定在奥氏体与二次渗碳体共存的两相区内。这样既能保证坯料在锻造过程中具有良好塑性,而且还可以击碎网状二次渗碳体并使锻后具有细小的再结晶组织。碳钢的终锻温度如图 3-13 所示。表 3-1 是常用钢材的锻造温度范围。

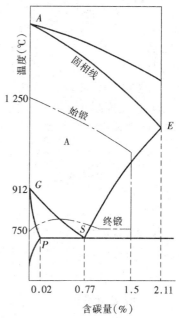

图 3-13　碳钢的锻造温度范围

表 3-1　常用钢材的锻造温度范围

金 属 种 类	始锻温度(℃)	终锻温度(℃)
含碳 0.3% 以下的碳钢	1 200 ~ 1 250	750 ~ 800
含碳 0.3% ~ 0.5% 的碳钢	1 150 ~ 1 200	800
含碳 0.5% ~ 0.9% 的碳钢	1 100 ~ 1 150	800
含碳 0.9% ~ 1.4% 的碳钢	1 050 ~ 1 100	770
合金结构钢	1 150 ~ 1 200	850
低合金工具钢	1 100 ~ 1 150	850
高速钢	1 100 ~ 1 150	900

2.加热速度

加热速度通常以单位时间内坯料表面温度变化率来表示(℃/h)。提高加热速度可以提高生产率,降低燃料消耗,而且还能减少钢的氧化和表面脱碳,减少金属的烧损。但加热速度过高,会增加金属外层与内层的温差,会因为膨胀不一致而引起热应力。热应力如超过金属本身的强度极限,则会使坯料产生裂纹而报废。

坯料允许的加热速度与材料的物理性能、力学性能和断面尺寸有关,坯料的导热系数和强度极限越大,允许的加热速度越高。坯料的断面尺寸、弹性模量和线膨胀系数越大,则允许的加热速度越低。

碳钢的导热系数比高合金钢大,虽然其强度不如高合金钢高,但综合的结果,碳钢允许的加热速度要比高合金钢高。对于尺寸小于 200 mm 的低中碳钢和有色金属坯料,由于体积小,坯料内外温差不大,一般不会产生裂纹,为提高生产率,可采取快速加热。对于导热性差的高碳钢、高合金钢和截面尺寸大的坯料,则要控制在允许的加热速度下升温。

3.2.2　锻件的冷却

锻件的冷却也是锻造生产中不可忽视的环节,冷却不当,往往造成锻件表面硬度太高,难以机械加工,或者产生变形和裂纹。

同铸件形成热应力一样,锻件在冷却过程中,由于各部分冷却速度不尽相同,相互制约,而形成热应力。此外,锻件冷却过程中若有相变发生,则形成组织应力,还有因变形不均和加工硬化未能及时消除的残余应力。三种应力的叠加作用,可能使锻件变形甚至产生裂纹。

为此,应控制冷却速度,按锻件的冷却工艺参数进行冷却,并实施锻后热处理工艺。按照冷却速度的快慢,常用的冷却方法有空冷、坑冷(即在坑中或箱中用沙子、炉渣或石棉灰覆盖冷却)和炉冷三种。应根据锻件的化学成分和尺寸、形状等因素确定合适的冷却方法和冷却速度。一般地说,钢中的碳及合金元素含量越高,锻件尺寸越大、形状越复杂,冷却速度应越慢。中、小型碳素结构钢及普通低合金钢锻件,通常都采用空冷。大型锻件、高碳钢和成分复杂的合金钢锻件,则采用坑冷或炉冷。

锻后为了调整硬度,消除内应力,均匀组织,细化晶粒,要进行退火或正火处理。对于切削加工中不再进行最终热处理的中碳钢或合金结构钢锻件,可进行调质处理。

3.3　自由锻

自由锻是将加热好的金属坯料,放在锻造设备的上、下砧铁之间,施加冲击力或压力,使其产生塑性变形,从而获得锻件的加工方法。坯料在锻造过程中,在垂直于冲击力或压力的方向上自由伸展变形,不受限制,故称为自由锻。

自由锻分手工锻造和机器锻造两种。手工锻造生产率低,劳动强度大,锤击力小,在现代工业生产中已逐渐为机器锻造所代替。

机器自由锻根据锻造设备的不同,又分为锤上自由锻和压力机上自由锻两种。锤上自由锻的通用设备是空气锤和蒸汽 – 空气锤。空气锤是由自身携带的电动机来直接驱动,吨位较小,只能锻造 100 kg 以下的小锻件。蒸汽 – 空气锤是利用 0.6 ~ 0.9 MPa 的水蒸气或压缩空气作为动力,吨位较大,可用来生产 1 500 kg 以下的中、小型锻件。液压机上自由锻所用设备主要是水压机。水压机的吨位很大,可以锻造质量达 300 t 的锻件。

自由锻使用简单的通用性工具,不需要造价昂贵的专用模具,锻件的质量可由几十克到几百吨。但是,自由锻件的尺寸精度低,加工余量大,材料消耗多,劳动条件差。生产批量越大,这些缺点越严重。只有在单件和小批生产的条件下,采用自由锻才是合理的。此外,对于同一锻件,自由锻时需要的设备吨位比模锻时小得多,因此,对于大型锻件它几乎是唯一的锻造方法,在重型机械制造中具有重要的地位。

3.3.1 自由锻工艺规程的制定

制定工艺规程,编写工艺卡片是进行自由锻生产必不可少的技术准备工作,是组织生产过程、规定操作规范、控制和检查产品质量的依据。制定自由锻工艺规程包括以下几项主要内容。

1.绘制锻件图

锻件图是工艺规程中的核心内容。它是以零件图为基础结合自由锻工艺特点绘制而成的。绘制锻件图应考虑以下几个因素。

1)余块

余块也叫敷料。因为自由锻只能锻出形状简单的锻件,所以零件上某些凹槽、小孔、台阶、斜面和锥面等都要加以简化。为了简化锻件形状而增添的金属称为余块(如图 3-14 所示)。显然,添加余块后,增加了金属材料的消耗和切削加工工时。因此,是否添加余块,应从锻造和切削加工的总工时和材料的消耗等方面综合考虑确定。

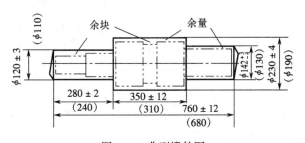

图 3-14 典型锻件图

2)机械加工余量

与铸件一样,锻件上凡需切削加工的表面,应留有加工余量。余量的大小与零件的形状、尺寸、精度和表面粗糙度要求有关,同时还应考虑生产条件和工人的技术水平等,其具体数值可查阅有关手册确定。

3)锻件公差

锻件公差是锻件名义尺寸的允许偏差。因为在自由锻造中,锻件形状和尺寸由锻工的操作技术来保证,掌握尺寸比较困难,外加金属的氧化和收缩等原因,使锻件的实际尺寸总有一定的误差,因此,规定了锻件公差有利于保证锻件质量和提高生产率。锻件公差为加工余量的 $1/4 \sim 1/3$。

表 3-2 列出了带孔圆盘锻件的加工余量与锻件公差,供参考。

表 3-2　带孔圆盘类锻件机械加工余量与锻件公差　　　　　　　　mm

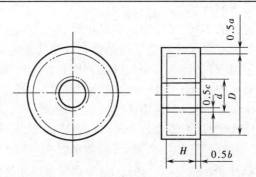

零件高度 H	零件直径 D											
	80 ~ 120			120 ~ 160			160 ~ 200			200 ~ 250		
	加工余量 a、b、c 与极限偏差											
	a	b	c	a	b	c	a	b	c	a	b	c
0 ~ 80	6 ± 2	5 ± 2	9 ± 3	7 ± 2	6 ± 2	10 ± 4	8 ± 3	7 ± 2	11 ± 4	9 ± 3	8 ± 3	12 ± 5
80 ~ 120	7 ± 2	6 ± 2	10 ± 4	8 ± 3	7 ± 2	12 ± 5	9 ± 3	8 ± 3	13 ± 5	10 ± 4	9 ± 3	14 ± 6
120 ~ 160	—	—	—	9 ± 3	8 ± 3	13 ± 5	10 ± 4	9 ± 3	14 ± 6	11 ± 4	10 ± 4	15 ± 6
160 ~ 200	—	—	—	—	—	—	11 ± 4	10 ± 4	15 ± 6	12 ± 5	11 ± 4	16 ± 7
200 ~ 250	—	—	—	—	—	—	—	—	—	13 ± 5	12 ± 5	17 ± 7
250 ~ 315	—	—	—	—	—	—	—	—	—	—	—	—
315 ~ 400	—	—	—									

零件高度 H	零件直径 D											
	250 ~ 315			315 ~ 400			400 ~ 500			500 ~ 630		
	加工余量 a、b、c 与极限偏差											
	a	b	c	a	b	c	a	b	c	a	b	c
0 ~ 80	10 ± 4	9 ± 3	13 ± 5	11 ± 4	10 ± 4	15 ± 6	13 ± 5	12 ± 5	17 ± 7	15 ± 6	14 ± 6	19 ± 8
80 ~ 120	11 ± 4	10 ± 4	15 ± 6	12 ± 5	11 ± 4	17 ± 7	14 ± 6	13 ± 5	19 ± 8	16 ± 7	15 ± 6	21 ± 9
120 ~ 160	12 ± 5	11 ± 4	16 ± 7	13 ± 5	12 ± 5	18 ± 8	15 ± 6	14 ± 6	20 ± 8	17 ± 7	16 ± 7	22 ± 9
160 ~ 200	13 ± 5	12 ± 5	17 ± 7	14 ± 6	13 ± 5	19 ± 8	16 ± 7	15 ± 6	21 ± 9	18 ± 8	17 ± 7	23 ± 10
200 ~ 250	14 ± 6	13 ± 5	18 ± 8	15 ± 6	14 ± 6	20 ± 8	17 ± 7	16 ± 7	22 ± 9	19 ± 8	18 ± 8	24 ± 10
250 ~ 315	15 ± 6	14 ± 6	19 ± 8	16 ± 7	15 ± 6	21 ± 9	18 ± 8	17 ± 7	23 ± 10	20 ± 8	19 ± 8	25 ± 11
315 ~ 400	—	—	—	17 ± 7	16 ± 7	22 ± 9	19 ± 8	18 ± 8	24 ± 10	21 ± 9	20 ± 8	26 ± 11

典型锻件图如图 3-14 所示。用粗实线表示锻件的形状。为了使工人了解零件的形状和尺寸,在锻件图上用双点画线画出零件主要轮廓形状,并在锻件尺寸线的下面用括号标注出零

件尺寸。

2.确定变形工序

自由锻的工序可分为基本工序、辅助工序及精整工序三类。

基本工序是使金属坯料产生一定程度的塑性变形,以达到所需形状及尺寸的工艺过程,如镦粗、拔长、冲孔、弯曲、切割和错移等(各基本工序变形特点可参阅实习教材《机械制造工程实践》)。实际生产中最常采用的是镦粗、拔长和冲孔三个工序。

辅助工序是为基本工序操作方便而进行的预先变形工序。如压钳口、压钢锭棱边、切肩等。

精整工序是用以修理锻件的最后尺寸和形状,消除表面的不平和歪扭,使锻件达到图纸要求的工序,如修整鼓形、平整端面、校直弯曲等。一般在终锻温度以下进行。

确定变形工序的依据是锻件的形状、尺寸、技术要求和生产数量等。确定变形工序包括确定锻件成形所必需的基本工序、辅助工序和精整工序,以及完成这些工序所使用的工具,确定工序顺序和工序所达尺寸等。各类自由锻件的基本工序方案列于表 3-3。

表 3-3　自由锻件分类及基本工序方案

序号	类别	图　例	基本工序方案	实　例
1	饼块类	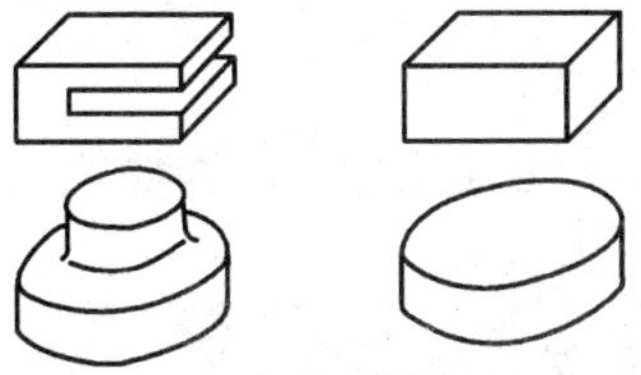	镦粗或局部镦粗	圆盘、齿轮、模块、锤头等
2	轴杆类	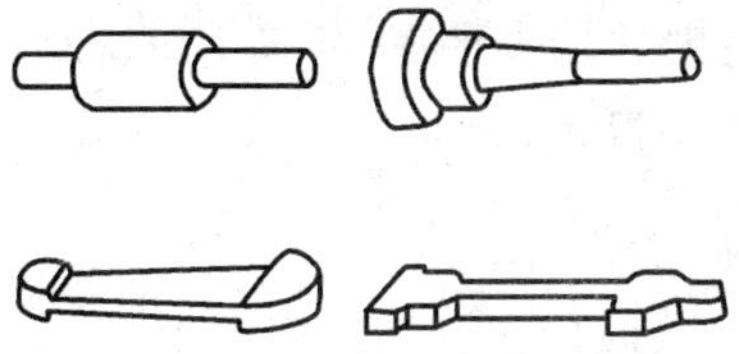	拔长 镦粗—拔长(增大锻造比) 局部镦粗—拔长(截面相差较大的阶梯轴)	传动轴、主轴、连杆等
3	空心类	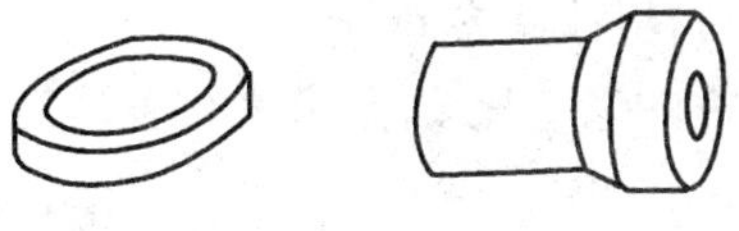	镦粗—冲孔 镦粗—冲孔—扩孔 镦粗—冲孔—心轴上拔长	圆环、法兰、齿圈、圆筒、空心轴等
4	弯曲类	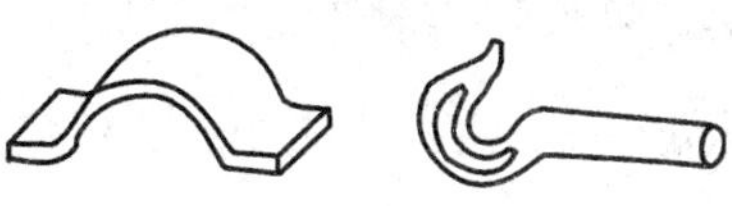	轴杆类锻件工序—弯曲	吊钩、弯杆、轴瓦盖等
5	曲轴类	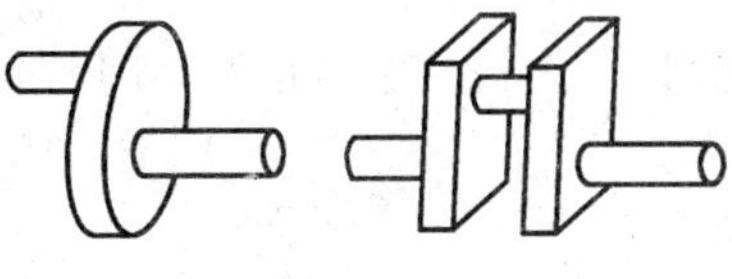	拔长—错移(单拐曲轴) 拔长—错移—扭转(多拐曲轴)	曲轴、偏心轴等

序号	类别	图　　例	基本工序方案	实例
6	复杂形状类		前几类锻件工序的组合	阀杆、叉杆、十字轴、吊环等

3.计算坯料的质量和尺寸

坯料有铸锭和型材两种,前者用于大、中型锻件,后者用于中、小型锻件。

自由锻所用坯料的质量为锻件的质量与锻造时各种金属损耗的质量之和,可按下式计算:

$$m_0 = m_{锻} + m_{烧} + m_{芯} + m_{切}$$

式中　m_0——坯料的质量;

　　　$m_{锻}$——锻件的质量,由锻件的体积和金属密度的乘积求得;

　　　$m_{烧}$——坯料在加热时因生成氧化皮的金属耗损量,一般第一次加热为 $m_{锻}$ 的 2% ~ 3%,以后每次加热为 $m_{锻}$ 的 1% ~ 1.5%;

　　　$m_{芯}$——冲孔时的芯料损失,取决于冲孔方式、冲孔直径 d(dm)和坯料高度 H(dm),实心冲子冲孔时, $m_{芯} = (1.18 \sim 1.57) d^2 \cdot H$(kg);

　　　$m_{切}$——在锻造过程中,被切掉部分的金属质量。

如锻造轴杆类锻件时,应切除多余料头,以保证锻件端头平齐;若采用钢锭时,还要切掉钢锭头部和尾部。当坯料是型钢时, $m_{切}$ 可用下列公式获得:

锻件端部为圆截面:$m_{切} = (1.65 \sim 1.8) D^3$(kg)

锻件端部为矩形截面:$m_{切} = (2.2 \sim 2.36) B^2 \cdot H$(kg)

以上二式中,D 为端部直径,B、H 为端部宽与高,单位均为 dm。

在根据坯料质量确定坯料尺寸时,应满足对锻件的锻造比要求,并考虑变形工序对坯料尺寸的限制。

在锻造生产中,常用锻造比 Y 来表示变形程度。镦粗时的锻造比用变形前坯料高度 H_0 与变形后坯料高度 H 之比表示,即 $Y = H_0/H$;拔长时则用变形前坯料横截面面积 F_0 和变形后坯料横截面面积 F 之比表示,即 $Y = F_0/F$。

采用镦粗法锻造时,为了避免镦弯,坯料的高径比 $\left(\dfrac{H_0}{D_0}\right)$ 不得大于 2.5,同时,为了下料方便,坯料的高径比还应不小于 1.25,即

$$1.25 D_0 \leqslant H_0 \leqslant 2.5 D_0$$

根据坯料质量,可换算出坯料的体积 V_0,然后再算出坯料直径 D_0 或边长 A_0。

对于圆截面坯料:

$$V_0 = \frac{\pi}{4} D_0^2 H_0 = \frac{\pi}{4} D_0 (1.25 \sim 2.5) D_0 = (0.98 \sim 1.96) D_0^3$$

$$D_0 = (0.8 \sim 1.0) \sqrt[3]{V_0}$$

对于方截面坯料：

$$V_0 = A_0^2 H_0 = (1.25 \sim 2.5) A_0^3$$

$$A_0 = (0.74 \sim 0.93) \sqrt[3]{V_0}$$

采用拔长法锻造时，应按锻件最大截面计算锻造比，即

$$F_0 = Y \cdot F_{max}$$

式中　F_0——坯料截面面积；

　　　Y——拔长时所要求的锻造比；

　　　F_{max}——锻件最大截面面积。

用轧材作坯料时，锻造比可取 $1.3 \sim 1.5$。

应当注意，有些锻件，如齿轮轴，其最大直径部分在轴的一端，其轴杆部分由拔长制出，而轴头部分则通过局部镦粗完成。坯料的直径 D_0 应按上述两类锻件的公式计算两次，取其中的较大值。但要注意，此时计算的坯料体积 V_0 应为局部镦粗的那一部分，F_{max} 应为拔长部分的最大截面积，而不是整个锻件的最大截面面积。

以上只是初步算出坯料的直径或边长，还要按照材料的标准直径或边长加以修正，然后再算出坯料的长度。热轧圆钢的标准直径列于表 3-4。

表 3-4　热轧圆钢的直径　　　　　　　　　　　　　　　mm

5	5.5	6	6.5	7	8	9	10	11	12	13	14	15	16
17	18	19	20	21	22	23	24	25	26	27	28	29	30
31	32	33	34	35	36	38	40	42	45	48	50	52	55
56	58	60	63	65	68	70	75	80	85	90	95	100	105
110	115	120	125	130	140	150	160	170	180	190	200	210	220

采用钢锭为坯料的大型锻件，可根据实际经验估算钢锭质量。各类锻件的钢锭利用率（锻件质量/钢锭质量）为 $0.50 \sim 0.65$，因为要切除较大冒口。为使锻件内部致密，并得到需要的纤维组织，锻造比通常取 $2 \sim 5$。

4.选定锻造设备

选定锻造设备的依据是锻件的材料、尺寸和质量，同时还要适当考虑车间现有的设备条件。设备吨位太小，锻件内部锻不透，质量不好，生产率也低；吨位太大，不仅造成设备和动力的浪费，而且操作不便，也不安全。

对于低碳钢、中碳钢和普通低合金钢锤上自由锻，可按表 3-5 选定锻锤吨位。

表 3-5　自由锻锤的锻造能力范围

锻件类型	锻锤吨位(t)	0.25	0.5	0.75	1	2	3	5
圆饼	D(mm)	< 200	< 250	< 300	≤ 400	≤ 500	≤ 600	< 750
	H(mm)	< 35	< 50	< 100	< 150	200	300	≤ 300
圆环	D(mm)	< 150	< 300	< 400	≤ 500	≤ 600	≤ 1 000	< 1 200
	H(mm)	≤ 60	≤ 75	< 100	< 150	≤ 200	≤ 250	≤ 300
圆筒	D(mm)	< 150	< 175	< 250	< 275	< 300	< 350	≤ 700
	d(mm)	≥ 100	≥ 125	> 125	> 125	> 125	> 150	> 500
	L(mm)	≤ 150	≤ 200	≤ 275	≤ 300	≤ 350	≤ 400	≤ 550
圆轴	D(mm)	< 80	< 125	< 150	≤ 175	≤ 225	275	≤ 350
	m(kg)	100	200	300	< 500	750	1 000	1 500
方块	$H = B$(mm)	≤ 80	≤ 150	≤ 175	≤ 200	≤ 250	≤ 300	≤ 450
	m(kg)	< 20	< 50	< 70	≤ 100	≤ 350	≤ 800	≤ 1 000
扁方	B(mm)	≤ 100	≤ 160	< 175	≤ 200	< 400	≤ 600	≤ 700
	H(mm)	≥ 7	≥ 15	≥ 20	≥ 25	≥ 40	≥ 50	≥ 70
成形锻件质量(kg)		5	20	35	50	70	100	300
钢锭直径(mm)		125	200	250	300	400	450	600
钢坯边长(mm)		100	175	225	275	350	400	550

注:D—锻件边径;d—锻件内径;H—锻件高度;B—锻件宽度;L—锻件长度;m—锻件质量。

　　最后,把以上内容用文字写在卡片上,称为工艺卡,以此作为锻件生产的依据,如表 3-6 和表 3-7 所示。

5.自由锻工艺规程制定举例

　　现以图 3-15 所示的齿轮零件为例,制定其自由锻工艺如下。

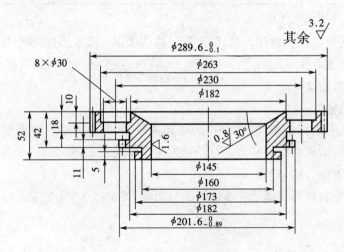

图 3-15　齿轮零件图

1)绘制锻件图

齿轮上的齿形、小的凹槽、凸肩以及轮辐上 8 个 $\phi 30$ 的孔均不必锻出,加上余块以简化锻件形状。由表3-2可查得锻件的余量和公差为 $a = 10 \pm 4, b = 9 \pm 3, c = 13 \pm 5$。为了便于了解零件的尺寸和检查锻件的实际加工余量,用点画线画出零件的轮廓形状。绘制出的锻件图如表3-6 中锻件图所示。

2)确定变形工序

根据零件的形状,参照表 3-3 可知,该锻件的主要变形工序就是镦粗和冲孔。因锻件带有凸肩,还应采用镦粗漏盘局部镦粗。由于孔径较大,冲孔后还需用冲子扩孔。考虑到冲孔和扩孔时金属还会沿径向流动,并且沿凸肩高度方向产生拉缩现象,因此,局部镦粗后的径向尺寸要比锻件小些,凸肩的高度比锻件的凸肩大些。

3)确定坯料的质量及尺寸

根据锻件的尺寸求得锻件的质量

$$m_0 = \frac{\pi}{4}(3^2 \times 0.27 + 2.11^2 \times 0.34 - 1.32^2 \times 0.61) \times 7.85$$
$$= 17.8(\text{kg})$$

取 $d = 60$ mm,$H = 65$ mm,系数 $K = 1.3$,则冲孔芯料质量

$$m_{芯} = 1.3 \times 0.6^2 \times 0.65 = 0.3(\text{kg})$$

考虑到锻件需经 $2 \sim 3$ 次扩孔,因此需加热两次,第一次烧损取锻件质量的 2.5%,第二次取 1%,则烧损质量

$$m_{烧} = 17.8 \times (2.5\% + 1\%) = 0.6(\text{kg})$$

坯料质量

$$m_0 = m_{锻} + m_{芯} + m_{烧} = 18.7(\text{kg})$$

因是镦粗法锻造,选取高径比为 1.8,可得坯料直径

$$D_0 = 0.89\sqrt[3]{V_0} = 0.89\sqrt[3]{18.7/7.85} = 1.19(\text{dm})$$

查表 3-4,选取坯料直径 $D = 120$ mm,则坯料长度

$$L = V_0 / \frac{\pi}{4}D^2 = 210(\text{mm})$$

从而确定坯料尺寸为 $\phi 120$ mm $\times 210$ mm。

4)确定设备吨位

参照表 3-5,此锻件属圆环类,应选用 0.5 t 自由锻锤。

表 3-6 为该锻件的自由锻工艺卡(简化)。表 3-7 为半轴锻件的简化自由锻工艺卡。

表 3-6　齿轮的自由锻工艺卡

锻件名称	齿轮	锻件图
锻件材料	45	
坯料质量	18.7 kg	
坯料尺寸	$\phi120 \times 210$ mm	
锻造设备	0.5 t 自由锻锤	
序号	操作说明	工艺简图
1	下料	
2	镦粗	
3	漏盘局部镦粗	
4	冲孔	
5	扩孔	
6	修整	

表 3-7 半轴自由锻工艺卡

锻件名称	半 轴	锻件图
坯料质量	25 kg	
坯料尺寸	ϕ130 mm × 240 mm	
材料	18CrMnTi	

锻件图标注:$\phi55 \pm 2(\phi48)$ $\phi70 \pm 2(\phi60)$ $\phi60 \pm 2(\phi50)$ $\phi80 \pm 2(\phi70)$ $\phi105 \pm 1.5$ (98) $\phi123 \pm 2$ ($\phi114.8$) 90 ± 3 102 ± 2 (92) $287 \pm 3(297)$ 150 ± 2 (140) 45 ± 2 (38) 690 ± 3 (672)

序 号	操作说明	图 例
1	锻出头部	ϕ108 ϕ125 47
2	拔长	ϕ108
3	拔长及修整台阶	ϕ81 104
4	拔长并留出台阶	ϕ70 152
5	锻出凹档及拔出端部并修整	ϕ60 ϕ55 90 287

3.3.2 大型锻件的自由锻

随着现代工业的发展,大型锻件的生产地位日益提高,尤其是重型工业的发展,对大型锻件提出了越来越高的要求。大型锻件一般受力情况复杂,技术条件要求严格,零件要有较高的综合力学性能,因此,锻件要有优良的内部组织。

1.大型锻件的锻造特点

①大型锻件大都以钢锭为坯料,而钢锭为铸造组织,内部存在偏析、夹杂物、缩松、气孔等缺陷。因此,大型锻件锻造的首要任务是锻合其疏松的铸造组织、破碎并分散密集性夹杂物、细化晶粒等。

②选择较大的锻造比,以获得需要的纤维组织及尽可能消除铸造缺陷。

③由于坯料的体积较大,心部难以锻透,因此,往往要采取一些特殊的工艺措施,以便整个断面的组织得到改善。

④为了减小内应力,降低硬度,细化晶粒,防止白点、裂纹,必须严格按规范进行加热、保温、冷却及热处理。白点是锻件在冷却过程中,残留在锻件内部的氢集聚而形成的微小裂纹,它是锻件的严重缺陷,必须加以防止。

2.提高大型锻件质量的工艺措施

①严格控制钢锭的加热规范。钢锭加热有热态加热和冷态加热两种。热态加热是将浇铸好的钢锭在表面温度不低于 600 ℃时直接装炉加热。这样可以缩短加热时间,减少氧化烧损,应尽量采用。

对于大型钢锭,尤其是高合金钢钢锭,可采用分段加热,即在加热过程中有 1～3 个保温阶段,以避免加热裂纹的出现。

②选择合适的锻造比。锻造比根据钢锭的化学成分、尺寸大小和零件受力情况确定。碳素钢锻造比为 2～3;一般合金结构钢锻造比为 3～4;高合金钢锻件,为充分破碎网状碳化物,锻造比可高达 6～8。当零件正应力方向与纤维方向不一致时,为保证横向性能,避免产生明显各向异性,锻造比应取 2～2.5。

③改变工具结构。采用凸弧形砧子(图 3-16)可以获得中心大的压下量,从而提高对钢锭心部粗大晶粒的破碎效果和缺陷锻合的效果。采用带斜度砧子(图 3-17),拔长时由于压下量沿坯料轴线方向是逐渐改变的,有利于防止裂纹的产生。

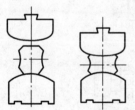 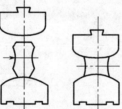 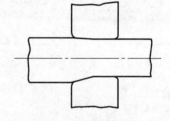

图 3-16　凸弧形砧子　　　　　　　　　　图 3-17　带斜度砧子

④中心压实锻造法。这种方法又称表面降温锻造或硬壳锻造法。它是将出炉后的钢锭,采用鼓风或喷雾的方法强制冷却到表面 700～800 ℃再锻造。此时坯料表层温度低,恰似一层硬壳,而心部温度高出 250～350 ℃,抗力小,易于变形。坯料心部受强烈的三向压应力作用,有利于中心疏松等缺陷的锻合。

⑤锻后扩氢等温退火。大型锻件的锻后冷却和热处理是结合进行的。防止白点是锻后热处理的首要目的。扩氢等温退火是将锻件在 580～660 ℃的温度下长时间(十几至几十小时)保温,使氢扩散逸出。

3.3.3　自由锻件结构工艺性

设计自由锻成形的零件时,除满足使用性能要求外,还必须考虑自由锻设备和工具的特点,零件结构要符合自由锻工艺性要求。锻件结构合理,可达到锻造方便、节约金属、保证锻件质量和提高生产率的目的。

①锻件上应避免锥体或斜面的结构(图 3-18a))。因为锻造这种结构,必须制造专用工具,

锻件成形也比较困难,使工艺过程复杂化,所以要尽量避免。改进成如图 3-18b)所示的结构较合理。

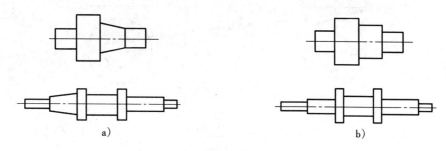

图 3-18　轴类锻件结构
a)不合理;b)合理

②锻件由数个简单几何体构成时,几何体的交接处不应形成空间曲线,如图 3-19a)所示。这种结构锻造成形极为困难,应改成平面与圆柱、平面与平面相接(图 3-19b))。消除了空间曲线的结构,使锻造成形变得容易。

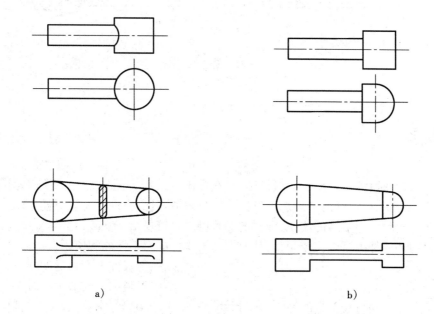

图 3-19　杆类锻件结构
a)不合理;b)合理

③自由锻件上不应设计出加强筋、凸台、工字形截面或空间曲线形表面(图 3-20a))。因为这种结构难以用自由锻方法获得。如果采用特殊工具或特殊工艺措施来生产,必将降低生产率,增加产品成本。将锻件改进成如图 3-20b)所示的结构,则工艺性好,经济效益大。

④锻件的横截面面积有急剧变化或形状较复杂时(图 3-27a)),应设计成由几个简单件构成的组合体。每个简单件锻造成形后,再用焊接或机械连接方式构成整体零件(图 3-21b))。这样会大大简化锻造工艺,使整体零件成本下降。

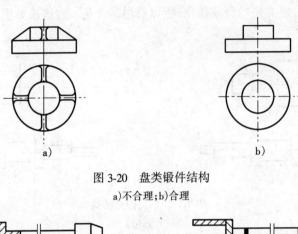

图 3-20　盘类锻件结构
a)不合理；b)合理

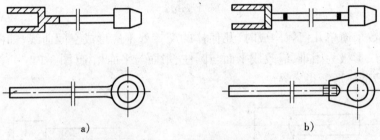

图 3-21　复杂件结构
a)不合理；b)合理

3.4　模锻

　　模锻是将加热后的坯料放在锻模模膛内,在冲击力或压力的作用下,使坯料受压变形,充满锻模模膛,从而获得锻件的一种加工方法。同自由锻相比,模锻具有如下优点。

　　①由于有模膛引导金属的流动,锻件的形状可以比较复杂(图 3-22)。

　　②锻件内部的纤维组织比较完整,从而提高了零件的力学性能和使用寿命。

　　③锻件表面粗糙度低,尺寸精度高,节省材料和切削加工工时。

　　④生产率较高,操作简单,易于实现机械化。

　　但是,模锻是整体成形,而且金属流动时,与模膛之间产生很大的摩擦阻力,因此所需设备吨位大,设备费用高;锻模加工工艺复杂,制造周期长,造价高。所以,模锻只适应于中、小型锻件成批或大批量生产的条件。

　　现代化大生产的要求,模锻生产越来越广泛地应用在机械制造各行业之中,如在汽车、拖拉机、飞机等制造业中,

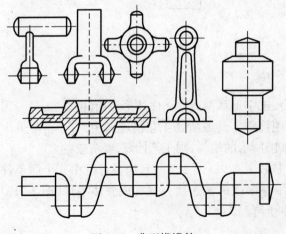

图 3-22　典型模锻件

模锻件已占有相当大的比例。

模锻按使用的设备不同分为:模锻锤上模锻、压力机上模锻和胎模锻等。

3.4.1 模锻锤上模锻

模锻锤上模锻亦称锤上模锻,它是在自由锻和胎模锻基础上发展起来的一种锻造方法。与其他的模锻方法相比具有工艺通用性较强、能完成多种制坯工步、生产各种类型模锻件的特点,所以是目前最常用的模锻方法。

锤上模锻所用主要设备是蒸汽–空气模锻锤。它的动力和锤击功能与自由锻造的蒸汽–空气锤相同,但是精度较高、刚性较好、吨位较大。

1. 锻模结构

锤上模锻用的锻模(图 3-23)是由带有燕尾的上模 2 和下模 4 两部分组成的。下模 4 用紧固楔铁 7 固定在模垫 5 上。上模 2 靠楔铁 10 紧固在锤头 1 上,随锤头一起作上下往复运动。上下模腔构成模腔 9,8 是上下模的分模面,3 是飞边槽。

模腔根据其功用的不同分为模锻模腔和制坯模腔两大类,分别完成其相应的工步。

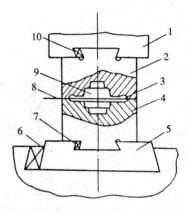

图 3-23 锻模结构

1—锤头;2—上模;3—飞边槽;4—下模;5—模垫;6、7、10—紧固楔铁;8—分模面;9—模腔

1)模锻模腔

模锻模腔分为终锻模腔和预锻模腔两种。

(1)终锻模腔 其作用是使坯料变形到锻件所要求的形状和尺寸,模腔形状应与锻件吻合,而尺寸需比锻件放大收缩量。终锻模腔的侧壁应有模锻斜度,以便取出锻件;模腔转角处制成圆角,以利于金属流动和避免应力集中。

终锻模腔四周设有飞边槽,用以增加金属从模腔中流出的阻力,促使金属充满模腔,同时容纳多余的金属。带有飞边的终锻件需用切边模将飞边切除(图 3-24)。

(2)预锻模腔 其作用是使坯料的形状和尺寸接近锻件,以保证终锻时获得成形良好、无折叠、无裂纹或其他缺陷的锻件,并减少终锻模腔的磨损,提高其使用寿命。对于形状简单或生产批量不大的锻件,可以不设预锻模腔。

预锻模腔的高度应比终锻模腔大些,而宽度应小些,模锻斜度和圆角都应较大。由于预锻模腔不设飞边槽,模腔容积应稍大于终锻模腔。

2)制坯模腔

对于形状复杂的锻件,为了更好地使金属充满模锻模腔,先将原始坯料在制坯模腔内锻成近似锻件的形状,然后终锻,或先预锻后再终锻。

根据制坯工步的不同,制坯模腔又可分为拔长、滚挤(也叫滚压)、弯曲、镦粗、压扁等模腔。

此外,当用一个棒料锻两个以上锻件时,可用切断模腔将已锻好的锻件切下。

根据模锻件的复杂程度不同,所需变形的模腔数量不等,可将锻模设计成单腔锻模或多腔锻模。单腔锻模是在一副锻模上只具有终锻模腔一个模腔。如齿轮坯模锻件就可将加热好的圆柱形坯料,直接放入单腔锻模中终锻成形。多腔锻模是在一副锻模上具有两个以上模腔的锻模。多腔锻模一般把模锻模腔开在模块的中部,制坯模腔排在两侧。

图 3-24 是连杆件的锻造模腔及变形工步。该零件较为复杂,经历了拔长、滚压、弯曲、预

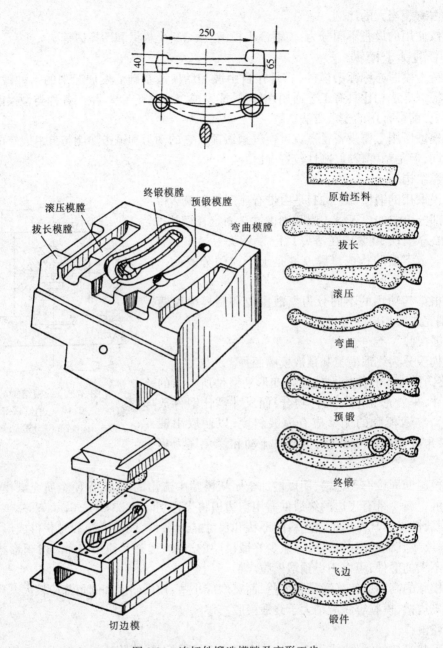

图 3-24　连杆件锻造模膛及变形工步

锻、终锻等工步,所用锻模是多膛锻模。最后经切边槽切去飞边而获得锻件。

2.模锻工艺规程的制定

模锻件工艺规程的制定包括:绘制模锻件图、坯料计算、确定模锻工步、选择设备等。

1)绘制模锻件图

模锻件图是设计和制造锻模、计算坯料及检验锻件的依据。绘制模锻件图时应确定分模面、机械加工余量和锻件公差、模锻斜度、圆角半径等。

(1)确定分模面　分模面是上下模在锻件上的分界面。确定分模面的位置要遵循如下原则。

①要保证模锻件能从模腔中取出。一般情况下,分模面应选在锻件最大尺寸的截面上,如图 3-25 所示的零件,若选 $a—a$ 为分模面,则无法将模锻件从模腔中取出。

②易于在生产过程中发现错模现象。图 3-25 中,若以 $c—c$ 为分模面,当出现错模时,不易被察觉而导致出现废品。

③分模面应选在使模镗深度最浅的位置上,以使锻件易于变形并使模腔制造方便。图 3-25中的 $b—b$ 面不符合该原则。

④应使锻件上所加余块最小。图 3-25 中 $b—b$ 做分模面所加余块最多,不宜做分模面。

⑤最好使分模面为一平面,且上下模腔深浅一致,以利于锻模制造。

按上述原则分析可知,图 3-25 所示的零件,以 $d—d$ 面做分模面最为合适。

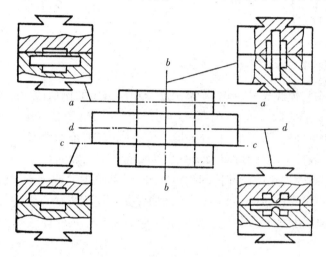

图 3-25　分模面选择比较图

(2)确定加工余量、锻件公差和余块　模锻件的加工余量和锻件公差比自由锻小得多。确定的方法有两种,一种是按照零件的形状尺寸和锻件的精度等级确定,另一种是按照锻锤的吨位确定。后者比较简便,按照这种方法确定的锻件加工余量和锻件公差的数据列于表 3-8。

表 3-8　锤上模锻件的余量和公差(吨位法)

锻锤落下部分质量(t)	锻件余量(mm)		锻件公差(mm)	
	高度方向	水平方向	高度方向	水平方向
1	1.5~2.0	1.5~2.0	+1.0　　-0.5	按自由公差选定
2	2.0	2.0~2.5	+1.0(1.5)-0.5	
3	2.0~2.5	2.0~2.5	+1.5　　1.0	
5	2.25~2.5	2.25~2.5	+2.0　　-1.0	
10	3.0~3.5	3.0~3.5	+2.0(2.5)-1.0	

自由公差(mm)						
锻件尺寸	<6	6~18	18~50	50~120	120~260	260~500	500~800
自由公差	±0.5	±0.7	±1.0	±1.4	±1.9	±2.5	±3.0

由于模锻件都是批量生产,为节约金属材料,确定余块必须十分慎重,尽量不加或少加余块为原则。

(3)模锻斜度　为了便于金属充满模腔及从模腔中取出锻件,锻件上与分模面垂直的表面必须附加斜度,这个斜度称为模锻斜度,如图 3-26 所示。模锻斜度应该选 3°、5°、7°、10°等标准度数。

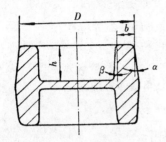

图 3-26　模锻斜度

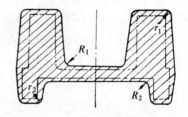

图 3-27　锻件的圆角半径

模锻斜度的大小与模腔尺寸有关,模腔深度与相应宽度的比值(h/b)增大时,模锻斜度应取较大值。外斜度 α 通常取 5°或 7°,特殊部位可取 10°。内斜度 β 应比相应的外斜度大一级。此外,为简化模具加工,同一锻件的内、外模锻斜度,一般各取统一数值。

(4)圆角半径　锻件上的所有面与面的相交处,都必须采取圆角过渡(图 3-27)。

锻件内圆角(在模腔内是凸出部位的圆角)的作用是减少锻造时金属流动的摩擦阻力,避免锻件被撕裂或纤维组织被拉断,减少模具的磨损,提高使用寿命。锻件外圆角(在模腔内是凹入部位的圆角)的作用是使金属易于充满模腔,避免模具在热处理或锻造过程中因应力集中而导致开裂。

外圆角半径 r 通常取 1.5 ~ 12 mm,内圆角半径 R 取 r 的 2 ~ 3 倍。模具制造时,为了便于选用标准刀具,圆角半径可选用标准值 1、1.5、2、3、4、5、6、8、10、12、15、20、25、30 mm。在同一个锻件选用的圆角半径不宜过多。

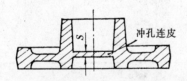

图 3-28　锻件的冲孔连皮

(5)冲孔连皮　对于有通孔的锻件,因为不可能用上、下模的突起部分把冲孔处的金属全部挤掉,故终锻后在锻件孔内总留有一层连皮,称为冲孔连皮(图 3-28),锻后需在压力机上冲除。

冲孔连皮厚度 S 要适中,太薄则锤击力太大,会导致模腔凸出部位的加速磨损或压塌;太厚则浪费金属,同时冲除时会造成锻件的变形。连皮的厚度通常在 4 ~ 8 mm 的范围内。当孔径 $d < 30$ mm 时,孔不锻出。

上述各项内容确定后,即可绘制锻件图。绘制的方法与自由锻锻件图类似,图 3-29 是齿轮坯的模锻件图。

2)变形工步的确定

变形工步主要依据零件的尺寸、形状来制定。锤上模锻件按其形状大致可分为两大类,如图 3-30 所示。一类为短轴类锻件,如齿轮、法兰盘等。另一类为长轴类锻件,如曲轴、连杆、阶梯轴及叉形锻件等。

短轴类锻件是在分模面上的投影为圆形或长度与宽度相近的锻件。这类锻件的变形工步

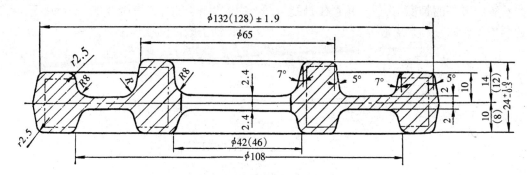

图 3-29 齿轮坯模锻件图

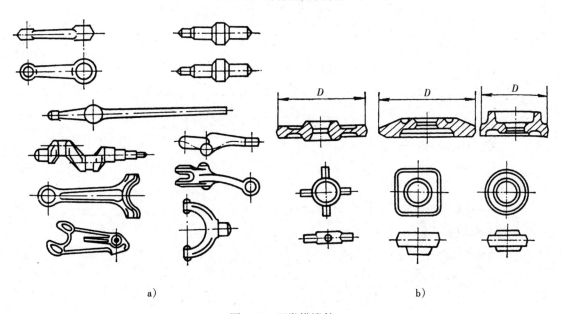

a) b)

图 3-30 两类模锻件

a)长轴类锻件;b)短轴类锻件

通常是镦粗制坯和终锻成形。形状简单的锻件,也可直接终锻成形。形状复杂的则要增加成形镦粗、预锻等工步。图 3-31 所示为高轮毂锻件的变形工艺过程。

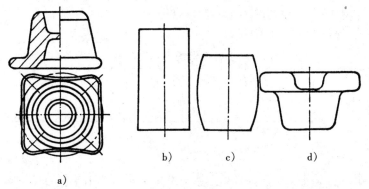

图 3-31 高轮毂锻件变形工艺过程

a)锻件;b)原坯料;c)镦粗后的坯料;d)成形镦粗后的坯料

　　长轴类锻件的长度与宽度(或直径)相差较大,因此需采用拔长、滚压等工步制坯。形状复杂的要增加弯曲、成形、预锻等工步。图 3-32 为叉形长轴类锻件的变形工艺过程。

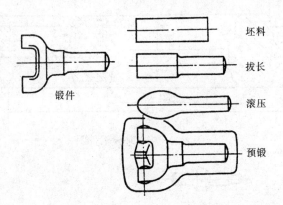

图 3-32　叉形长轴锻件变形工艺过程

　　3)坯料尺寸的计算

　　短轴类锻件坯料的体积(V_0)可按下式计算:

$$V_0 = (V_{锻} + V_{连} + V_{飞})(1 + K_1)$$

式中　　V_0——锻件的体积;

　　　　$V_{连}$——冲孔连皮的体积;

　　　　$V_{飞}$——飞边的体积,可按飞边槽容积的一半计算;

　　　　K_1——烧损系数,一般可取 2% ~ 4%。

　　短轴类锻件的坯料直径(D_0)可按下式计算:

$$D_0 = 1.08 \sqrt[3]{V_0 / m}$$

式中　　m——坯料的高径比,可取 1.8 ~ 2.2。

　　长轴类锻件可根据锻件的最大截面(F_{max}值)计算坯料直径:

$$D_0 = 1.23 \sqrt{K \cdot F_{max}}$$

式中　　K——模膛系数,不制坯或有拔长工步时,$K = 1$;有滚挤工步时,$K = 0.7 \sim 0.85$。

　　4)锻锤吨位的确定

　　锻锤吨位可根据锻件质量参照表 3-9 确定。

表 3-9　选择模锻锤吨位的概略数据

模锻锤吨位 (t)	≤0.75	1	1.5	2	3	5	7 ~ 10	16
锻件质量(kg)	< 0.5	0.5 ~ 1.5	1.5 ~ 5	5 ~ 12	12 ~ 25	25 ~ 40	40 ~ 100	> 100

　　5)模锻件的修整

　　终锻并不是模锻全过程的终结,只是完成了锻件主要的成形工序,尚需经过切边、冲孔、校正、清理等一系列修整工序,才能得到合格的锻件。

　　(1)切边和冲孔　切边是切除锻件四周的飞边,冲孔是冲除冲孔连皮。

切边和冲孔是在另外的压力机上进行的,可以热切和冷切。热切所需压力比冷切小得多,锻件塑性好,不易产生裂纹,但容易产生变形。较大的锻件和高碳钢、高合金钢锻件常采用热切;中碳钢和低合金钢的小型锻件常采用冷切。

(2)校正　在终锻后的转运和切边、冲孔等操作中,都可能引起锻件的变形,因此许多锻件,尤其是形状复杂的锻件,还需进行校正。

校正也分热校和冷校。热校通常是将热切后的锻件立即放回终锻模腔内进行校正。冷校是在热处理及清理以后在专用的校正模内进行,用于结构钢的小型锻件和容易在冷却、热处理等过程中变形的锻件。

6)锻后热处理

模锻件进行热处理的目的是为了消除模锻件的过热组织或加工硬化组织,使模锻件具有所需的力学性能。模锻件的热处理一般是采用正火或退火。

3.模锻零件的结构工艺性

设计模锻件时,应根据模锻的特点和工艺要求,使其零件的结构既能满足使用要求又能方便生产,降低成本。具体考虑以下几个方面。

①模锻零件必须具有一个合理的分模面,以保证模锻件易于从锻模取出,余块最少、锻模制造容易。

②由于模锻件尺寸精度高、表面粗糙度低,零件上只有与其他机件配合的表面才需进行机械加工,其他表面均应设计为非加工表面。零件上与锤击方向平行的非加工表面,应设计出模锻斜度。非加工表面所形成的角都应按模锻圆角设计。

③为了使金属容易充满模腔和减少工步,零件外形力求简单、平直和对称。尽力避免零件截面间差别过大,或具有薄壁、高筋、凸起等结构。图 3-33a)所示的零件,凸缘高而薄,两个凸缘之间又形成较深的凹槽,难于用模锻方法锻制。图 3-33b)所示的零件,又扁又薄,薄壁处锻造时很快冷却,难以达到成形要求,同时,对保护设备和锻模也不利。

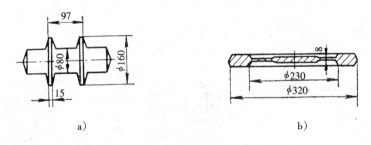

a)　　　　　　　　　　b)

图 3-33　结构不合理的模锻件

④应尽量避免窄沟、深孔及多孔结构,以便于模具制造和延长模具寿命。

⑤对于复杂的锻件,在可能的条件下,应采取锻—焊或锻—机械连接工艺,以减少余块,简化模锻工艺。

3.4.2　胎模锻

在自由锻设备上采用不与上、下砧铁相连接的活动模具成形锻件的方法称为胎模锻。它是介于自由锻与模锻之间的锻造工艺方法。胎模锻一般采用自由锻方法制坯,然后在胎模中最后成形。

1.胎模锻的特点

胎模锻与自由锻相比,可获得形状较为复杂、尽寸较为精确的锻件,节约了金属,提高了生产率。与模锻相比,可利用自由锻设备组织各类锻件生产,操作灵活,胎模制造也较简便。但胎模锻件尺寸精度低于锤上模锻;另外,劳动生产率、模具寿命等方面均低于模锻。

胎模锻适用于中小批生产,它在没有模锻设备的工厂应用较为普遍。

2.胎模的种类

胎模按照结构形式不同可分为扣模、套筒模、合模等。

(1)扣模　如图 3-34 所示。扣模用来对坯料进行全部或局部扣形,用于非旋转体锻件的成形或弯曲,也可以为合模锻造进行制坯。用扣模锻造时坯料不转动。

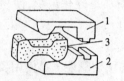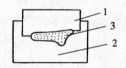

图 3-34　扣模结构
1—上扣模;2—下扣模;3—坯料

(2)套筒模　锻模为圆筒形,如图 3-35 所示。适用于生产短轴类零件,如齿轮、法兰盘等回转体锻件。套筒模分为开式筒模和闭式筒模两类。开式筒模只能用来生产最大截面的一端,且为平面的锻件。对于形状复杂的锻件,需在套筒模内再加两个半模,使坯料在两个半模的模腔内成形,锻后先取出两个半模,分开两个半模后即得到锻件。

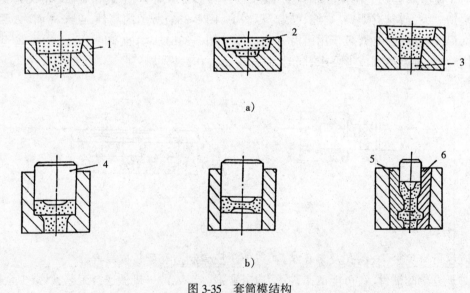

a)

b)

图 3-35　套筒模结构
a)开式筒模;b)闭式筒模
1—套筒模;2—坯料;3—模垫;4—冲头;5—左半模;6—右半模

(3)合模　合模通常是由上模和下模两部分组成,如图 3-36 所示。为了使上、下模吻合及不使锻件产生错移,经常用导柱和导锁定位。合模多用于生产形状较复杂的非回转体锻件的终锻成形,如连杆、叉形件等。表 3-10 是工字齿轮的胎模锻工艺过程。

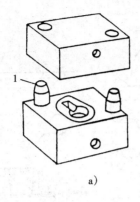 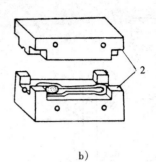

a)   b)

图 3-36 合模结构

1—导柱;2—导锁

表 3-10 工字齿轮胎模锻工艺

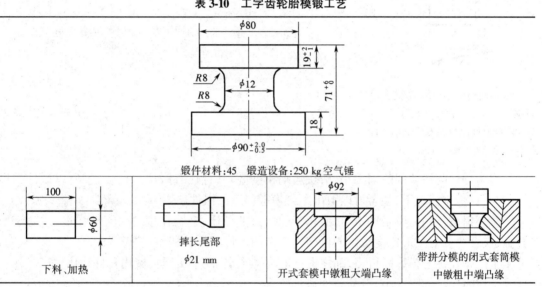

锻件材料:45   锻造设备:250 kg 空气锤

下料、加热	摔长尾部 $\phi21$ mm	开式套模中镦粗大端凸缘	带拼分模的闭式套筒模中镦粗中端凸缘

3.4.3 压力机上模锻

锤上模锻具有工艺适应性广泛的特点,目前仍在锻压生产中得到广泛的应用。但是,模锻锤在工作中存在振动和噪音大、劳动条件差、蒸汽效率低、能源消耗多等难以克服的缺点。因此近年来大吨位模锻锤有逐步被压力机所取代的趋势。

常用的模锻压力机有曲柄压力机、平锻机、摩擦压力机等。

1.曲柄压力机上模锻

曲柄压力机上模锻是一种比较先进的模锻方法。曲柄压力机的传动系统如图 3-37 所示,马达的转动经带轮和齿轮传至曲柄连杆,带动滑块在导轨上作上下往复运动。锻模的上、下模分别安装在滑块的下端和工作台上。

曲柄压力机上模锻具有如下特点。

①在滑块的一个往复行程中即可完成一个工步的变形。坯料的变形比较深透而均匀,有利于提高锻件质量。但由于金属变形量过大,不易使金属填满终锻模腔,因此变形应逐渐进

行。终锻前常采用预成形及预锻工步,如图 3-38 所示。

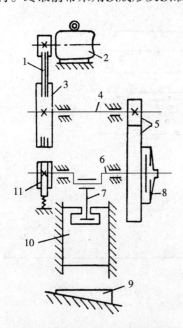

图 3-37　曲柄压力机传动系统示意图
1—皮带;2—电动机;3—飞轮;4—传动轴;
5—齿轮;6—曲柄;7—连杆;8—离合器;9—
楔形工作台;10—滑块;11—制动器

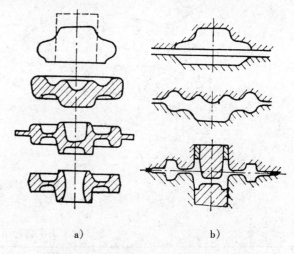

a)　　　　　　　　　　　b)

图 3-38　曲柄压力机上模锻齿轮工步
a)坯料变形过程;b)模腔

②因为导轨与滑块间的间隙小,滑块运动精度高,并且还有锻件顶出装置,所以锻件的尺寸精度高,在个别情况下,甚至可以锻出不带模锻斜度的锻件。

③对坯料的作用力不是冲击力,而属于静压力的性质,金属在型槽内流动缓慢,这对于耐热合金、镁合金等对变形速度敏感的低塑性合金的成形非常有利。

④生产率比锤上模锻高得多,加之锻件能自动顶出,便于实现机械化和自动化生产。

⑤工作时振动和噪音小,劳动条件得到改善。

这种模锻方法的主要缺点是设备费用高,模具结构也比一般锤上锻模复杂,仅适用于大批量生产的条件。同时,因为滑块的行程和压力不能在锻造过程中调节,所以不能进行拔长、滚压等制坯工步的操作。

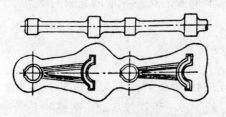

图 3-39　周期性断面坯料的应用

在曲柄压力机上锻造变截面的长轴类锻件时,需采用周期性轧材(图 3-39)为坯料或以辊锻设备制坯。

2.平锻机上模锻

平锻机相当于卧式的曲柄压力机,它沿水平方向对坯料施加压力。图 3-40 为平锻机传动示意图,马达的运动经减速机构传至曲轴后,一方面通过主滑块带动凸模作纵向运动,同时又通过一组杠杆系统带动活动凹模作横向运动。

平锻机上模锻过程如图 3-41 所示,首先将棒形坯料放入固定凹模 1 的模腔内,并由挡料板 4 定位;在凸模 3 前进的过程中,活动凹模 2 迅速将坯料夹紧,同时挡板退出;凸模对坯料施加锻压力,使其产生塑性变形充满模腔;回程时,凸模退出,活动凹模松开,坯料从固定凹模中取出或进入下一个模腔,挡板又进入工作位置,为下一个坯料的锻压做好准备。

平锻机除具有曲柄压力机上模锻的一般特点外,还有如下特点。

①坯料都是棒料或管材,并且只进行局部(一端)加热和局部变形加工,可以完成在立式锻压设备上不能锻造的某些长杆类锻件。但需配备对棒料局部加热的专用加热炉。

②锻模有两个分模面,锻件出模方便,可锻出在其他设备上难以完成的在不同方向上有凸台和凹槽的锻件。

③锻件外壁不需斜度,带孔件不留冲孔连皮,飞边也很小,甚至没有飞边,因此材料利用率高,锻件质量好。

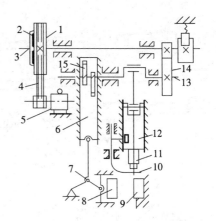

图 3-40　平锻机传动系统示意图
1—皮带轮;2—离合器;3—传动轴;4—皮带;5—电动机;6—传动滑块;7—杠杆;8—活动凹模;9—固定凹模;10—挡料板;11—凸模;12—主滑块;13—曲轴;14—齿轮;15—凸轮

平锻机上模锻也是一种高效率、高质量、容易实现机械化的锻造方法;但它是模锻设备中结构复杂的一种,价格贵,投资大,仅适用于大批量生产的条件。

适用于平锻机上锻造的锻件是带头部的杆件、管件和法兰类锻件等(图 3-42)。

3.摩擦压力机上模锻

摩擦压力机的传动系统如图 3-43 所示。它由马达将运动传到圆轮 4 上,通过圆轮中的某一个与飞轮 3 的边缘靠紧产生摩擦力而带动飞轮旋转。飞轮分别与两个圆轮之一接触就使飞轮获得不同方向的旋转,螺杆 1 也就随飞轮作不同方向的转动,从而使滑块 7 随螺杆产生上下运动。在这类压力机上模锻,主要是靠飞轮、螺杆及滑块向下运动时所积蓄的能量来实现的。

与上述几种模锻方法相比,它有如下特点。

①兼有锤上模锻和曲柄压力机上模锻的某些特点。其加力速度略高于曲柄压力机,仍属静压力性质,但锻造力的大小和滑块行程可以自由调节,以满足不同变形工步的要求,适应性好。

②由于摩擦压力机的飞轮惯性大,锻击频率低,金属再结晶充分,适合于再结晶速度较低的低塑性合金钢和有色金属的锻造。但也因此带来生产率较低的弊端。

③旋转运动的螺杆和直线运动的滑块间属非刚性连接,因而承受偏心载荷能力差,通常只能进行单腔锻造。

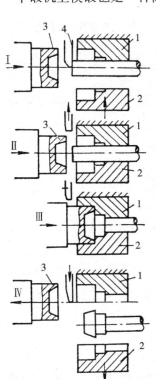

图 3-41　平锻机上模锻过程简图
1—固定凹模;2—活动凹模;3—凸模;4—挡料板

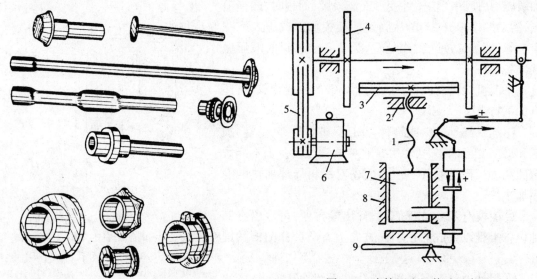

图 3-42　平锻机上模锻的锻件

图 3-43　摩擦压力机传动示意图
1—螺杆;2—螺母;3—飞轮;4—圆轮;5—皮带;6—电动机;
7—滑块;8—导轨;9—操纵杆

④由于采用摩擦传动,摩擦压力机的传动效率低,设备吨位受到限制。

因此,摩擦压力机主要适用于小型锻件(图3-44),尤其是带头的杆类小锻件的批量生产。

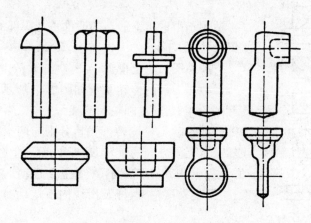

图 3-44　摩擦压力机上模锻的锻件

3.5　板料冲压

板料冲压是利用装在冲床上的冲模对金属板料施加压力,使其产生变形或分离,从而获得具有一定形状和尺寸的零件或毛坯的加工方法。

板料冲压的坯料通常都是比较薄的金属板料,而且,加工时不需加热,故又称为薄板冲压或冷冲压,简称冲压。只有当板料厚度超过 8 ~ 10 mm,才采用热冲压。

板料冲压是机械制造中的重要加工方法之一,它在现代工业的许多部门都得到广泛的应用,特别是在汽车、拖拉机、电机、电器、无线电、仪器仪表、兵器及日用品生产等工业部门中占有重要地位。

冲压设备主要有剪床和冲床两类。剪床是把板料切成一定宽度的条料,以供下一步冲压加工。除剪切工作外,冲压工作主要在冲床上进行。冲床的传动一般采用曲轴连杆机构,将电动机旋转运动转变为滑块的往复运动(图 3-45),从而实现冲压工作。

板料冲压和其他压力加工方法比较,具有如下特点。

①板料冲压是在常温下进行的,要求原材料在常温下具有良好的塑性和较低的变形抗力。所以,板料冲压的原材料主要是含碳量在 $0.1\% \sim 0.2\%$ 的低碳钢和低合金钢,以及塑性良好的铝、铜等有色金属。

②金属板料经冷变形强化作用并获得一定的几何形状后,具有结构轻巧、强度和刚度较高的优点。

③冲压件的尺寸要求靠高精度的模具保证,因而精度高,质量稳定,互换性好,一般不再进行机械加工即可作为零件使用。

④冲压生产操作简单,易于实现机械化和自动化,具有相当高的生产率。

⑤冲模结构复杂,制造费用高,只有在大批量生产的条件下,采用冲压在经济上才是合理的。

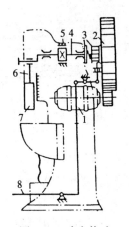

图 3-45　冲床传动
系统示意图

1—电机;2—大齿轮(飞轮);3—离合器;4—曲轴;5—制动器;6—连杆;7—滑块;8—操纵杆

3.5.1　板料冲压的基本工序

由于冲压件的形状、尺寸、精度要求等各不相同,冲压工艺是多种多样的,其基本工序有冲裁、弯曲、拉深、成形等。

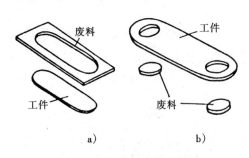

图 3-46　落料和冲孔示意图
a)落料;b)冲孔

1.冲裁

冲裁是利用冲模使板料沿封闭的轮廓分离的工序,包括落料和冲孔。这两个工序的坯料变形过程和模具结构都是一样的,二者的区别在于:落料时,冲下的部分为工件,带孔的周边为废料;冲孔则相反,冲下的部分为废料,带孔的周边为工件,如图 3-46 所示。

1)冲裁过程

金属板料的冲裁过程如图 3-47 所示。凸模和凹模的边缘都带有锋利的刃口。当凸模向下运动压住板料时,板料受到挤压,产生弹性变形并进而产生塑性变形。由于加工硬化现象,以及冲模刃口对金属板料产生应力集中,当上、下刃口附近材料内的应力超过一定限度后,即开始出现裂纹。随着凸模继续下压,上、下裂纹逐渐向板料内部扩展直至汇合,板料即被切离。

为了顺利地完成冲裁过程,凸、凹模之间要有合适的间隙 Z,这样才能保证上、下裂纹相互重合,获得表面光滑、略带斜度的断口。如果间隙过大或过小,则会严重影响冲裁质量,甚至损坏冲模。在实际生产中,对于软钢及铝、铜合金,可选 $Z = (6\% \sim 10\%)S(S$ 板料厚度);对于硬钢可选 $Z = (8\% \sim 12\%)S$。

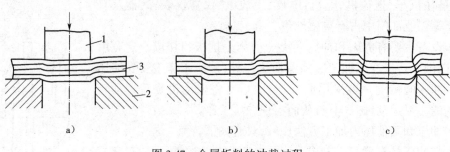

图 3-47　金属板料的冲裁过程

a)弹性变形；b)塑性变形；c)切离

1—凸模；2—凹模；3—板料

2)模具尺寸

冲裁时,裂纹与模具轴线成一定角度,因此冲裁后,冲下件的直径(或长度、宽度)和余料的相应尺寸是不同的,二者相差模具单边间隙的两倍。设计模具时要加以注意。

设计落料模时,应先按落料件确定凹模刃口尺寸,取凹模作设计基准件,然后根据间隙 Z 确定凸模尺寸(即用缩小凸模刃口尺寸来保证间隙值)。

设计冲孔模时,先按冲孔件确定凸模刃口尺寸,取凸模作设计基准件,然后根据间隙 Z 确定凹模尺寸(即用扩大凹模刃口尺寸来保证间隙值)。

冲模在工作过程中会有磨损。落料件尺寸会随凹模的磨损而增大。为了保证零件的尺寸要求,并提高模具的使用寿命,落料时取凹模刃口的尺寸靠近落料件公差范围下限;而冲孔时,选取凸模刃口的尺寸靠近孔的公差范围的上限。

3)冲裁件的排样与修整

排样是指落料件在条料、带料或板料上进行合理布置的方法。排样合理可使废料最小,材料利用率大为提高。

落料件的排样有两种类型:无搭边排样和有搭边排样,如图 3-48 所示。无搭边排样材料利用率很高,但冲裁件的质量较差,只有在对冲裁件的质量要求不高时采用;有搭边排样冲裁件尺寸精确,质量较高,但材料消耗较多。排样时应充分利用冲裁件的形状特征。

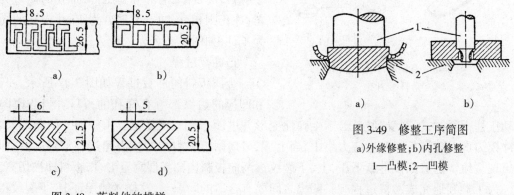

图 3-48　落料件的排样

a)、b)、c)有搭边排样;d)无搭边排样

图 3-49　修整工序简图

a)外缘修整;b)内孔修整

1—凸模；2—凹模

修整工序是利用修整模沿冲裁件的外缘或内孔,切去一薄层金属,以提高冲裁件的尺寸精

度和降低表面粗糙度。只有当对冲裁件的质量要求较高时,才需增加修整工序。

修整工序如图 3-49 所示。修整在专用的修整模上进行,模具间隙为 0.006～0.01 mm。实际上,修整工序的实质是属于切削过程。

2.拉深

拉深是将平板状的坯料加工成开口的中空形状零件的变形工序,又称拉延。

1)拉深过程

拉深过程如图 3-50 所示。把直径为 D 的平板坯料放在凹模 4 上,在凸模 2 的作用下,板料被拉入凸模和凹模的间隙中,形成中空零件。在拉深过程中,拉深件的底部一般不变形,只起到传递拉力的作用,厚度基本不变。零件直壁由坯料外径 D 减去内径 d 的环形部分形成。由于各部分受到的应力方向和大小有所变化,拉深件的壁厚在不同的部位有微量的减薄或增厚。

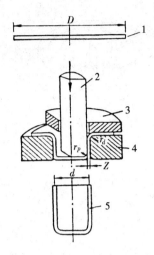

图 3-50　拉深过程示意图
1—坯料;2—凸模;3—压边圈;4—凹模;5—工件

在侧壁的上部厚度增加最多,而在靠近底部的圆角部位,壁厚减少最多,此处是拉深过程中最容易破裂的危险区域。

2)模具结构特点

拉深模和冲裁模一样是由凸模和凹模组成。但拉深模的工作部分不是锋利的刃口,而是做成了一定的圆角。对于钢的拉深件,一般取凹模的圆角半径 $r_d = 10\,S$(S 为板料厚度),而凸模的圆角半径 $r_p = (0.6～1)r_d$。如果这两个圆角半径过小,则拉深件在拉深过程中容易拉裂。

拉深模的凸凹模间隙远比冲裁模的大。一般取 $Z = (1.1～1.2)S$。间隙过小,模具与拉深件间的摩擦力增大,容易拉裂工件,擦伤工件表面,降低模具寿命。间隙过大,又容易使拉深件起皱,影响拉深件的精度。

3)拉深工艺特点

拉深过程中的变形程度一般用拉深系数 m 来表示。拉深系数是拉深件直径 d 与坯料直径 D 的比值,即 $m = d/D$。拉深系数越小,表明拉深件直径越小,变形程度越大,坯料被拉入凹模越困难,容易把拉深件拉穿。一般情况下,拉深系数 m 在 0.5～0.8 范围内。

如果拉深系数过小,不能一次拉深成形时,则可采用多次拉深工艺,拉深系数应一次比一次略大。同时,为了消除拉深变形中产生的加工硬化现象,中间应穿插退火处理。

为了减小摩擦,降低拉深应力,减小模具的磨损,拉深时通常要加润滑剂。

在拉深过程中,由于坯料边缘在切向受到压缩,在压应力的作用下,很可能产生波浪变形,最后形成皱折(图 3-51)。坯料厚度 S 越小,拉深深度越大,则越容易产生皱折。为了预防皱折的产生,通常都用压边圈 3 将工件压住(图 3-50)。压边圈上的压力不宜过大,能压住工件不致起皱折即可。

有些拉深件还可以用旋压方法来制造。旋压在专用的旋压机上进行。图 3-52 所示为旋压工作简图。工作时先将预先落好的坯料 1 用顶柱 2 压在模型 4 的端部,模型(通常用木制的)固定在旋压机的旋转卡盘上,推动压杆 3,使坯料在压力的作用下变形,最后获得与模型形状一样的零件。这种方法的优点是不需要复杂的冲模,但其生产率较低,故一般用于小批生产。

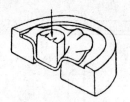

图 3-51 拉深起皱折
缺陷

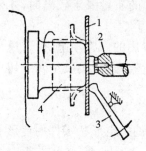

图 3-52 旋压工作简图
1—坯料；2—顶柱；3—压杆；4—模
型

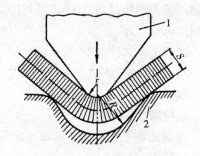

图 3-53 弯曲过程简图
1—凸模；2—凹模

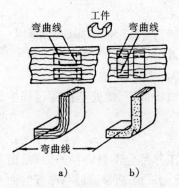

图 3-54 弯曲线与纤维组织方向
a)合理；b)不合理

3.弯曲

弯曲是将坯料的一部分相对于另一部分弯曲成一定角度的工序。在弯曲过程中,坯料内侧受压缩,而外侧受拉伸,如图 3-53 所示。当外侧拉应力超过坯料的抗拉强度极限时,即会造成金属破裂,坯料越厚,内弯曲半径 r 越小,则拉伸应力越大,越容易弯裂。为了防止破裂,需要限制材料的最小弯曲半径 r_{min}。$r_{min} = (0.24 \sim 1)S$。塑性好的材料,弯曲半径可小些。

弯曲时应注意金属板料的纤维组织方向,如图 3-54 所示。落料排样时,应避免坯料的弯曲线与纤维组织方向平行,否则弯曲时容易破裂。如果弯曲线无法避免与纤维组织方向平行时,则该处的弯曲半径应较正常的增加一倍。

当弯曲完毕,凸模回程时,工件所弯的角度由于金属弹性变形的恢复而略有增加,称为回弹现象。一般回弹角度为 0°～10°,在设计弯曲模具时,必须使模具的角度比成品件角度小一个回弹角,以便弯曲后得到准确的角度。

4.成形

成形是使板料或半成品改变局部形状的工序,包括起伏、胀形、翻边等。

1)起伏

起伏是对板料进行浅拉深,形成局部凹进与凸起的成形工序。常用于压加强筋、压字、压花纹等。采用的模具有刚模和软模两种。图 3-55 所示是用软模压筋示意图。软模是用橡胶等柔性物体代替一半模具,以简化模具制造。

2)胀形

胀形是将拉深件轴线方向上局部区段的直径胀大的工序。也可采用刚模(图3-56)或软模(图3-57)进行。刚模胀形时,由于芯子 2 的锥面作用,分瓣凸模 1 在压下的同时沿径向扩张,使工件 3 胀形。顶杆 4 将分瓣凸模顶回到起始位置后,即可取出工件。显然,

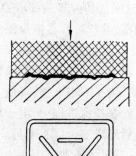

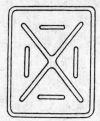

图 3-55 软模压筋

刚模的结构和冲压工艺都比较复杂,而采用软模则简便得多。因此,软模胀形应用较广泛。

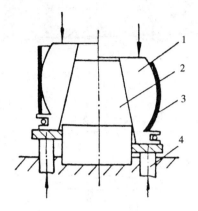

图 3-56　刚模胀形

1—分瓣凸模;2—芯子;3—工件;4—顶杆

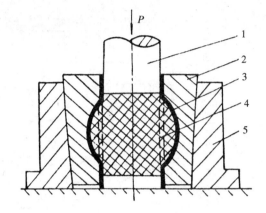

图 3-57　软模胀形

1—凸模;2—凹模;3—工件;4—橡胶;5—外套

3)翻边

翻边是在板料或半成品上沿一定的曲线翻起竖立边缘的冲压工序。孔的翻边又称翻孔,在生产中广泛采用。翻孔过程如图 3-58 所示。进行翻孔工序时,如果翻边高度超过容许值,会使孔的边缘造成破裂。当零件所需凸缘的高度较大,直接成形无法实现时,则可采用先拉深、后冲孔、再翻边的工艺方法。也可采用多次翻边成形,但工序间需退火。

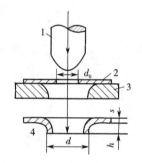

图 3-58　孔的翻边示意图

1—凸模;2—坯料;3—凹模;4—成品

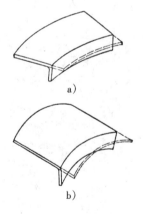

图 3-59　板料翻边

a)平面板料翻边;b)曲面板料翻边

图 3-59 所示为板料的平面翻边和曲面翻边。

利用板料冲压制造各种产品零件时,各种工序的选择、前后安排以及应用次数的多少是根据成品的形状和尺寸,以及每道工序中材料所允许的变形程度来确定的,汽车消音器零件的冲压工序如图 3-60 所示。

3.5.2　板料冲压件结构工艺性

具有良好工艺性的冲压件结构,可以减少材料消耗和工序数目,模具简单并具有较高的寿命,容易保证冲压质量,提高生产率和降低成本。具体要求如下。

①冲裁件的外形应便于合理排样,减少废料。图 3-61 所示的零件,图 a)较图 b)紧凑,材料

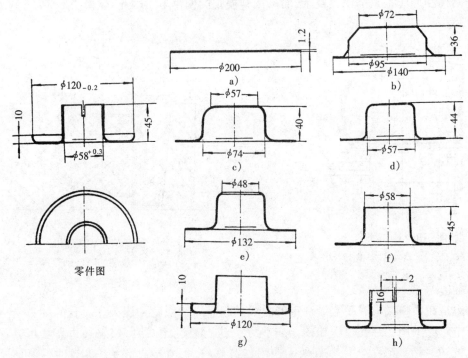

图 3-60　汽车消音器零件的冲压工序
a)坯料;b)一次拉深;c)二次拉深;d)三次拉深;e)冲孔;f)翻边;g)翻边;h)切槽

利用率较高。

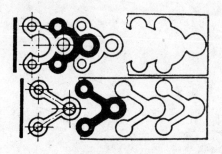

图 3-61　零件形状与节约材料的关系

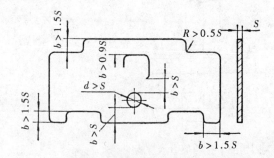

图 3-62　冲裁件尺寸与厚度的关系

②冲裁件的形状应尽量简单、对称,凸凹部分不能太狭太深,孔间距离或孔与零件边缘距离不宜过近,如图 3-62 所示。

③冲孔件或落料件上直线与直线、曲线与直线的交接处,均应用圆弧连接。以避免由于应力集中而引起模具开裂。

④弯曲件的弯曲平直部分不宜过短。弯曲带孔时,弯曲部分离孔不宜太近。

⑤在弯曲半径较小的弯边交接处,容易产生应力集中而开裂,可事先钻出止裂孔(工艺孔),能有效地防止裂纹的产生(图 3-63)。

⑥拉深件高度不易过大,凸缘也不宜过宽,以减少拉深次数。如消音器后盖零件结构,原设计如图 3-64a)所示,经改进后如图 3-64b)所示,结果冲压加工由八道工序降为两道工序,材料消耗减少 50%。

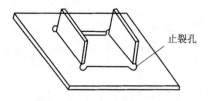

图 3-63　弯曲件上的止裂孔

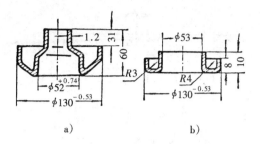

a)　　　　　　　　　　b)

图 3-64　汽车消音器后盖结构改进
a)原设计;b)改进后

⑦采用冲焊结构,简化冲压工序(图 3-65)。采用冲口工艺,减少一些组合零件(图3-66)。

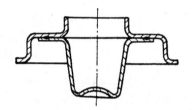

图 3-65　冲压焊接结合构件

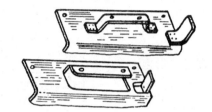

图 3-66　冲口工艺的应用

3.5.3　冲模的分类和构造

冲模基本上可分为简单模、连续模和复合模三类。

1)简单冲模

在冲床的一次冲程中只完成一个工序的冲模为简单冲模。如图 3-67 所示为一落料用的简单冲模。凸模 1 用压板 6 固定在上模板 3 上,上模板则通过模柄 5 与冲床的滑块连接,因此,凸模可随滑块作上、下运动。凹模 2 用压板 7 固定在下模板 4 上,下模板用螺栓固定在冲床的工作台上。为了使凸模向下运动时能对准凹模孔,以便凸模与凹模之间保持均匀间隙,通常用导柱 12 和导套 11 的结构。条料在凹模上沿两个导板 9 之间送进,碰到定位销为止。当凸模向下压时,冲下的零件进入凹模孔,条料则夹在凸模上,在与凸模一起回程时,碰到卸料板 8 而被推下。这样条料可继续在导板间送进,进行冲压。

2)连续冲模

在冲床的一次冲程中,在模具的不同部位上同时完成数道冲压工序的冲模为连续冲模。如图 3-68 所示为一冲压垫圈的连续冲模。工作时定位销 2 对准预先冲好的定位孔,上模继续下降时凸模 1 进行落料,凸模 4 进行冲孔。当上模回程时,卸料板 6 从凸模上推下残料。这时再将坯料 7 向前送进,如此循环进行。每次送进距离由挡料销控制(图中未示出)。

3)复合冲模

在冲床的一次冲程中,在模具同一部位上同时完成数道冲压工序的冲模为复合冲模。如图 3-69 所示为一落料及拉深工序的复合冲模。当冲床滑块带着上模下降时,首先凸模 1 进行落料,然后由下面的拉深凸模 7 将坯料 4 顶入拉深凹模 3 中进行拉深。顶出器 8 和卸件器 5 在滑块回程时将成品 11 推出模具。

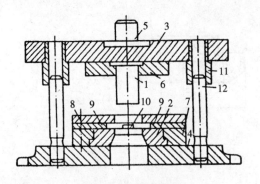

图 3-67 简单冲模

1—凸模;2—凹模;3—上模板;4—下模板;5—模柄;6—压板;7—压板;8—卸料板;9—导板;10—定位销;11—导套;12—导柱

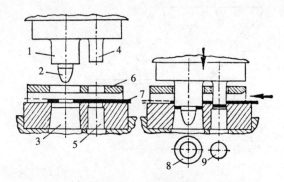

图 3-68 板料翻边

1—落料凸模;2—定位销;3—落料凹模;4—冲孔凸模;5—冲孔凹模;6—卸料板;7—坯料;8—成品;9—废料

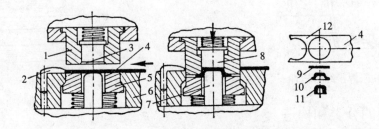

图 3-69 落料及拉深复合冲模

1—落料凸模;2—挡料销;3—拉深凹模;4—条料;5—压板(卸料板);6—落料凹模;7—拉深凸模;8—顶出器;9—坯料;10—开始拉深件;11—成品;12—切余材料

3.6 其他压力加工工艺

随着工业生产的飞速发展,对压力加工生产提出了越来越高的要求,不仅要求生产出各种毛坯,而且还要直接生产出各种形状复杂的零件,实现少、无切削加工的目的。为此发展了一些新的压力加工工艺,如精密模锻、精密冲压、挤压成形、轧制成形、粉末锻造、超塑性成形、电镦、液电成形、充液拉深、高速高能成形等。

3.6.1 精密模锻

精密模锻是在普通模锻设备上,锻造出形状复杂、锻件精度高的模锻工艺。

普通模锻存在的主要问题是毛坯在未加控制的气氛中加热,表面氧化、脱碳现象严重,锻件尺寸精度较低,表面粗糙度值较大,因而加工余量仍较大,金属材料利用率不够高。而一般精密锻件的公差、余量约为普通锻件的 1/3,表面粗糙度 R_a 在 3.2~0.8 μm。因此,精密模锻必须采取相应的工艺措施,具体如下。

①选择合理的成形工艺与制造精密锻造所用模具。精密模锻一般采用粗(预)锻和精(终)锻两套锻模,粗锻时留有 0.1~0.2 mm 的精锻余量,切除飞边并酸洗后,重新加热至 700~

900℃进行精锻。一般要求精锻模腔的加工精度高于锻件的尺寸精度 1 ~ 2 级。锻模要有导向结构来保证合模精度。

②选好坯料和加热方法。坯料尺寸的选择除应满足准确的质量要求外,要选择适当的坯料直径。下料尺寸应很准确,否则会增大锻件尺寸的偏差,降低精度。在精密模锻过程中,要采用无氧化和少氧化加热法,减少氧化皮,提高锻件的尺寸精度和减少表面粗糙度。

图 3-70 所示为精密模锻生产的直齿锥齿轮和生产该齿轮所用精锻模结构示意图。

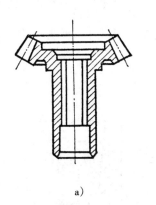 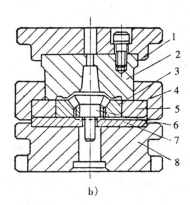

a) b)

图 3-70 精密模锻件及所用锻模

a)直齿锥齿轮零件;b)精锻模结构示意图

1—上模座;2—上模;3—凹模;4—导向环;5—应力圈;6—顶杆;7—垫板;8—下模座

精密模锻主要用于大量生产的中、小型零件,如汽车和拖拉机中的差速行星锥齿轮、发动机连杆、汽轮机叶片、飞机操纵杆、医疗器具等。

3.6.2 挤压成形

挤压是将金属坯料放入挤压模模腔中,以强大压力使坯料从模孔中挤出而成形的一种加工方法。原来它只是用于生产金属型材和管材等原材料,以后逐渐发展成为毛坯和零件的生产,这种成形方法具有如下特点。

①挤压时,金属材料处于三向强烈受压的状态,因此,可大大提高金属的塑性。不仅纯铁、低碳钢、铝、铜等本质塑性良好的材料可以挤压成形,就是高碳钢、轴承钢,甚至高速钢等材料在一定条件下也可挤压成形。

②挤压时金属变形量大,可以挤压出深孔、薄壁、细杆和异形断面的零件。

③挤压件的精度高,冷挤压时尺寸精度可达 IT7 ~ IT6,表面粗糙度 R_a 在 3.2 ~ 0.4 之间,可直接获得零件。

④由于强烈的加工硬化作用和具有良好的纤维组织,从而提高了挤压件的力学性能。

⑤挤压加工操作简单,易于实现机械化和自动化,生产率比一般锻压和切削加工提高几倍,同时材料利用率可达 90%以上。但是模具要求较高,适合于大批量生产。

按照挤压时金属的流动方向和凸模的运动方向的关系,挤压可分为下列几种形式。

(1)正挤压 挤压时金属的流动方向和凸模的运动方向相同(图 3-71)。常用于挤压各种形状的实心零件和管子,以及壳状零件。

(2)反挤压 挤压时金属的流动方向和凸模的运动方向相反(图 3-72)。一般用于生产杯状零件。

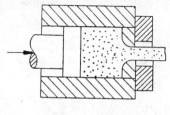

图 3-71　正挤压

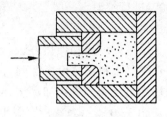

图 3-72　反挤压

(3)复合挤压　挤压时一部分金属流动方向和凸模运动方向相同,而另一部分则相反(图3-73)。常用于生产带突起部分的、形状较复杂的中空零件。

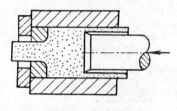

图 3-73　复合挤压

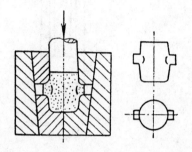

图 3-74　径向挤压

(4)径向挤压　挤压时金属的流动方向和凸模运动方向垂直(图3-74)。常用于生产带凸缘的零件。

按照金属坯料挤压时的温度不同,挤压成形又分为热挤压、温挤压和冷挤压。

(1)热挤压　热挤压温度与热模锻温度相同。由于温度高,金属的变形抗力小,挤压较容易。但挤压件的尺寸精度低、表面粗糙。适用于尺寸较大的零件毛坯和强度较高材料的生产。如中碳钢、高碳钢、合金结构钢、不锈钢等。

(2)冷挤压　冷挤压在室温下进行。冷挤压时变形抗力比热挤压高得多,但产品表面粗糙度低。而且内部组织为加工硬化组织,提高了产品的强度。目前已广泛用于制造机器零件和毛坯,是实现少、无切削加工的主要方法之一。

冷挤压时,一般要加润滑剂。但由于挤压时压力太大,润滑剂很容易被挤掉而失去作用。所以对钢质坯料必须采用磷化处理,使坯料表面呈多孔性结构,以储存润滑剂。

冷挤压主要适用于变形抗力较小、塑性较好的有色金属及其合金、低碳钢和低合金钢等。

(3)温挤压　温挤压是介于冷、热挤压之间的挤压工艺。即在某一适当的温度进行挤压。如碳钢的挤压温度在 650～800 ℃。相对于冷挤压而言,由于提高了挤压温度,降低了变形抗力,且避免了磷化处理及中间退火,温挤压便于组织生产。温挤压件尺寸精度和表面粗糙度接近于冷挤压件,主要用于挤压强度较高的金属材料。如中碳钢、合金结构钢等。

3.6.3　轧制成形

轧制方法除了生产型材、板材和管材等原材料外,现已广泛用来轧制多种零件。零件的轧制具有生产率高、质量好、节省金属材料和能源消耗以及成本低等优点。

根据轧辊轴线与坯料轴线方向的不同,轧制分为纵轧、横轧和斜轧三大类。

1.纵轧

纵轧是轧辊轴线与坯料轴线互相垂直的轧制方法。包括辗环轧制、辊锻轧制等。

1)辗环轧制

辗环轧制又称扩孔,它是在旋转的模具中,扩大环形坯料的内径和外径,以获得各种环状零件的轧制方法,如图 3-75 所示。图中驱动辊 1 由电动机带动旋转,利用摩擦力使坯料 3 在驱动辊和芯辊 2 之间受压变形。驱动辊还可由油缸推动作上下移动,改变着 1、2 两辊间的距离,使坯料厚度逐渐变小、直径增大。导向辊 4 用以保持坯料正确送进。信号辊 5 用来控制环件直径。当环件直径达到需要值与辊 5 接触时,信号辊旋转传出信号,使辊 1 停止工作。用这种方法生产的环类件,其截面可以是多种形状的,如火车轮箍、轴承座圈、齿轮及法兰等。

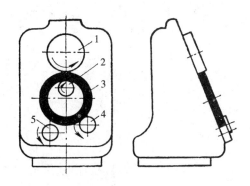

图 3-75　辗环轧制示意图

1—驱动辊;2—芯辊;3—坯料;4—导向辊;5—信号辊

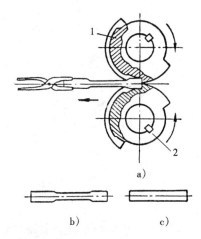

图 3-76　坯料的辊锻

a)辊锻过程;b)成品;c)坯料

1—圆弧形模块;2—锻辊

2)辊锻轧制

辊锻是使坯料通过装有圆弧形模块的一对相对旋转的轧辊时受压而变形的轧制方法。辊锻不同于一般轧制,因为后者的型槽直接刻在轧辊上,而辊锻的扇形模块可以在轧辊上装卸更换;轧制送进的是长坯料,而辊锻的坯料一般都是较短的。

辊锻的工艺过程如图 3-76 所示。它既可作为模锻前的制坯工序(如前所述),又可直接辊锻锻件。主要用于生产以下三类锻件。

①扁断面的长杆件。如扳手、活动扳手和链环等。

②带有不变形头部而沿长度方向横截面面积递减的锻件,如叶片等。

③连杆。国内有的工厂采有辊锻方法制造连杆,效率高,简化了工艺过程,但锻件还需要用其他锻压设备进行精整。

2.横轧

横轧是轧辊轴线与坯料轴线互相平行的轧制方法。一般用于轧制回转体类的锻件,具有生产效益高、节省原材料以及设备制造方便等优点。同时,由于被轧制锻件内部的流线与零件的轮廓一致,从而可提高零件的力学性能。

利用横轧工艺轧制齿轮是受到普遍重视和广泛采用的生产方法。它能提高轧制齿轮的精

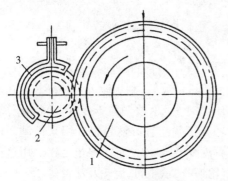

图 3-77　热轧齿轮示意图

1—轧轮；2—坯料；3—感应加热器

度，是一种少、无切削加工齿轮的新工艺。图 3-77 是一种热轧齿轮的示意图。轧制前，用感应加热的方法将坯料 2 外层加热，然后将带齿的轧轮 1 与圆坯料对辗，并同时作径向进给。在对辗过程中，坯料外层的一部分金属被压凹形成齿槽，另一部分金属被轧轮反挤上升形成齿顶。直齿轮和斜齿轮均可采用热轧工艺制造。

3.斜轧

斜轧亦称螺旋斜轧。它是轧辊轴线与坯料轴线相交一定角度的轧制方法。如钢球轧制（图 3-78）、轧制周期性杆件（图 3-79）等。

图 3-78　轧制钢球

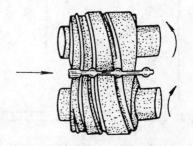

图 3-79　轧制周期性杆件

　　螺旋斜轧采用两个带有螺旋形槽的轧辊，互相交叉成一定角度，并做反方向旋转，使坯料在轧辊间既绕自身轴线转动，又向前进给，与此同时受压变形获得所需产品。

　　螺旋斜轧钢球是使棒料在轧辊间螺旋形槽里受到轧制变形，并被分离成单个球。轧辊每转一周即可轧制出一个钢球，连续生产，效率高，又节省材料。

　　螺旋斜轧还可直接热轧出带螺旋线的高速滚刀体、自行车后闸壳及冷轧丝杆等。

　　几种压力加工方法的综合比较见表 3-11。

表 3-11　几种压力加工方法比较表

加工方法	使用设备	适用范围	生产率	锻件精度	模具特点	模具寿命	机械化与自动化	劳动条件	对环境影响
自由锻	空气锤　蒸汽-空气锤　水压机	小型锻件，单件小批生产　中型锻件，单件小批生产　大型锻件，单件小批生产	低	低	无模具		难	差	振动和噪音大
胎模锻	空气锤、蒸汽-空气锤	中小型锻件，中小批量生产	较高	中	模具简单，且不固定在设备上，取换方便	较低	较易	差	振动和噪音大

加工方法		使用设备	适用范围	生产率	锻件精度	模具特点	模具寿命	机械化与自动化	劳动条件	对环境影响
模锻	锤上模锻	蒸汽－空气锤无砧座锤	中小型锻件,大批量生产,适合锻造各种类型模锻件	高	中	锻模固定在锤头和砧座上,模腔复杂,造价高	中	较难	差	振动和噪音大
	曲柄压力机上模锻	热模锻曲柄压力机	中小型锻件,大批量生产,不宜进行拔长和滚压工序	很高	高	组合模,有导柱导套和顶出装置	较高	易	好	较小
	平锻机上模锻	平锻机	中小型锻件,大批量生产,适合锻造法兰轴和带孔的模锻件	高	较高	三块模组成,有两个分模面,可锻出侧面带凹槽的锻件	较高	较易	较好	较小
	摩擦压力机上模锻	摩擦压力机	小型锻件,中批量生产,可进行精密模锻	较高	较高	一般为单腔锻模	中	较易	好	较小
挤压	热挤压	液压挤压机机械压力机	适合各种等截面型材,大批量生产	高	较高	由于变形力较大,凸凹模都要有很高的强度、硬度和很低的表面粗糙度	较高	较易	好	无
	冷挤压	机械压力机	适合钢和有色金属及合金的小型锻件的大批量生产	高	高	变形力很大,凸凹模强度、硬度要求很高,表面粗糙度要求很低	较高	较易	好	无
轧制	纵轧	辊锻机	适合连杆、扳手、叶片等零件的大批量生产,也可为曲柄压力机模锻制坯	高	高	在轧辊上固定有两个半圆弧形的模具	高	易	好	无
		扩孔机	适合大小环类件大批量生产	高	高	金属在具有一定孔形的驱动辊和芯辊之间变形	高	易	好	无
	横轧	齿轮轧机	适合各种模数较小齿轮零件的大批量生产	高	高	模具为一模数与零件相同的带齿形轧轮	高	易	好	无
	斜轧	斜轧机	适合钢球、丝杠等零件的大批量生产,也可为曲柄压力机模锻制坯	高	高	两个轧辊即模具,轧辊上带有螺旋形槽	高	易	好	无

加工方法	使用设备	适用范围	生产率	锻件精度	模具特点	模具寿命	机械化与自动化	劳动条件	对环境影响
板料冲压	冲床	各种板类大批量生产	高	高	组合模较复杂,有导柱导套装置,产品质量取决于凸凹模精度和间隙大小	高	易	好	无

3.6.4　压力加工新工艺

1.粉末锻造

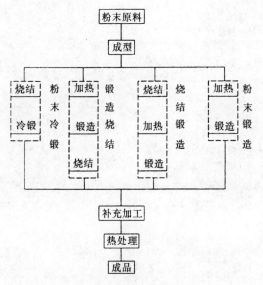

图 3-80　粉末锻造的基本工艺过程

粉末锻造通常是指粉末烧结的预成形坯经加热后,在闭式模中锻造成零件的成形工艺方法。它是将传统的粉末冶金和精密锻造结合起来的一种新工艺,并兼有两者的优点。可以制取密度接近材料理论密度的粉末锻件,克服了普通粉末冶金零件密度低的缺点,使粉末锻件的某些物理和力学性能达到甚至超过普通锻件的水平。同时,又保持了普通粉末冶金少、无切削加工的优点。通过合理设计预成形坯和实行少、无飞边锻造,具有成形精确、材料利用率高、锻造能量消耗少等特点。

粉末锻造的目的是把粉末预成形坯锻造成致密的零件。目前,常用的粉末锻造方法有粉末锻造、烧结锻造、锻造烧结和粉末冷锻几种,其基本工艺过程如图 3-80 所示。

粉末锻造在许多领域中得到了应用。特别是在汽车制造业中的应用更为突出。表 3-12 给出了适于粉末锻造工艺生产的汽车零件。

表 3-12　适于粉末锻造工艺生产的汽车零件

发动机	连杆、齿轮、气门挺杆、交流电机转子、阀门、气缸衬套、环形齿轮
变速器(手动)	毂套、回动空转齿轮、离合器、轴承座圈同步器、各种齿轮
变速器(自动)	内座圈、压板、外座圈、制动装置、离合器凸轮、各种齿轮
底盘	后轴壳体端盖、扇形齿轮、万向轴、侧齿轮、轮箍、伞齿轮、环齿轮

2.超塑性成形

超塑性是指金属或合金在特定条件下进行拉伸实验,其伸长率超过 100%的特性,如纯钛可超过 300%,锌铝合金可超过 1 000%。特定的条件是指一定的变形温度(约为 0.5 $T_{熔}$),一定的晶粒度(晶粒平均直径为 $0.2 \sim 0.5\ \mu m$),低的形变速率($\dot{\varepsilon} = 10^{-2} \sim 10^{-4}\ m/s$)。

目前常用的超塑性成形材料主要是锌铝合金、铝基合金、钛合金及高温合金。超塑性状态下的金属在变形过程中不产生缩颈现象,变形应力可以是常态下的几分之一至几十分之一。因此此种金属极易成形,可采用多种工艺方法制出复杂零件。

如图 3-81 所示的零件直径较小,高度较大。选用超塑性材料可以一次拉伸成形,质量很好,零件性能无方向性。图 3-81a)为拉深成形示意图。

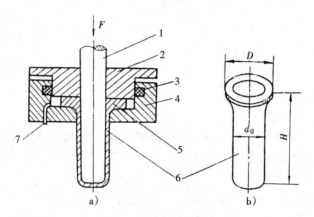

图 3-81 超塑性板料拉深

a)拉深过程;b)工件

1—冲头(凸模);2—压板;3—电热元件;

4—凹模;5—板坯;6—工件;7—高压油孔

超塑性模锻工艺有以下特点。

①扩大了可锻金属的种类,如过去认为只能采用铸造成形的某些合金,也可以进行超塑性模锻成形。

②金属填充模腔性能好,锻件尺寸精度高,机械加工余量小,甚至可以不再加工。这种成形工艺比普通模锻降低金属消耗 50% 以上,这对很难加工的钛合金和高温合金特别有利。

③能获得均匀细小的晶粒组织,零件整体力学性能均匀一致。

④金属的变形抗力小,可充分发挥中、小设备的作用。

3.充液拉深

充液拉深是利用液体代替刚性凹模的作用所进行的拉深成形方法,如图 3-82 所示。

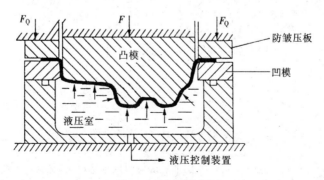

图 3-82 充液拉深

拉深成形时,高压液体将坯料紧紧压在凸模的侧表面上,增大了拉深件侧壁(传动区)与凸模表面的摩擦力,从而减轻了侧壁的拉应力,使其承载能力得到了很大程度的提高。另一方面,高压液体处于凹模与坯料之间,会大大降低坯料与凹模之间的摩擦阻力,减少了拉深过程中侧壁的载荷。因此,最小拉深系数比普通拉深时小很多,时常可达 0.4~0.45。

与传统拉深相比,充液拉深具有以下特点:

①充液拉深时由于液压的作用,使板料与凸模紧紧贴合,产生"摩擦保持效果",缓和了板料在凸模圆角处的径向应力,提高了传力区的承载能力;

②在凹模圆角处和凹模压料面上,板料不直接与凹模接触,而是与液体接触,大大降低了摩擦阻力,也就降低了传力区的载荷;

③能大幅度提高拉深件的成形极限,减小拉深次数;

④能减少零件擦伤,提高零件精度;

⑤设备相对复杂,生产率较低。

充液拉深主要应用于质量要求较高的深筒形件、抛物线形等复杂曲面零件、盒形件以及带法兰件的成形。近年来在汽车覆盖件的成形中也有应用。

4.高速高能成形

高速高能成形即利用高能率的冲击波,通过介质使金属板料产生塑性变形而获得所需形状的加工方法。高速高能成形的特点是在极短时间内将化学能、热能、电磁能作用于金属坯料上,使其高速成形。按能源不同,高速高能成形可分为爆炸成形、电液成形、电磁成形等,如图3-83所示。

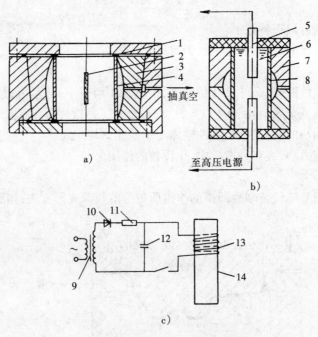

图 3-83　高速高能成形示意图

a)爆炸成形;b)电液成形;c)电磁成形

1—密封圈;2—炸药;3、7—凹模;4、8、14—坯料;5—电极;6—水;9—变压器;10—整流元件;11—限流电阻;12—电容器;13—线圈

1)爆炸成形

爆炸成形是利用炸药爆炸产生的高能冲击波,通过不同介质使坯料产生塑性变形的方法,如图 3-83a)所示。该方法设备简单、易于操作,工件尺寸一般不受设备能力限制,形状可较复杂,但生产率低,适用于试制或小批量生产大型制件。

2)电液成形

电液成形是利用在液体介质中高压放电时产生的高能冲击波,使坯料产生塑性变形的方法,如图 3-83b)所示。该方法生产率较高,易于实现机械化,但设备复杂,制件尺寸受设备功率限制,适于形状为一般复杂程度的小型制件的较大批量生产。

3)电磁成形

电磁成形是利用电流通过线圈形成的磁场的磁力作用于坯料,使坯料产生塑性变形的方法,如图 3-83c)所示。其特点及应用与电液成形相似。

高能成形用传递介质(空气或水)代替刚性凸模或凹模,易于成形形状复杂的制件和难加工材料,且制件精度很高;但爆炸成形生产效率低,电液成形和电磁成形设备较复杂,且工件尺寸受设备功率限制。高速高能成形适用于各类冲压工序,用于生产形状复杂的板料制件。

复习思考题

1.何谓塑性变形? 多晶体塑性变形的特点是什么?

2.什么是加工硬化现象? 为什么会出现这种现象? 它有哪些有利和不利之处?

3.什么是再结晶? 再结晶后金属的组织和性能有何变化?

4.冷变形和热变形是如何区分的? 各自有什么特点?

5.铅在常温下的变形,钨在 1 000 ℃下的变形各属什么变形? 为什么?

6.纤维组织是如何形成的? 如何正确利用纤维组织?

7.如何衡量金属的锻造性能? 影响锻造性能的因素有哪些?

8.锻件和铸件在形状和内部组织上有什么差异? 它们各用于什么场合?

9.钢的锻造温度范围是如何确定的? 始锻温度和终锻温度过高或过低各有何缺点?

10.为什么锻件需采用不同的冷却方式?

11.自由锻的特点和应用范围如何?

12.自由锻工艺规程的内容包括哪些? 编制的步骤如何?

13.图 3-84 所示为车床主轴零件,采用自由锻方法制坯。试画出其锻件图并确定坯料尺寸。

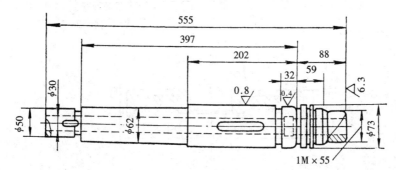

图 3-84 题 13 图

14.大型锻件锻造时,为改善钢锭坯料的内部质量可采取哪些工艺措施?

15.模锻生产的特点及应用范围如何?

16.图 3-85 所示为三种不同形状的连杆。试选择锤上模锻时分模面位置。哪一种所需的锻模结构较复杂?

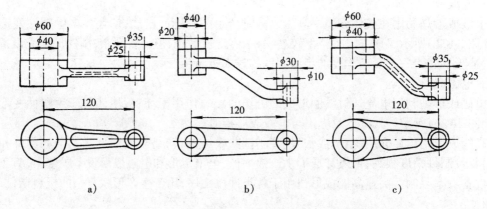

图 3-85　题 16 图

17.绘制模锻件图要考虑哪些因素?内、外圆角的作用有何不同?为什么内斜度要比外斜度大?能否不留冲孔连皮?为什么?

18.试述胎模锻的特点和应用范围。

19.如图 3-86 所示的模锻件在设计上有无不合理之处?为什么?如有请加以改正。

20.图 3-87 中各零件在单件、中等批量和大批量生产时,用哪种锻造方法生产毛坯最为合适?

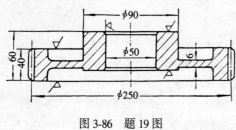

图 3-86　题 19 图

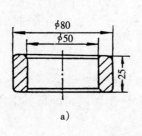

a)

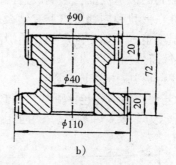

b)

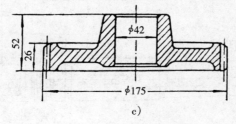

c)

图 3-87　题 20 图

21.图 3-88 所示为一汽车半轴零件,其毛坯可由几种方法获得?

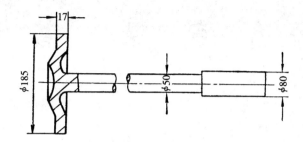

图 3-88　题 21 图

22.拉深模和冲裁模的结构和间隙有何不同?为什么?

23.进行弯曲工序时,为什么要有最小弯曲半径的限制?

24.图 3-89 所示的冲压件应采用哪些基本工序冲压而成? 若零件高度由 7 mm 改为 15 mm 时,将采用什么样的冲压工序?

25.试述图 3-90 所示冲压件的生产过程。

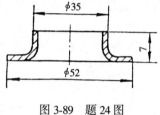

图 3-89　题 24 图

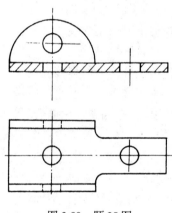

图 3-90　题 25 图

26.挤压加工有哪些特点? 热挤、温挤和冷挤各有何优缺点? 应用范围如何?

27.轧制齿轮有哪些优点?

第 4 章 焊 接

　　焊接是将分离的金属,用局部加热或加压等手段,借助于金属原子的扩散和结合作用,以形成永久性连接的工艺方法。

　　在现代工业中,焊接是一种重要的金属连接方法。它和螺栓连接、铆钉连接等机械连接方法有着本质区别。通过焊接,被连接的焊件不仅在宏观上建立了永久性的联系,而且在微观上还建立了组织之间的内在联系。被焊工件的接触表面不可能绝对平整和光滑,表面粗糙,氧化膜和油污等都会给焊接带来阻碍,因此焊接要利用加热或加压等手段。

　　焊接方法的种类很多,按焊接过程的特点可分为三大类。

　　(1)熔焊　熔焊是利用局部加热的方法,把两被焊金属的接头处加热至熔化状态,然后冷却结晶后形成焊缝而将两部分金属连接成为一个整体的方法。熔焊时,不必施加机械压力。

　　(2)压焊　压焊是对两被焊金属接头施加压力(加热或不加热),通过被焊工件的塑性变形而使接头表面紧密接触,使之彼此焊接起来的方法。

　　(3)钎焊　钎焊是利用熔点比母材低的填充金属熔化之后,填充接头间隙并与固态母材相互扩散实现连接的焊接方法。

　　焊接在现代工业生产中占有十分重要的地位,如船舶的船体、高炉炉壳、建筑构架、锅炉与压力容器、车厢及家用电器、汽车车身等工业产品的制造,都离不开焊接方法。焊接在制造大型结构件或复杂机器部件时,更显得优越,它可以用化大为小、化复杂为简单的办法来准备坯料,然后用逐次装配焊接的方法拼小成大、拼简单成复杂。这是其他工艺方法难以做到的。在制造大型机器设备时,还可以采用铸-焊或锻-焊复合工艺。用焊接方法还可以制成双金属构件,如制造复合层容器、耐磨表面堆焊等。此外,还可以对不同材料进行焊接。焊接方法的这些优越性,使其在现代工业中的应用日趋广泛。

　　我国焊接技术是在新中国成立后才发展起来的。现在我国已经基本上掌握了各种先进的焊接工艺方法,成功地焊制了万吨水压机的横梁、立柱,30 万千瓦双水内冷汽轮发电机组,30 万吨远洋油轮,直径 15.7 m 球形容器等。并在原子反应堆、火箭、人造卫星等尖端产品中,都成功地应用了焊接技术。

　　但是,目前焊接技术尚存在一些不足之处,如对某些材料的焊接有一定困难、影响焊接质量的因素较多、焊接接头组织不均匀、容易产生应力和变形等。

4.1　电弧焊

　　电弧焊是以电弧为热源的一种熔焊工艺。在电极和工件间引燃电弧,电极用手工或机械方式沿焊缝移动(或者工件在电极下方移动),高温移动的电弧使接头熔化,继而冷却结晶,形成永久连接。电弧焊在工业中应用最为广泛,常用电弧焊方法有焊条电弧焊、埋弧焊、气体保护焊等。

4.1.1　焊接电弧

焊接电弧是在电极与工件间的气体介质中长时间而有力的放电现象,即在局部气体介质中有大量电子流通过的导电现象。

电极可以是金属丝、钨极、碳棒或焊条,一般焊条电弧焊都使用焊条。

1.电弧的形成

气体在两电极间电离(中性粒子变成正离子和电子)是产生电弧的前提条件。

下面以焊条电弧焊为例,说明焊接电弧的形成过程。空气是不导电的,因此焊接时采用将焊条与工件短路的办法来引燃电弧。焊条与工件接触后立刻拉开并保持在 2~4 mm 的距离,即能引燃电弧。这是因为短路时焊条与工件接触的两个界面凹凸不平,只有个别点接触,致使这些接触点通过的电流密度很大,瞬时即被加热达高温,阴极处产生电子放射,这些电子在电场作用下以极高速度向阳极运动,中途撞击中性的空气分子并使其电离。因电离而出现的正离子和电子同样在电场的作用下分别向两极加速运动,产生碰撞,同时产生复合,复合和碰撞产生了光和热,于是就形成了电弧。

2.电弧的构造及热与温度的分布

焊接电弧由阴极区、阳极区和弧柱区三部分组成,如图 4-1 所示。

1)阴极区

阴极区是电子发射的地方。发射电子需要消耗一定的能量,所以阴极区产生的热量不多,占电弧热的 36%。用碳钢焊条焊接时,阴极区温度约在 2 400 K,用于加热工件或焊条。

2)阳极区

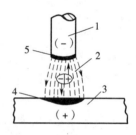

图 4-1　电弧的构造
1—焊条;2—弧柱;3—焊件;
4—阳极区;5—阴极区

阳极区是受电子轰击的区域。高速电子撞击阳极表面并进入阳极区而释放能量,因此阳极区产生的热量较多,占电弧热的 43%。用碳钢焊条焊接时,阳极区温度约为 2 600 K,用于加热工件或焊条。

3)弧柱区

弧柱区指阴极区和阳极区之间的区域。阴极区和阳极区很窄(只有 $10^{-4} \sim 10^{-6}$ cm),可忽略不计,所以常把弧柱长度(图中 2)近似地看成电弧长度。弧柱区的热量仅占电弧热的 21%,但弧柱区温度却高达 6 000~8 000 K,其热量大部分通过对流、辐射散失到周围空气中。

3.电弧的极性

阴极区和阳极区的热量和温度不同,当采用直流电焊接时,便有以下两种极性的接法:

①正接——工件接阳极,焊条接阴极(图 4-2a)),此时工件受热多,宜焊厚大工件。

②反接——工件接阴极,焊条接阳极(图 4-2b)),此时工件受热少,宜焊薄小工件。

当采用交流电焊接时,因电流每秒钟正负变化达一百次,所以两极加热一样,就不存在正接或反接问题。

4.1.2　电弧焊的冶金特点

在电弧焊的熔池中,熔化的金属、熔渣以及气体之间进行着类似于金属冶炼时的物理化学反应(氧化、还原、气体的溶解等),但因焊接熔池的体积与炼钢相比甚小,所以又有其自己的特点。

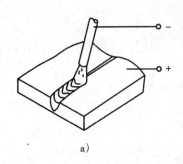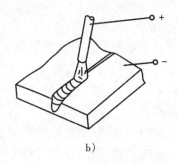

图 4-2 直流弧焊时两种极性的接法
a)正接法;b)反接法

(1)反应区温度高 焊接电弧和熔池金属的温度高于一般的冶炼温度,使金属元素强烈蒸发,并使电弧区的气体分解为原子状态,增大了气体的活泼性,导致金属烧损,形成有害杂质。

(2)金属熔池体积小 熔池体积小,四周又是冷金属,所以熔池处于液态的时间很短,致使各种化学反应难于达到平衡状态,化学成分不够均匀,气体和杂质来不及浮出而易产生气孔和夹渣等缺陷。

由上可知,在焊接过程中,如果不采取适当的保护措施,则焊缝金属的力学性能,尤其是塑性和韧性将远比基本金属低。

因此,为了保证焊缝质量,要从两个方面采取措施。

①对焊接区采取机械保护,防止空气污染熔化金属。如采用焊条药皮、焊剂或保护气体等,使焊接区的熔化金属被熔渣和气体保护,与空气隔绝,避免熔化金属受空气污染。

②对熔池采用冶金处理,清除已进入熔池中的有害杂质,增添合金元素。在焊条药皮或焊剂中加入铁合金等对熔化金属进行脱氧、脱硫、去氢和渗合金,以调整焊缝的化学成分。

4.1.3 焊条电弧焊

焊条电弧焊(即手工电弧焊)是利用焊条与工件间产生的电弧热,将工件和焊条熔化而进行焊接的方法。

焊条电弧焊设备简单,操作灵活,能进行全位置焊接,可在室内外和高空施焊。配合不同焊条可焊接多种金属材料。是目前应用最广泛的一种焊接方法。

1.焊条电弧焊焊接过程

焊条电弧焊的焊接过程如图 4-3 所示。电弧在焊条和工件间燃烧,在电弧高温的作用下,焊条和被焊工件(母材)同时熔化成为熔池。电弧热还使焊条的药皮熔化及燃烧。药皮熔化后和液体金属起物理化学作用,所形成的熔渣不断地从熔池中向上浮起,药皮燃烧产生的大量 CO_2 气流围绕在电弧周围,熔渣和气流可防止空气中氧、氮的侵入,起保护熔化金属的作用。

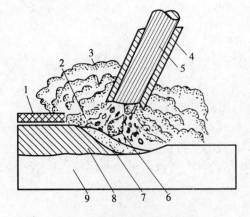

图 4-3 焊条电弧焊焊接过程
1—渣壳;2—滚态熔渣;3—气体;4—焊条药皮;5—焊芯
6—金属熔滴;7—熔池;8—焊缝;9—焊件

当电弧向前移动时,工件和焊条金属不断熔化汇成新的熔池。原先的熔池则不断地冷却凝固,构成连续的焊缝。覆盖在焊缝表面的熔渣也逐渐凝固成为固态渣壳,这层熔渣和渣壳对焊缝成形好坏和减缓焊缝金属的冷却速度有着重要的作用。

上述过程直至焊缝被焊完为止。焊后敲去渣壳,即可露出表面呈鱼鳞纹状的焊缝金属。

2. 电焊条

1)焊条的组成和作用

焊条电弧焊焊条由焊芯和药皮两部分组成。

(1)焊芯 焊芯(自动焊时称为焊丝)作为电极,起导电作用,产生电弧,提供焊接热源;焊芯作为填充金属,与熔化的母材共同组成焊缝金属。因此,可以通过焊芯调整焊缝金属的化学成分。

焊芯采用焊接专用金属丝。表4-1是几种常用焊接碳素结构钢的焊芯的化学成分。

表 4-1 碳素钢焊接焊芯的牌号和成分(摘自 GB/T 1495—1994)

钢 号	化学成分(%)							用途
	碳	锰	硅	铬	镍	硫	磷	
H08	≤0.10	0.30~0.55	≤0.03	≤0.20	≤0.30	≤0.04	<0.04	一般焊接结构
H08A	≤0.10	0.30~0.55	≤0.03	≤0.20	≤0.30	≤0.03	<0.03	重要的焊接结构
H08MnA	≤0.10	0.80~1.10	≤0.07	≤0.20	≤0.30	≤0.03	<0.03	用作埋弧自动焊焊丝

表中焊芯牌号的第一个字母"H",是"焊"字的第一个拼音字母,代表焊条用钢,焊芯牌号中其他字母和数字代表的意义如下:"08"表示焊芯的平均含碳量为0.08%。"Mn"表示焊芯平均含锰(Mn)量约1%。"A"表示高级优质,即硫、磷含量不大于0.03%。

从表中可以看出,焊芯的含碳量通常是低的,有害杂质少,有一定的合金元素含量。

常用焊芯直径(即为焊条直径)有:1.6,2.0,2.5,3.2,4,5 mm 等,长度常在 200~450 mm 之间。

(2)药皮 焊条药皮对保证焊条电弧焊的焊缝质量极为重要。焊条药皮的组成物按其作用分为稳弧剂、造渣剂、脱氧剂、合金剂、黏结剂、稀渣剂、增塑剂等。药皮的原材料归纳起来有矿石、铁合金、有机物和化工产品四类。各种原材料粉末按一定比例(叫配方)配成涂料,压涂在焊芯上即成为药皮。表4-2为结构钢焊条药皮配方示例。

焊条药皮的主要作用如下。

① 改善焊接工艺性。药皮中的稳弧剂具有易于引弧和稳定电弧燃烧的作用,减少金属飞溅,便于保证焊接质量,并使焊缝成形美观。

② 机械保护作用。药皮熔化后产生气体和熔渣,隔绝空气,保护熔滴和熔池金属。

③ 冶金处理作用。药皮里有铁合金等,能脱氧、去硫、渗合金。药皮还可以去氢,特别是碱性焊条。因为碱性焊条的药皮里有较多的萤石(CaF_2),氟能与氢结合成稳定气体 HF,从而防止氢进入熔池,产生"氢脆"现象。

表 4-2 结构钢焊条药皮配方示例(%)

焊条型号	人造金刚石	钛白粉	大理石	萤石	长石	菱苦土	白泥	钛铁	45硅铁	硅锰合金	纯碱	云母
E4303	30	8	12.4		8.6	7	14	12				7
E5015	5		45	25				13	3	7.5	1	2

2)焊条的种类、型号和牌号

焊接的应用范围越来越广泛,为适应各个行业的需要,不同材料和不同性能要求的焊条品种相继出现。我国将焊条按化学成分分为七大类,即碳钢焊条、低合金钢焊条、不锈钢焊条、堆焊焊条、铸铁焊条、铜及铜合金焊条、铝及铝合金焊条。其中应用最多的是碳钢焊条和低合金钢焊条。

焊条型号是国家标准中的焊条代号。碳钢焊条型号见 GB/T 5117—1995,如 E4303、E5015、E5016 等。"E"表示焊条;前两位数字表示熔敷金属抗拉强度的最小值,单位为 kgf/mm^2;第三位数字表示焊条的焊接位置(0 和 1 表示焊条适用于全位置焊接,2 表示适用于平焊,4 表示适用于立焊);第三位和第四位数字组合时表示焊接电流种类及药皮类型,如"03"为钛钙型药皮,交流或直流正、反接;"15"为低氢钠型药皮,直流反接;"16"为低氢钾型药皮,交流或直流反接。

焊条牌号是焊条行业统一的焊条代号。焊条牌号一般用一大写拼音字母和三个数字表示,如 J422、J507 等。拼音字母表示焊条的大类,如"J"表示结构钢焊条(碳钢焊条和普通低合金钢焊条),"B"表示不锈钢焊条,"Z"表示铸铁焊条等;前两位数字表示各大类中若干小类,如结构钢焊条前面两位数字表示焊缝金属抗拉强度等级,单位为 kgf/mm^2,抗拉强度等级有 42、50、55、60、70、75、85 等;最后一个数字表示药皮类型和电流种类,见表 4-3。其中 1 至 5 为酸性焊条,6 和 7 为碱性焊条。其他焊条牌号表示方法,见原国家机械工业委员会编的《焊接材料产品样本》(1987 年)。J422(结 422)符合国标 E4303,J507(结 507)符合国标 E5015,J506(结 506)符合国标 E5016。

表 4-3　结构钢焊条药皮类型和电源种类编号

编号	1	2	3	4	5	6	7
药皮类型	钛型	钛钙型	钛铁矿型	氧化铁型	纤维素型	低氢钾型	低氢钠型
电源种类	直流或交流	交、直流	交、直流	交、直流	交、直流	交、直流	直流

焊条还可按熔渣性质分为酸性焊条和碱性焊条两大类。药皮熔渣中酸性氧化物(如 SiO_2、TiO_2、Fe_2O_3)比碱性氧化物(如 CaO、FeO、MnO、Na_2O)多的焊条为酸性焊条。此类焊条适合各种电源,可操作性较好,电弧稳定,成本低,但焊缝塑性、韧性稍差,渗合金作用较弱,故不宜焊接承受动载荷和要求高强度的重要结构件。熔渣中碱性氧化物比酸性氧化物多的焊条为碱性焊条。此类焊条一般要求采用直流电源,焊缝塑性、韧性较好,抗冲击能力强,但可操作性差,电弧不够稳定,价格较高,故只适合焊接重要结构件。

3)焊条的选用

焊条选用的原则是要求焊缝与母材具有相同水平的使用性能,主要考虑以下原则。

①选择与母材化学成分相同或相近的焊条。例如:焊件为碳素结构钢或低合金结构钢,应选用结构钢焊条;焊接不锈钢、耐热钢等有特殊性能要求的钢种时,应选用相应的专用焊条,以保证焊缝的主要化学成分和性能与母材相同。

②选择与母材等强度的焊条。根据母材的抗拉强度,按"等强"原则选择相同强度等级的焊条,如 16Mn 的 σ_b 约为 520 MPa,因此一般应选用型号 J502 或 J506、J507 焊条;对于不同钢种的焊接(如低碳钢与低合金钢)或不同牌号的低合金钢之间的焊接,一般选用与强度较低钢材相应的焊条。

③根据结构的使用条件选择焊条药皮的类型。例如:对一般焊接结构选用较经济的酸性焊条;而对于承受冲击载荷对焊缝性能要求较高或在高温、低温条件下工作,或者结构刚度大、工件厚度大易产生裂纹的焊接结构,应选用碱性焊条。

4.1.4 埋弧自动焊

埋弧自动焊是电弧在焊剂层下燃烧进行焊接的方法,电弧的引燃、焊丝的送进和电弧沿接口的移动,都是由设备自动完成的,简称埋弧焊。

科技和生产的发展,要求有优质和高生产率的焊接方法。焊条电弧焊满足不了这个要求,它的质量和生产率都受到焊条的限制。因为如果大幅度提高焊接电流,将导致焊条过热,使药皮发红失效甚至剥落,焊接困难,质量下降。同时,单根焊条的不连续施焊方式,也严重妨碍焊接过程的机械化和自动化。对此,埋弧焊采取以下 3 个改进措施:

①使用颗粒焊剂代替焊条的药皮;

②采用长焊丝代替单根焊条,用焊丝盘盘绕可达几十米;

③用焊接小车自动完成引弧和送丝等焊接操作。

1.埋弧焊的焊接过程

埋弧焊设备主要由弧焊电源、控制箱、焊接小车三部分组成,其焊接过程如图 4-4 所示。焊接电源两极分别接在导电嘴和焊件上。颗粒状焊剂由漏斗流出后,均匀地堆敷在装配好的焊件上,厚度为 40 ~ 60 mm。由送丝电机驱动的送丝滚轮,靠摩擦力把焊丝盘上的焊丝经导电嘴向下送进。

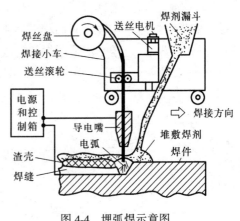

图 4-4 埋弧焊示意图

当焊丝末端与焊件之间引燃电弧后,电弧热使附近的焊丝、焊件和焊剂熔化,并蒸发出气体。焊丝、焊件熔化形成熔池,焊剂熔化形成熔渣,蒸发的气体使液态熔渣形成一个笼罩着电弧和熔池的封闭的熔渣泡。具有较大表面张力的熔渣泡有效阻止空气对熔池和熔滴的入侵,起到良好的保护作用。同时熔渣泡能防止金属熔滴向外飞溅,减少热量损失,加大熔深。随着焊接小车沿着待焊接缝的均匀移动,焊丝连续不断地送进焊区,新的熔池和熔渣不断形成,原先的熔池及覆盖其上的熔渣冷凝成焊缝及渣壳。没有熔化的大部分焊剂则回收后重新使用。

2.埋弧焊的特点及应用

与焊条电弧焊相比,埋弧焊有如下特点。

①生产效率高。埋弧焊由于采用光焊丝,且导电长度短(仅 50 mm),没有飞溅,焊接电流比焊条电弧焊大得多。同时节省了更换焊条和开坡口的时间,因而生产率比焊条电弧焊高数倍。

②焊接质量好且稳定。这是因为焊接电弧和熔池都是在焊剂层下形成,提供了良好的焊接保护;焊接参数自动调整控制,焊接过程稳定。因此,埋弧焊焊接质量好,且焊缝表面成形美观。

③节省材料和电能。埋弧焊热量集中,熔深大,较厚工件(20 mm 以下)可不开坡口直接焊透,既省电又省料。同时,没有焊条头,焊丝利用率高,焊剂用量也较少。

④改善了劳动条件。焊接时看不到弧光,烟尘较少,焊工仅需调整和管理自动焊机,劳动条件得到很大改善。

埋弧焊设备费用较高,焊前准备时间较长,所以只有在大量生产的条件下,焊接较厚(6~60 mm)焊件的长直焊缝或较大直径环形焊缝时,才能充分显示其优越性。对狭窄位置的焊缝以及薄板的焊接,埋弧焊则受到一定的限制。

目前埋弧焊在制造机车车辆、锅炉、船舶、飞机起落架及化工容器等设备中获得广泛的应用。

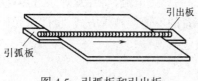

图4-5 引弧板和引出板

3.埋弧焊工艺

埋弧焊对下料和坡口加工要求较严,要保证焊件组装间隙均匀。焊接前,要清除焊缝两侧 50~60 mm 内的污垢和铁锈,以免产生气孔。埋弧焊一般在平焊位置施焊,用以焊接对接或 T 形接头的长直焊缝和对接接头环形焊缝。对于板厚在 20 mm 以下的焊件,一般采用单面焊,板厚超过 20 mm 时,可进行双面焊,或开坡口单面焊。由于引弧处和断弧处质量不易保证,焊前应在接缝两端焊上引弧板和引出板(图4-5),焊后再去掉。为防止焊件烧穿和保证焊缝成形,生产中常采用焊剂垫或垫板(图4-6),或用焊条电弧焊封底。

焊接筒体时,工件以一定的焊接速度旋转,焊丝在其上方不动(图4-7)。为防止熔池金属和熔渣流失,保证焊缝成形良好,焊丝应逆旋转方向偏离焊件中心线一定距离 e。

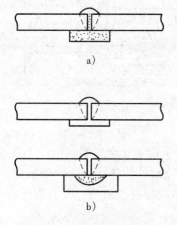

图4-6 焊剂垫和垫板
a)焊剂垫;b)垫板

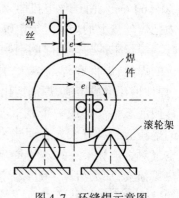

图4-7 环缝焊示意图

4.1.5 气体保护焊

气体保护焊是用外加气体对电弧区进行保护的电弧焊工艺。它包括两种,一种是氩弧焊,另一种是 CO_2 气体保护焊。

1.氩弧焊

氩弧焊是以氩气作为保护气体的电弧焊工艺。

氩气是惰性气体,可保护电极和熔化金属不受空气的侵害,甚至在高温下,氩气也不同金属发生化学反应,也不溶于液态金属中,因此,氩气是一种比较理想的保护气体。

氩弧焊按所用电极的不同可分为非熔化极氩弧焊和熔化极氩弧焊两种,如图4-8所示。

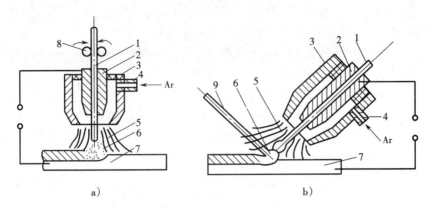

图 4-8 氩弧焊示意图

a)熔化极氩弧焊;b)非熔化极氩弧焊(钨极氩弧焊)

1—焊丝或电极;2—导电嘴;3—喷嘴;4—进气管;5—氩气流;

6—电弧;7—工件;8—送丝辊轮;9—填充焊丝

1)非熔化极氩弧焊

非熔化极氩弧焊又称钨极氩弧焊,它是以高熔点的钍钨棒或铈钨棒作为电极,焊接时,钨极不熔化,只起导电与产生电弧作用。因电极所能通过的电流有限,所以只适于焊接 6 mm 以下的工件。

当钨极为阴极时,发热量小,钨极烧损小。如果钨极作阳极,发热量大,钨极烧损严重,电弧不稳定,焊缝易产生夹钨。因此,一般钨极氩弧焊采用直流正接。在焊接铝、镁及其合金时,则希望用直流反接或交流电源。因为极间正离子撞击工件熔池表面,有"阴极破碎"作用,可使其致密的氧化膜破碎,有利于焊接熔合和保证质量。

钨极氩弧焊需加填充金属。填充金属可以是焊丝,也可以是在焊接接头中附加填充金属条或采用卷边接头等,如图 4-9 所示。

2)熔化极氩弧焊

熔化极氩弧焊是用连续送进的焊丝作电极,熔化后作填充金属,因而可采用较大的电流,熔深大,生产率高,适用于焊接 3 ~ 25 mm 的中厚板,焊接过程可采用自动或半自动方式。为了使电弧稳定,熔化极氩弧焊通常采用直流反接,这对于易氧化合金的工件正好有"阴极破碎"的作用。

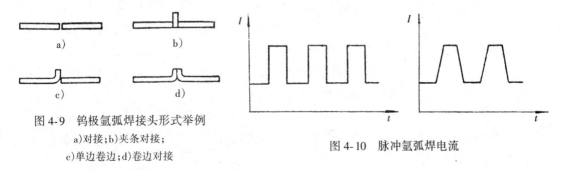

图 4-9 钨极氩弧焊接头形式举例

a)对接;b)夹条对接;

c)单边卷边;d)卷边对接

图 4-10 脉冲氩弧焊电流

氩弧焊的特点如下。

①机械保护效果优良。由于氩气是惰性气体,它既不与金属发生化学反应使被焊金属或合金被氧化烧损,又不溶解于金属中产生气孔,能获得高质量焊缝。

②电弧稳定性好。因为氩气的导热系数小,且是单原子气体,高温时不分解吸热,电弧热量损失少,电弧稳定性好,即使在小电流时也很稳定。因此,钨极氩弧焊容易控制熔池温度,容易做到单面焊双面成形。为了更容易保证背面均匀熔透和焊缝成形,现在较为普遍地采用了脉冲电流来焊接,如图 4-10 所示。这种焊接方法被称为脉冲氩弧焊。

③可操作性好。由于电弧和熔池区是气流保护,明弧可见,便于操作,容易实现全位置自动和半自动焊。目前焊接机器人多采用氩弧焊或 CO_2 保护焊。

④热影响较小。电弧是在氩气流的压缩下燃烧,热量集中,熔池较小,焊接热影响区窄,焊后焊件变形较小。

由于氩气价格较高,氩弧焊目前主要用于铝、镁、钛等易氧化的有色金属及其合金,以及不锈钢、耐热钢等的焊接;钨极氩弧焊,尤其是脉冲钨极氩弧焊还特别适用于薄板的焊接。

2. CO_2 气体保护焊

CO_2 气体保护焊是以 CO_2 气体为保护气体的电弧焊工艺,简称 CO_2 焊。

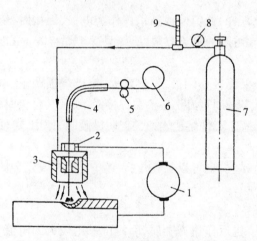

图 4-11　CO_2 气体保护焊示意图

1—直流电焊机;2—导电嘴;3—焊炬喷嘴;4—送丝软管;
5—送丝机械;6—焊丝盘;7—CO_2 气瓶;
8—减压阀;9—流量计

CO_2 气体在电弧高温作用下能分解,有氧化性,会氧化金属,烧损合金元素,因此不能用来焊接易氧化的有色金属。用来焊接低碳钢和普通低合金钢时,要通过含有较多合金元素的焊丝来脱氧和渗合金等冶金处理。现在常用的 CO_2 气体保护焊焊丝是 H08Mn2SiA,适用于低碳钢和抗拉强度在 600 MPa 以下的普通低合金钢的 CO_2 气体保护焊。

CO_2 气体保护焊如图 4-11 所示。同熔化极氩弧焊相同,CO_2 气体保护焊以连续送进的焊丝作电极,以焊丝和焊件之间产生的电弧热熔化焊件与焊丝,以自动或半自动方式进行焊接。为了稳定电弧,减少飞溅,CO_2 气体保护焊通常采用直流反接。

CO_2 气体保护焊的特点如下。

①成本低。由于采用廉价的 CO_2 气体,CO_2 保护焊的成本仅为埋弧自动焊和焊条电弧焊的 45% 左右。

②生产率高。CO_2 保护焊的电流密度大,熔深大,焊接速度快,又不需要清理渣壳,因此,CO_2 保护焊生产率比焊条电弧焊提高 1~3 倍。

③焊缝质量较好。由于 CO_2 气体将焊区空气很好地隔离,焊丝中 Mn 含量较高,所以焊缝含氢量低,脱氧、脱硫作用好,焊接接头抗裂性好。同时,由于 CO_2 气流的强冷却作用,电弧热量集中,热影响区和变形都较小。

④可操作性好。同氩弧焊一样,气体保护,明弧操作,易于实现全位置自动和半自动焊。但由于 CO_2 的氧化作用,熔滴飞溅较为严重,焊缝成形不够光滑。另外,焊接烟雾较大,弧光

强烈,如果控制或操作不当,容易产生气孔。

CO_2 保护焊目前已广泛用于造船、机车车辆、汽车、农业机械等工业部门,主要用于焊接 30 mm 以下厚度的低碳钢和部分低合金结构钢。

4.2 焊接质量及其控制

4.2.1 焊接接头的组织和性能

熔化焊是局部加热过程,焊缝及其附近的母材都经历一个加热和冷却的热过程。焊接热过程要引起焊接接头组织和性能的变化,影响焊接的质量。

焊接时焊件的加热和冷却有两个特点:一是接头上各点的最高加热温度不同,焊缝金属加热到熔点以上,紧邻焊缝的母材加热到接近熔化的高温,越远离焊缝,温度越低;二是金属良好的导热性使接头的冷却速度比较快。所以总的来看,接头各处相当于进行了不同加工和热处理。焊缝金属相当于受到金属型铸造;紧邻焊缝的母材相当于受到不同的热处理。焊缝两侧呈固态的母材因受热的影响而组织和性能发生变化的区域,叫热影响区。焊缝和热影响区之间的过渡区叫做熔合区。焊接接头就是由焊缝、熔合区和热影响区三部分组成的。

1.焊缝的组织和性能

焊缝热源向前移去后,熔池液体金属迅速冷却结晶,如图 4-12 所示。金属的结晶开始于熔池和基本金属的边界线上,以半熔化状态的基本金属晶粒作为结晶核,然后这些晶粒沿着垂直于散热方向生长,成为柱状晶粒。

焊缝组织是从液体金属结晶的铸态组织,晶粒粗大,成分偏析,组织不致密。但是,由于焊接熔池小,冷却快,化学成分控制严格,碳、硫、磷都较低,还通过渗合金调整焊缝化学成分,使其含有一定的合金元素,因此,焊缝金属性能问题不大,可以满足性能要求,特别是强度容易达到。

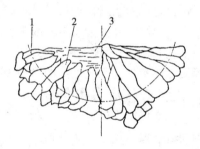

图 4-12 焊缝金属结晶示意图
1—熔合线;2—柱状晶粒;3—熔池

2.熔合区的组织和性能

熔合区是被加热到固相线和液相线之间的区域。焊接过程中,母材部分熔化,熔化的金属凝固成铸态组织,未熔化金属因加热温度高而成为过热粗晶。所以,该区化学成分不均匀,组织粗大,往往是粗大的过热组织或粗大的淬硬组织和铸态组织的混合组织。其性能常是焊接接头中最差的。

3.热影响区的组织和性能

热影响区各点的最高加热温度不同,因此,其组织变化也不相同。图 4-13 为低碳钢焊接接头的组织变化。左图为焊接接头各点最高加热温度曲线,右图为简化的碳钢相图。低碳钢的热影响区可分为过热区、正火区和部分相变区。

(1)过热区 过热区是最高加热温度在 1 100℃ 以上的区域,其晶粒粗大,甚至产生过热组织。过热区的塑性和韧性明显下降,是热影响区中力学性能最差的部位之一。

(2)正火区 正火区是最高加热温度从 A_{c3} 至 1 100℃ 的区域,焊后空冷得到晶粒较细小的正火组织。正火区的力学性能较好。

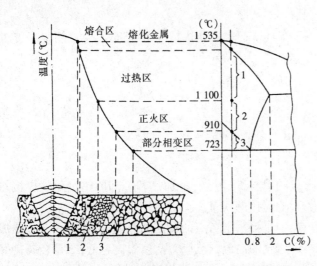

图 4-13　低碳钢焊接接头的组织变化

（3）部分相变区　部分相变区是最高加热温度从 A_{c1} 至 A_{c3} 的区域，只有部分组织发生相变。此区晶粒不均匀，性能也较差。

由于焊后冷却速度很大，对于易淬火钢，如中碳钢、高强度合金钢等，热影响区中会出现淬硬组织马氏体。马氏体的出现，使焊接热影响区硬化，脆化严重。并且随碳含量、合金含量增高，硬化现象愈加严重。

总之，熔合区和热影响区中的过热区是焊接接头中力学性能最差的薄弱部位，会严重影响焊接接头的质量。因此，应尽可能地减小其范围。

4.改善熔合区和热影响区性能的方法

熔合区和热影响区在焊接过程中是不可避免的。对一般的低碳钢结构，用焊条电弧焊或埋弧自动焊方法进行焊接时，熔合区和热影响区较窄，危害性较小，焊后不必进行热处理即可使用。但对于其他金属材料或重要的钢结构，特别是采用电渣焊时，焊后常需进行正火处理，以细化晶粒，改善焊接接头的性能。对于不能实施焊后热处理的焊件或结构，可通过正确选择焊接方法和焊接工艺参数的途径来尽可能减小熔合区和热影响区的范围。

4.2.2　焊接应力和变形

工件焊接之后会产生残余应力和焊接变形，对构件的制造和使用带来许多不利的影响。因而必须设法加以防止和消除。

1.焊接变形和残余应力产生原因

焊接过程中，对焊件不均匀的加热和冷却，是产生焊接应力和变形的根本原因。下面以图4-14平板对接为例说明焊接应力与变形形成过程。

①焊接加热时，由于焊件局部加热，焊缝区域加热温度最高，远离焊缝区域被加热的温度逐渐降低。焊件各区因温度不同将产生大小不等的纵向膨胀，如图 4-14a）中虚线所示那样。但钢板是一个整体，这种自由伸长不能实现，钢板端面只能比较均衡地伸长。这样焊缝区金属因加热温度高受两边金属的阻碍而产生压应力，远离焊缝区的金属则受到拉应力。当压应力超过材料屈服极限时，焊缝区域金属就产生了压缩性变形。钢板中存在着压应力与拉应力二者暂时平衡。整块钢板比原来伸长了 ΔL。

②焊后冷却时，焊缝及热影响区冷却收缩，但焊缝金属在加热时已经产生了压缩塑性变形不能恢复，故若平板能自由收缩，冷却后长度要比原来尺寸短些，所减少的长度应等于压缩变形的长度，此时焊缝将缩短至图 4-14b）虚线所示的位置。

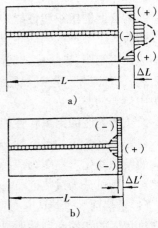

图 4-14　平板对焊时的应力和变形

但钢板是个整体,两边金属阻碍了它的收缩,因此焊后沿宽度平均收缩到比原来短 $\Delta L'$ 的位置,焊件发生了变形。此时焊缝区受拉应力,两边金属受压应力。这些应力焊后残留在构件内部,称为"焊接残余应力"(简称焊接应力)。焊后残存于焊件上的变形称为"残余变形"。

2.焊接变形的防止和矫正

常见焊接变形的基本形式有尺寸收缩、角变形、弯曲变形、扭曲变形和波浪变形五种,如图4-15所示。

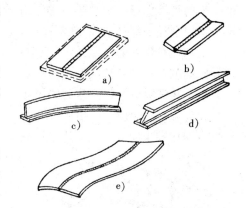

图 4-15　常见焊接变形的基本形式
a)收缩变形;b)角变形;c)弯曲变形;
d)扭曲变形;e)波浪变形

1)防止焊接变形的措施

①设计焊件结构时,要考虑防止焊接变形。焊缝布置和坡口形式尽可能对称,焊缝的截面和长度尽可能小,这样,加热少,变形小。

②焊缝组装时,采用反变形法。一般按测定或经验估计的焊接变形方向和大小,在组装时使工件反向变形,以抵消焊接变形,如图 4-16 所示。同样,也可以采取预留收缩余量来抵消焊缝尺寸收缩。

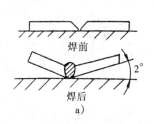 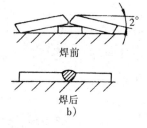

图 4-16　Y 形坡口对接的反变形
a)产生角变形;b)采取反变形

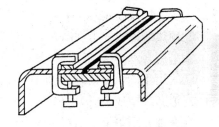

图 4-17　刚性固定防止焊接变形

③刚性固定法。焊接时把焊件刚性固定,限制产生焊接变形,如图 4-17 所示。但这样会产生较大的焊接残余应力。此外,组装时的定位焊也是防止焊接变形的一个措施。

④焊接工艺上,采用线能量集中的焊接方法,采用小能量多层焊及采用合理的焊接顺序,如图 4-18(最好是能同时对称施焊)和图 4-19,都能减少焊接变形。

此外,采用预热法、锤击焊缝法和散热法等措施也都能减小焊接变形。

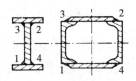

图 4-18　对称截面梁的
焊接顺序

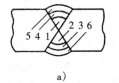 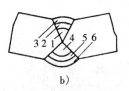

图 4-19　双 Y 形坡口焊接次序
a)合理;b)不合理

　2)矫正焊接变形的方法

　矫正焊接变形的方法有机械矫正法和火焰矫正法。矫正变形的基本原理是产生新的变形抵消原来的焊接变形。机械矫正法是用压力机加压或锤击等方法,产生塑性变形来矫正焊接变形。这要消耗一部分塑性,通常适用于塑性较好的低碳钢和普通低合金钢。火焰矫正法是利用火焰加热产生新的变形,矫正原来的变形,如图4-20所示。一般也仅适用于塑性较好、没有淬硬倾向的低碳钢和普通低合金钢。

3.减少和消除焊接残余应力的措施

　1)减少焊接残余应力的措施

　减少焊接残余应力应从结构设计和焊接工艺两个方面着手,具体如下。

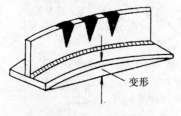

图4-20　火焰矫正法

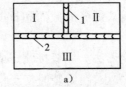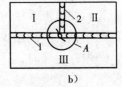

a)　　　　　　　　　b)

图4-21　焊接顺序对焊接应力的影响

a)焊接应力小;b)焊接应力大

　①结构设计要避免焊缝密集交叉,焊缝截面和长度也要尽可能小,以减少焊接局部加热,从而减少焊接残余应力。

　②预热可以减小工件温差,也能减小残余应力。

　③采用合理焊接顺序,使焊缝能较自由地收缩,以减小应力,如图4-21a)所示。

　④采用小能量焊接时,残余应力也较小。

　2)消除焊接残余应力的方法

　在腐蚀介质下工作易产生应力腐蚀裂纹的工件,或者易产生延迟裂纹的重要结构,以及形状尺寸稳定性要求较高时,应采取消除应力措施。

　消除应力最常用、最有效的方法是去应力退火。这是利用材料在高温时屈服强度下降和蠕变现象而达到松弛焊接残余应力的目的。通常把焊件缓慢加热到550~650 ℃,保温一定时间,再随炉缓慢冷却。这种方法可以消除残余应力80%左右。

4.2.3　焊接接头的主要缺陷及检验

1.焊接接头的主要缺陷

　焊接缺陷主要有焊接裂纹、未焊透、未熔合、夹渣、气孔、咬边、烧穿和焊瘤等。现将几种主要的缺陷介绍如下。

　1)焊接裂纹

　在焊接应力及其他致脆因素的共同作用下,焊接接头中局部地区的金属原子结合力遭到破坏,形成新的界面,从而产生缝隙,该缝隙称为焊接裂纹。在使用过程中,裂纹会扩大,甚至使结构突然断裂,因而,裂纹是接头中最危险的缺陷,是不允许存在的。

　常见的焊接裂纹有热裂纹和冷裂纹两种。

　(1)热裂纹　一般是指在固相线附近的高温产生的裂纹。热裂纹经常发生在焊缝区,在焊缝结晶过程中产生。也有发生在热影响区的,在加热到过热温度时,晶间低熔点杂质发生熔化,产生裂纹。热裂纹的微观特征是沿晶界开裂,其断口具有氧化色。当钢中杂质(如硫、磷等)较多时,易形成低熔点共晶体,在拉应力作用下就会产生热裂纹。

(2)冷裂纹 对钢来说通常是指在马氏体开始转变温度以下产生的裂纹。它主要发生在易淬硬钢的热影响区,个别情况下也出现在焊缝上。冷裂纹通常在焊后延迟一段时间才发生,称延迟裂纹。冷裂纹的特征是无分支,通常为穿晶型。表面冷裂纹无氧化色彩。冷裂纹是由于焊接应力和氢共同作用于淬硬组织而产生的。

2)未焊透

焊接时接头根部未完全熔透的现象为未焊透(图 4-22a))。未焊透部位相当于存在一个裂纹,它不仅削弱了焊缝的承载能力,还会引起应力集中形成一个开裂源。导致产生该缺陷的原因有:坡口角度或间隙太小、坡口不洁、焊条太粗、焊接电流太小、焊接过快以及操作不当所致。

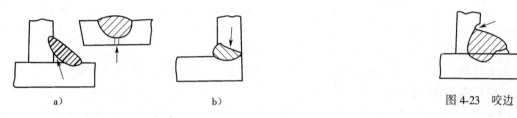

a)   b)

图 4-22 未焊透和未熔合
a)未焊透;b)未熔合

图 4-23 咬边

3)未熔合

熔焊时,未熔合是指焊道与母材之间或焊道与焊道之间未完全熔化结合的部分;点焊时,未熔合是指母材与母材之间未完全熔化结合的部分,统称为未熔合(图 4-22b))。其危害同于未焊透。当坡口不洁、焊条直径过大及操作不当时皆可产生此缺陷。

4)夹渣

焊后残留在焊缝中的熔渣称为夹渣。产生的原因有坡口角度小、焊件表面不清洁、电流小、焊接速度过大等。预防夹渣的措施是:仔细清理待焊表面;多层焊时层间要彻底清渣;减缓熔池的结晶速度。

5)气孔

焊接气孔的产生是由于在熔池液体金属冷却结晶时产生气体,同时由于冷却结晶速度很快,气体来不及逸出熔池表面所造成的。防止气孔的措施主要有:焊条、焊剂要烘干;焊丝和坡口及两侧母材要清除锈、油、水;焊接时采用短弧焊(尤其是碱性焊条)、注意操作技术,控制焊接速度、使熔池中气体逸出来等。

6)咬边

由于焊接参数选择不当或操作工艺不正确,沿焊趾的母材部位产生的沟槽或凹陷称为咬边(图 4-23)。一般结构中咬边深度不许超过 0.5 mm,重要结构(如高压容器)中不允许存在咬边。在电流过大、电弧过长、焊条角度不当等情况下均会产生咬边。对不允许存在的咬边,可将该处清理干净后进行补焊。

2.焊接缺陷检验

焊接质量检验是焊接结构工艺过程的组成部分,通过对焊接质量的检验和分析缺陷产生的原因,以便采用有效措施,防止焊接缺陷,保证焊件质量。质量检验包括焊前检验、工艺过程中检验、成品检验三部分。

焊前和焊接过程中,对影响质量的因素进行检查,以便防止和减少缺陷。

成品检验是在全部焊接工作完毕后进行。常用的方法有外观检验和焊缝内部检验。

外观检验是用肉眼或低倍(小于 20 倍)放大镜及标准焊板、量规等工具,检查焊缝尺寸的偏差和表面是否有缺陷,如咬边、烧穿、气孔、未焊透和裂纹等。

焊缝内部检验是用专门仪器检查焊缝内部是否有气孔、夹渣、裂纹、未焊透等缺陷。常用的方法有 X 射线、γ 射线和超声波探伤等。对于要求密封和承受压力的容器或管道,应进行焊缝的致密检验。

4.3 其他焊接方法

4.3.1 电渣焊

电渣焊是利用电流通过液态熔渣所产生的电阻热作为热源的一种熔焊方法。

1.电渣焊焊接过程

图 4-24 为电渣焊过程示意图。两个焊件处于垂直位置,相距 25 ~ 35 mm(视焊件厚度而定),焊缝两侧装有铜滑块,并通入冷却水使焊缝强制冷却成形,在焊件下端加引入板和引弧板。开始焊接时,先在引弧板上撒一层焊剂,使焊丝和引弧板之间产生电弧,利用电弧热使焊剂熔化,从而形成一定深度的渣池;随即将焊丝迅速插入渣池,电弧熄灭,电弧过程转为电渣过程,依靠渣池的电阻热,不断使焊丝和焊件熔化,并沉积在渣池下面形成熔池。焊接过程中,不断送入焊丝,熔池和渣池逐渐上升(两边铜滑块随之上升),熔池下面相继凝固成焊缝。为保证焊缝质量,焊件上端事先装有引出板,以便引出渣池,获得完整焊缝。

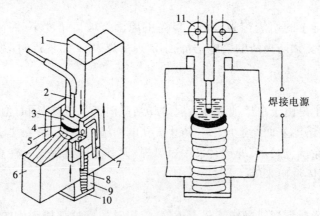

图 4-24 电渣焊焊接过程示意图

1—引出板;2—焊丝;3—渣池;4—溶池;5—滑块;6—焊件;
7—冷却水管;8—焊缝;9—引入板;10—引弧板;11—送丝辊轮

2.电渣焊的特点

①厚大工件可一次焊成。由于整个渣池均处于高温,工件整个截面均处于加热状态。故无论工件多厚都可以不开坡口,只要装配成一定间隙便可一次焊接成形。

②焊缝金属洁净。电渣焊的熔池保护严密,保持液态时间较长,因此冶金过程进行得较充分,熔池中的气体及杂质有充分的时间浮出。同时,自下而上的结晶,也有利于低熔点杂质的浮出。

③焊接应力小。电渣焊加热和冷却的速度都很小,焊缝周围温差较小,因此焊后焊接应力较小。同时有利于淬硬倾向较大的合金钢的焊接。

但是因为焊接接头高温停留的时间过长,晶粒粗大,热影响区较宽,故焊后通常需要正火处理,以细化组织,提高接头的性能。

电渣焊主要用于厚壁压力容器纵缝的焊接以及大型铸—焊、锻—焊或厚板拼接结构的制造。焊接厚度一般在 40 mm 以上。焊件材料常用碳钢、不锈钢等。电渣焊已在我国的水轮机、轧钢机、重型机械制造中得到广泛的应用。

4.3.2 电阻焊

电阻焊又称接触焊,是利用电流通过接头的接触面及邻近区域产生的电阻热,把焊件加热到塑性状态或局部熔化状态,再在压力作用下形成牢固接头的一种压焊方法。

电阻焊可分为点焊、缝焊和对焊三种,如图 4-25 所示。

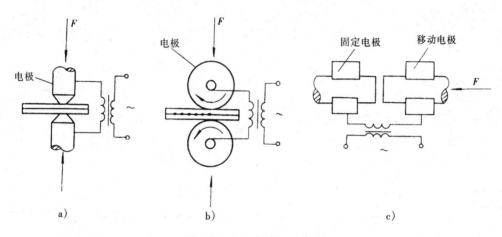

图 4-25 电阻焊类型示意图
a)点焊;b)缝焊;c)对焊

电阻焊使用低电压(仅 2～10V)、大电流(几千至几万安培),从而使焊接时间极短(百分之几秒到几十秒),具有生产率高、焊缝变形小、劳动条件好,不需添加填充金属,易于实现机械化自动化,乃至采用机器人操作的特点。但设备复杂、耗电量大,对焊件厚度和截面形状有一定限制。

1.点焊

点焊是利用柱状电极加压通电,在搭接工件接触面之间焊成一个个焊点(图 4-25a))的一种焊接方法。

点焊时,先加压使二工件紧密接触,然后接通电流。因为两工件接触处电阻较大,电阻热使该处温度迅速升高,金属熔化,形成液态熔核。断电后,应继续保持或加大压力,使熔核在压力下凝固结晶,形成组织致密的焊点。电极与工件接触处所产生的热量因被导热性好的铜(或铜合金)电极与冷却水传走,因此温升有限,不会焊合。

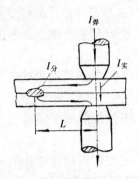

图 4-26　点焊分流现象

焊完一点后,当焊接下个焊点时,有一部分电流会流经已焊好的焊点,称之为分流现象,如图 4-26 所示。分流将使焊接处电流减小,影响焊接质量,因此二焊点之间应有一定距离。工件厚度越大、材料导电性越好,分流现象则越严重,点距应该加大。不同材料及不同厚度工件焊点间最小距离见表 4-4。

影响焊点质量的主要因素除了点焊工艺参数外,焊件表面状态的影响也很大。因此,点焊焊前必须清除焊件表面氧化物和油污等。

点焊主要用于薄板冲压壳体结构及钢筋构件,尤其是汽车和飞机的制造。点焊的工件厚度一般为 0.05 ~ 6 mm,有时可扩大到从 10 μm(精密电子器件)至 30 mm(钢梁、框架)。

表 4-4　点焊、缝焊接头推荐使用尺寸　　　　　　　　　　mm

工件厚度	焊点直径	缝焊焊缝宽度	单排焊缝最小搭边尺寸		点焊最小点距		
			碳钢、低合金钢、不锈钢	铝合金、镁合金、铜合金	碳钢、低合金钢	不锈钢、耐热钢、钛合金	铝合金、镁合金、铜合金
0.3	2.5 ~ 3.5	2.0 ~ 3.0	6	8	7	5	8
0.5	3.0 ~ 4.0	2.5 ~ 3.5	8	10	10	7	11
0.8	3.5 ~ 4.5	3.0 ~ 4.0	10	12	11	9	13
1.0	4.0 ~ 5.0	3.5 ~ 4.5	12	14	12	10	15
1.2	5.0 ~ 6.0	4.5 ~ 5.5	13	16	13	11	16
1.5	6.0 ~ 7.0	5.5 ~ 6.5	14	18	14	12	18
2.0	7.0 ~ 8.5	6.5 ~ 8.0	16	20	18	14	22
2.5	8.0 ~ 9.5	7.5 ~ 9.0	18	22	20	16	26
3.0	9.0 ~ 10.5	8.0 ~ 9.5	20	26	24	18	20
3.5	10.5 ~ 12.5	9.0 ~ 10.5	22	28	28	22	35
4.0	12.0 ~ 13.5	10.0 ~ 11.5	26	30	32	24	40

2.缝焊

缝焊焊接过程与点焊相似,如图 4-25b)所示。只是采用滚盘作电极,边焊边滚,焊件在电极之间连续送进,配合间断通电,形成连续焊点,并使相邻两个焊点重叠一部分,形成一条有密封性的焊缝。缝焊用于有气密性要求的薄板结构,如汽车油箱及管道等。缝焊分流现象严重,一般只用于板厚 3 mm 以下的薄板结构。

3.对焊

按焊接过程不同,对焊分为电阻对焊和闪光对焊。

1)电阻对焊

电阻对焊的过程是:先加预压,使两焊件端面压紧,再通电加热,使待焊处达到塑性温度后,再断电加压顶锻,产生一定塑性变形而焊合。

电阻对焊操作简单,接头外形较圆滑,但对焊件端面加工和清理要求较高,否则接触面容易发生加热不均匀,产生氧化物夹杂,使焊接质量不易保证。因此,电阻对焊一般仅用于截面简单、直径小于 20 mm 和强度要求不高的焊件。

2)闪光对焊

闪光对焊的过程是:两焊件不接触,先加电压,再移动焊件使之接触,由于接触点少,其电流密度很大,接触点金属迅速达到熔化、蒸发、爆破,呈高温颗粒飞射出来,称为闪光;经多次闪光加热后,端面均匀达到半熔化状态,同时把端面的氧化物也清除干净,于是断电加压顶锻,形成焊接接头。

闪光对焊的质量较高,对端面加工要求较低,常用于焊接重要零件。闪光对焊可焊相同的金属材料,也可以焊异种金属材料,如钢与铜、铝与铜等。闪光对焊可焊接直径 0.01 mm 的金属丝,也可以焊截面面积为 0.1 m² 的铜坯。

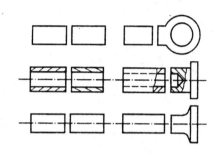

图 4-27 对接接头形式

不论哪种对焊,焊接断面形状应尽量相同。图 4-27 是推荐的几种对接接头形式。对焊主要用于刀具、管子、钢筋、钢轨、车圈、链条等的焊接。

4.3.3 钎焊

钎焊是采用比母材熔点低的金属材料作钎料,将焊件和钎料加热,仅使钎料熔化而焊件不熔化,利用液态钎料填充接头间隙,润湿母材并与母材相互扩散实现连接的焊接方法。

钎焊时不仅需要一定性能的钎料,还要使用钎剂。钎剂是钎焊时使用的熔剂,其作用是去除钎料和母材表面的氧化物和油污,防止焊件和液态钎料在钎焊过程中氧化,改善液态钎料对焊件的润湿性。

钎焊接头的质量在很大程度上取决于钎料。钎料应具有合适的熔点和良好的润湿性,能与母材形成牢固结合,得到一定的力学性能与物理化学性能的接头。钎焊按钎料熔点分为软钎焊和硬钎焊两大类。

1)软钎焊

钎料熔点在 450 ℃以下的钎焊叫软钎焊。常用钎料是锡铅钎料,常用钎剂是松香、氯化锌溶液等。软钎焊接头的强度低,工作温度低,主要用于仪表、电气零部件及导线等的焊接。

2)硬钎焊

钎料熔点高于 450 ℃的钎焊叫硬钎焊。常用钎料有铜基钎料和银基钎料等。常用钎剂有硼砂、硼酸、氯化物、氟化物等。硬钎焊接头强度较高,工作温度也较高,主要用于受力较大的钢铁及铜合金构件的焊接,如焊接自行车车架、带锯锯条、硬质合金刀具等。

钎焊的加热方法很多,如烙铁加热、气体火焰加热、各种炉子加热、电阻加热和高频加热等。

与一般熔焊相比,钎焊的特点如下。

①钎焊过程中,工件加热温度较低,因此组织和力学性能变化很小,变形也小。接头光滑平整,工件尺寸精确。

②钎焊可以焊接性能差异很大的异种金属,对工件厚度也没有严格限制。

③对工件整体加热钎焊时,可同时钎焊由多条(甚至上千条)焊缝组成的复杂形状构件,生产率很高。

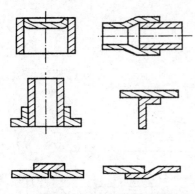

图 4-28 钎焊的接头形式

④钎焊设备简单,生产投资费用少。

但钎焊的接头强度较低,尤其动载强度低,故不适合重载、动载机件的焊接。钎焊构件的接头形式都采用板料搭接和套件镶接,如图 4-28 所示。这些接头都有较大的钎接面,以弥补钎料强度的不足。

4.3.4 常用焊接方法的比较和选用

制造焊接结构时,应选择合理的焊接方法,以获得符合质量要求的焊接接头,并且有较高生产率和较低成本。表 4-5 列出常用焊接方法的比较。

表 4-5 常用焊接方法的比较

焊接方法	比较项目				
	热源	主要接头形式	焊接位置	常用钢板厚度(mm)	焊件材料
气焊	化学热	对接、卷边接	全	0.5~2	碳钢、合金钢、铸铁,铜、铝及其合金
焊条电弧焊	电弧热	对接、搭接、T形接		3~20	碳钢、合金钢、铸铁、铜及其合金
埋弧焊			平	6~60	碳钢、合金钢
氩弧焊			全	0.5~25	铝、铜、镁、钛及其合金,耐热钢、不锈钢
CO_2 保护焊				0.8~30	碳钢、低合金铜、不锈钢
电渣焊	熔渣电阻热		立	35~400	碳钢、低合金钢、不锈钢、铸铁
对焊	电阻热	对接	平	电阻对焊≤20	碳钢、低合金钢、不锈钢、铝及其合金,闪光对焊异种金属
点焊		搭接	全	0.5~3	低碳钢、低合金钢、不锈钢、铝及其合金
缝焊				<3	
钎焊	各种热源	搭接、套接	平		碳钢、合金钢、铸铁、铜及其合金

选择焊接方法时,应综合考虑焊件的材料、厚度、结构特点和变形要求,产品工作条件(承载情况、工作温度等),生产周期等多种因素,还要注意具体生产条件,如焊接设备、操作技术、焊缝检测手段等。对于具有良好焊接性的低碳钢、薄板结构,可采用气焊、二氧化碳气体保护焊、缝焊;无密封要求时,可采用点焊;中厚板结构(壁厚为 10~20 mm)的短焊缝或单件生产,可采用焊条电弧焊;长焊缝或大批量生产,可采用埋弧自动焊、二氧化碳气体保护焊,前者只能进行平焊,后者可进行全位置焊接;厚板重型结构,主要采用电渣焊。至于氩弧焊,因成本高,一般不用于焊接低碳钢,主要用于焊接焊接性较差的不锈钢、耐热钢和有色金属等。若仅制造一二件焊接结构,应尽量从本车间中已有的焊接方法中选择,或进行技术协作,委托外单位焊接;若属于批量较大的定型产品,应立足于本车间,添置必要的焊接设备,创造条件采用先进的焊接方法。

4.3.5 等离子弧焊与切割

1.等离子弧的产生

等离子弧是一种电离度很高的压缩电弧。这种气体介质几乎完全电离为正离子和电子电荷相等的等离子体。它的温度很高,可高达 20 000 ~ 50 000 K(一般自由状态的钨极氩弧最高温度为 10 000 ~ 20 000 K)。因此,它能迅速熔化金属材料,可以用来焊接和切割。

等离子弧发生装置如图 4-29 所示。钨极 1 与焊件 5 之间的自由电弧,受到以下三个压缩作用形成等离子弧。

(1)热压缩效应 当通入有一定压力和流量的离子气(如氩气)时,由于喷嘴水冷作用,使靠近喷嘴通道壁的气体受到强烈冷却,冷气流均匀地包围着电弧,使弧柱外围受到强烈冷却,迫使带电粒子流往弧柱中心集中,弧柱被压缩。这种由于冷却作用,在电弧四周产生一层冷气膜压缩电弧的作用,叫热压缩效应。

(2)机械压缩效应 电弧通过喷嘴的细孔时受到压缩作用,称为机械压缩作用。

(3)电磁收缩效应 带电粒子流的运动可看成是电流在一束平行的"导线"内移动,其自身磁场所产生的电磁力,使这些"导线"互相吸引靠近,弧柱又进一步被压缩,这种压缩作用称之为电磁收缩效应。

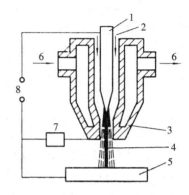

图 4-29 等离子弧发生装置原理图

1—钨极;2—离子气;3—喷嘴;
4—等离子弧;5—焊件;6—冷却水;
7—电阻;8—直流电源

如果采用小孔径喷嘴、大气流、大电流,则等离子弧流速高、冲力大,被称为"刚性弧",主要用于切割;反之,等离子弧冲力小,被称为"柔性弧",主要用于焊接。

2.等离子弧焊接

等离子弧焊应使用专用的焊接设备焊炬,焊炬的构造应能保证在等离子弧周围通以均匀的保护氩气流,以保护熔池和焊缝不受空气的有害作用。所以,等离子弧焊接实质上是一种具有压缩效应的钨极气体保护焊。

等离子弧焊可分为微束等离子弧焊和大电流等离子弧焊。

微束等离子弧焊接时,电流在 30 A 以下,等离子弧喷射速度和能量密度较小,比较柔和,可用于焊接 0.025 ~ 2.5 mm 的箔材及薄板。

当焊件厚度大于 2.5 mm 时,常采用大电流。此时气体流量大,等离子弧挺直度大,温度高,当焊接参数选择合适时,等离子弧能穿透整个工件,焊后的焊缝宽度和高度均匀一致,双面成形良好,焊缝表面光洁。

等离子弧焊除具有氩弧焊的优点外,还有以下特点。

①等离子弧能量密度大,弧柱温度高,穿透能力强。所以 10 ~ 20 mm 厚度钢材可不开坡口,能一次焊透双面成形,焊接速度快,生产率高,应力和变形小。

②电流小到 0.1 A 时,电弧仍能稳定燃烧,并保护良好的挺直度与方向性,所以可焊接很薄的箔材。

等离子弧焊已日益广泛用于工业生产中,特别是航空航天工业部门和尖端工业中焊接难熔、易氧化、热敏感性强的材料,如钼、钨、铬、镍、钛、钽及其合金和不锈钢、耐热钢等,也可以焊接一般钢材或有色金属。

3.等离子弧切割

等离子弧切割是先于等离子弧焊的一种新工艺。它的切割原理和氧气切割不同,它是利用能量密度高的高温高速的等离子流,将切割金属局部熔化并随即吹除,形成整齐的切口。因此,它能切割一般氧气切割所不能切割的金属,如不锈钢、铝、铜、钛、铸铁及钨、锆等难熔金属,也可用于切割花岗石、碳化硅、耐火砖、混凝土等非金属材料。

4.3.6　电子束焊接

电子束焊是利用高能量密度的电子束轰击焊件,使其动能转变成热能而进行焊接的熔化焊工艺。一般按焊件所处真空度的差异,可分为真空电子束焊、低真空电子束焊和非真空电子束焊三种。

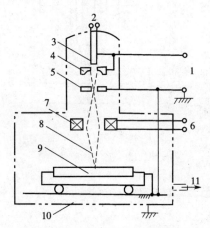

图 4-30　真空电子束焊原理图
1—直流高压电源;2—交流电源;3—灯丝;
4—阴极;5—阳极;6—直流电源;7—聚集装置;
8—电子束;9—焊件;10—真空室;11—排气装置

1.真空电子束焊的基本原理

真空电子束焊的原理如图 4-30 所示。由电子枪的炽热阴极发射电子,电子被加在工件与阴极间的强电场加速,穿过阳极孔,经磁场聚焦,形成高能量密度的电子束轰击到被焊工件上而进行焊接。

电子束焊接一般不加填充焊丝,如要保证焊缝的正面和背面有一定堆高时,可在接缝上预加垫片。真空电子束焊接的工件,焊前必须进行严格除锈和清洗,不允许有残留有机物。

2.电子束焊接的特点和应用

电子束焊接的特点如下。

①保护效果极佳,焊接质量好。真空电子束焊接是在真空中进行的,因此,焊缝金属不会氧化、氮化,也不会有氢,不存在焊缝金属污染问题。所以,真空电子束焊特别适于焊接化学活泼性强、纯度高的和极易被大气污染的金属,如铝、钛、锆、钼、铍、钽、高强钢、高合金钢和不锈钢等。

②能量密度大。电子束束斑能量密度可达 $10^6 \sim 10^8$ W/cm^2,比电弧能量密度高 100 ~ 1 000倍。因此,它可以焊接难熔金属,如铌、钽、钨等,可焊接厚大截面工件。

③焊接变形小。

④适应性强。电子束焊接工艺参数可各自单独调节,而且调节范围很宽。它可以焊厚 0.1 mm 的板,也可焊 200 ~ 300 mm 厚板;可以焊普通低合金钢、不锈钢,也可以焊难熔金属、活性金属以及复合材料、异种金属,如铜 – 镍、钼 – 镍、钼 – 铜、钼 – 钨、铜 – 铝等,还能够焊接一般焊接方法难以施焊的工件。

⑤真空电子束焊接设备复杂,造价高,焊件尺寸受真空室限制。

另外,由于真空电子束焊接是在压强低于 10^{-2} Pa 的真空进行,易蒸发的金属及其合金和含气量比较多的材料,在真空电子束焊接时,易于发弧,妨碍焊接过程的连续进行。因此,一般含锌较高的铝合金(如铝 – 锌 – 镁)和铜合金(黄铜)以及未脱氧处理的低碳钢,不能用真空电子束焊接。

4.3.7 激光焊接与切割

1.激光焊接

激光是利用原子受激辐射的原理,使工件物质受激而产生一种单色性好、方向性强、亮度高的光束。聚焦后的激光束能量密度极高,最高可达 10^{13} W/cm^2,在千分之几秒甚至更短时间内,光能转变成热能,其温度可达一万摄氏度以上,极易熔化和汽化各种对激光有一定吸收能力的金属和非金属材料,可以用来焊接和切割。

激光焊接的基本原理如图 4-31 所示。利用激光器产生的激光束,通过聚焦系统聚焦,形成十分微小且能量密度很高的焦点(光斑),当调焦到焊缝处时,光能转换成热能,将被焊部位的材料熔化而形成焊接接头。

激光焊的特点如下。

①焊接速度快。激光辐射放出能量极其迅速,被焊材料不易氧化,可以在大气中焊接,而不需要真空环境或气体保护。

②灵活性大。激光焊不需要与被焊工件接触。激光还可以通过透明材料进行焊接。

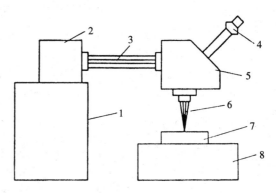

图 4-31　激光焊示意图

1—电源;2—激光器;3—激光束;4—观察器;
5—聚焦系统;6—聚焦光束;7—焊件;8—工作台

③易于焊接异种金属材料,甚至可把金属材料和非金属材料焊接到一起。

2.激光切割

激光光束能切割各种金属材料和非金属材料,如氧气切割难以切割的不锈钢和钛、铝、铜、锆及其合金等金属材料,木材、纸、布、塑料、橡胶、岩石、混凝土等非金属材料。

激光切割具有以下优点。

①切割质量好,效率高。

②切割速度快。

③切割成本低。据统计,用激光切割一般难以切割的金属时,其成本比等离子切割可降低75%。

4.3.8 摩擦焊

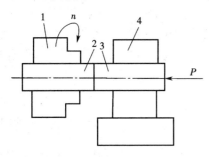

图 4-32　摩擦焊示意图

1—旋转夹具;2、3—焊件;4—静止夹具

摩擦焊是利用工件金属焊接表面相互摩擦产生的热量,将金属局部加热到塑性状态,然后在压力下完成焊接的一种压力焊方法。

图 4-32 为摩擦焊过程示意图。将焊件装夹在摩擦焊机上,加一定预压力,使两焊件抵紧,然后由夹具1 带动焊件 2 做旋转运动,摩擦导致焊件接触面部位升温到高塑性状态,利用刹车装置急速使焊件 2 停转,同时给焊件 3 施以较大的顶锻压力 P,使两焊件的接触部位产生塑性变形而焊接起来。

摩擦焊有以下优点。

　　①焊接质量好。由于焊接时表面杂质被挤出,接头组织致密,不易产生气孔、夹渣等缺陷。

　　②生产效率高。完成一个焊缝总循环时间一般不超过半分钟,每小时可生产几百甚至上千件。

　　③适于焊接异种金属。它不仅可焊普通异种钢,还可焊接性能差异较大的钢种和合金。如碳素钢或低合金钢与不锈钢、高速钢,以及铜与不锈钢的焊接等。

　　摩擦焊大量应用于生产是从 20 世纪 60 年代开始的,主要用于锅炉、石油化工机械、刀具、汽车、飞机、电力等工业部门。如锅炉蛇形管、拖拉机双金属轴瓦、高速钢 – 中碳钢刀具等。

　　当然,摩擦焊和其他焊接方法一样,也有其局限性。摩擦焊是一种旋转工件的压力焊接方法,主要用于杆状工件,非圆截面工件的焊接是很困难的。大截面工件的焊接也受焊机主轴电动机功率和压力的限制,目前摩擦焊可焊直径 2 mm 到 100 mm 的棒料或外径可达数百毫米的管件。摩擦焊机一次投资费用大,因此适用于大批量生产。

4.4　常用金属材料的焊接

4.4.1　金属材料的焊接性

　　1)金属焊接性的概念

　　金属焊接性是金属材料对焊接加工的适应性。它主要是指在一定的焊接工艺条件下,获得优质焊接接头的难易程度,即金属材料表现出"好焊"和"不好焊"的差别。它包括两方面的内容:一是接合性能,即在一定焊接工艺条件下,金属形成焊接缺陷(尤其是裂纹)的敏感性;二是使用性能,即在一定焊接工艺条件下,金属的焊接接头对使用要求的适应性。

　　评定某种材料的焊接性,还要看选择什么焊接方法和采取什么工艺措施。对过去认为焊接性差的金属,通过采取工艺措施和先进的焊接方法,仍能得到优良的焊接接头,则认为采取措施后焊接性是良好的。如钛合金的氩弧焊接。

　　评价金属的焊接性,可通过估算或工艺试验确定。

　　2)金属焊接性的评定

　　通常,钢材的焊接主要以抗裂性的优劣来评定。因为钢材焊接时的冷裂倾向与热影响区的淬硬程度有关,而淬硬程度又要取决于钢材的化学成分,所以可用钢材的化学成分评价其热影响区的淬硬倾向和冷裂倾向。实践证明,在各种元素中,碳对钢的淬硬、冷裂倾向最为显著,因此通过试验把其他元素对钢材淬硬、冷裂倾向的影响折合成等效的含碳量,即"碳当量"。用碳当量公式计算出钢材的碳当量,可以对不同钢材的冷裂倾向和焊接性进行粗略估计和对比。钢材的碳当量越高,则冷裂倾向越大,焊接性越差。国际焊接学会推荐的适用于碳钢和低合金结构钢常用的碳当量公式为

$$C_E = C + \frac{Mn}{6} + \frac{Cr + Mo + V}{5} + \frac{Ni + Cu}{15}(\%)$$

式中各元素符号为钢中该元素百分含量

　　经验表明,当 $C_E < 0.4\%$ 时,钢材焊接时冷裂倾向不大,焊接性良好,焊接时一般不需预热等措施;$C_E = 0.4\% \sim 0.6\%$ 时,钢材焊接时冷裂倾向明显,焊接性较差,焊接时一般需要预热和采取其他工艺措施来防止裂纹;$C_E > 0.6\%$ 时,钢材焊接时冷裂倾向严重,焊接性差,需要采取

较高的预热温度和其他严格的工艺措施。

碳钢和低合金钢焊接时,预热温度与碳当量、板厚的关系如图 4-33 所示。

在实际生产中,金属材料的焊接性除了按碳当量进行估算外,还常需要根据实际情况进行抗裂性试验,并配合进行接头使用性能试验,以制定正确焊接工艺。

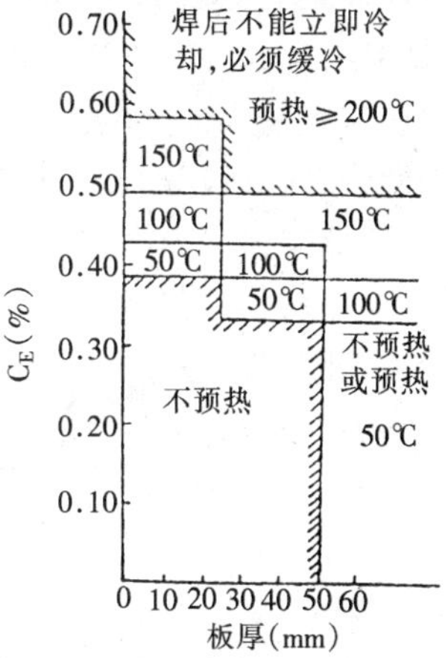

4.4.2 碳素结构钢和低合金结构钢的焊接

1) 低碳钢的焊接

低碳钢的含碳量小于 0.25%,碳当量小于 0.40%,一般没有淬硬、冷裂倾向。所以,低碳钢的焊接性良好。一般不需要预热,不需要特殊的焊接工艺措施,采用所有的焊接方法,都可以获得优质焊接接头。只有厚度大的结构,在 0 ℃以下低温焊接时,应考虑预热,例如板厚大于 50 mm,在低于 0 ℃的环境温度焊接时,应预热 100 ~ 150 ℃。

图 4-33 预热温度与碳当量、
板厚的关系

2) 中碳钢的焊接

中碳钢由于含碳量增加,碳当量在 0.40% 以上,淬硬倾向增大,焊接性变差。因此,焊接中碳钢结构时,焊前必须进行预热,使焊接时焊件各部分的温差较小,以减小焊接应力。如 35钢和 45 钢焊接时,一般要预热 150 ~ 250 ℃。另外,焊接时应选用抗裂能力强的低氢型焊条,如 E5015、E5016 等,并采用细焊条、小电流、开坡口、多层多道焊等,防止含碳量高的母材过多熔入焊缝。并采取其他的防止冷裂纹的工艺措施,如焊后缓冷等。

3) 高碳钢的焊接

高碳钢(含碳量 > 0.6%)由于含碳量更高,焊接性更差,应采用更高的预热温度,更严格的工艺措施(包括焊接材料的选配)才可进行焊接。实际上,高碳钢的焊接一般只用于工具、模具的修补。

4) 低合金钢结构的焊接

要焊接的低合金结构钢主要是指用于制造金属结构的建筑和工程用钢,其性能的主要要求是强度(同时要求有良好的塑性、韧性),所以也叫强度用钢,在我国一般按屈服强度分等级。

对于 16Mn($\sigma_s = 350$ MPa)等强度级别较低的低合金结构钢,其塑性、韧性好,$C_E \leqslant 0.4\%$,焊接性良好。在常温下焊接此钢时,按焊接低碳钢对待。在低温或大刚度、大厚度构件上进行焊接时,应防止出现淬硬组织,为此要适当增大焊接电流、减小焊速、选用低氢型焊条,并进行预热。对受压容器(厚度大于 20 mm)的焊接,还应注意焊后退火,以消除内应力。

对强度级别高的低合金结构钢,淬硬、冷裂倾向增大,焊接性较差,一般都要预热。焊接时采用大电流、小焊速,以减缓焊接接头的冷却速度。焊后及时进行回火,回火温度为 600 ~650 ℃。当不能及时回火时,可先加热焊件到 200 ~ 300 ℃,保温 2 ~ 6 h,进行消氢处理,以防冷裂。根据钢材强度等级选择相应的焊条(应尽量使用低氢型焊条)或使用碱度高的焊剂配合适当焊丝施焊,并注意焊前烘干焊条、焊剂,对焊件认真清理。

4.4.3 不锈钢的焊接

不锈钢中应用最广泛的是奥氏体不锈钢,如 1Cr18Ni9Ti 等。其焊接性良好,常采用焊条电弧焊和钨极氩弧焊,也可用埋弧焊。焊条电弧焊时,应选用与母材化学成分相同的焊条;氩弧焊和埋弧焊时,选用的焊丝应保证焊缝化学成分与母材相同。

焊接奥氏体不锈钢的主要问题是晶界腐蚀和热裂纹。由于不锈钢在 500~800 ℃ 范围内长时间停留,晶界处将析出碳化铬,引起晶界贫铬区,使接头丧失耐蚀性能。因此,应选择适当的焊接材料及采用小电流、快速焊、强制冷却等措施以防止晶界腐蚀。热裂纹是由于晶界处易形成低熔点硫、磷等共晶,且此类钢本身热导率较小,仅为低碳钢的 1/3 左右,而线膨胀系数大,约比低碳钢大 50%,故在焊接时易形成较大拉应力。应严格控制硫、磷等杂质的含量。

4.4.4 铸铁的焊补

铸铁的焊接主要用于损坏的旧铸件和有缺陷的新铸件的修补。

铸铁含碳量高,硫、磷杂质也多,塑性很差,因此,其焊接性差。铸铁焊接主要问题有两个:一是易产生白口组织,加工困难;二是因含碳量高易产生裂纹。此外,还易产生气孔。

铸铁焊补工艺有热焊和冷焊两种。

1)热焊

热焊法是焊前将焊件整体或局部预热到 600~700 ℃,施焊过程中铸件温度不应低于 400 ℃,焊后缓冷或再将焊件加热到 600~650 ℃ 进行去应力退火。热焊法能有效地防止产生白口组织和裂纹,焊缝便于机械加工,但需配置加热设备,且劳动条件差。焊接方法一般采用气焊或焊条电弧焊,气焊火焰可以用于预热工件和焊后缓冷。

热焊法一般用于小型、中等厚度(大于 10 mm)的铸件和焊后需加工的复杂、重要的铸铁件,如汽车的汽缸和机床导轨等。

2)冷焊

冷焊法是焊前工件不预热或只进行 400 ℃ 以下的低温预热。冷焊法常采用焊条电弧焊,主要依靠铸铁焊条来调整化学成分提高塑性,防止或减少白口组织及避免裂纹的产生。常用焊条有:钢芯或铸铁芯铸铁焊条,适用于一般非加工面的焊补;镍基铸铁焊条,适用于重要铸件加工面的焊补。冷焊时常采用小电流、分段焊(每段小于 50 mm)、短弧焊,以及焊后轻锤焊缝以松弛应力等工艺措施,防止焊后开裂。冷焊法生产率高、成本低、劳动条件好,但焊接处切削加工性较差。

4.4.5 有色金属的焊接

1. 铜及铜合金的焊接

铜及铜合金焊接性比低碳钢差得多,其原因如下。

①铜的导热性好,焊接热量损失大,因此,焊前工件要预热,焊接时需要采用较大的热量,否则不易焊透。

②铜在液态时易氧化,生成的 Cu_2O 与 Cu 的低熔点共晶体沿晶界分布,又因铜凝固收缩大,因此,容易出现裂纹缺陷。

③铜在液态时吸气性强,特别容易吸收氢气,易在焊缝中产生气孔。

由上述可见,为了防止铜及铜合金的焊接裂纹和气孔,必须防止铜的气化和氢的溶解。经验表明,焊接紫铜或青铜时采用氩弧焊较理想。气焊则是焊接黄铜的有效方法。常用轻微的氧化焰,配以含硅量较高的黄铜焊丝,可获得满意的焊接接头。

2. 铝及铝合金的焊接

铝及铝合金的焊接性也较差,其原因如下。

①极易氧化生成氧化铝,氧化铝的熔点高达 2 050 ℃,它覆盖在熔池表面,阻碍金属熔合。

同时,氧化铝比重大,会引起焊缝夹渣。

②导热系数、膨胀系数大,易产生裂纹。

③液态铝能吸收大量氢,易产生气孔。

④固、液态铝无明显色泽变化,不易观察控制。

目前焊接铝及铝合金较好的方法是氩弧焊。要求不高的工件也可用气焊,但必须用氯化物与氟化物组成的溶剂去除焊件的氧化膜和杂质。

4.5 焊接结构工艺设计

焊接结构设计应根据工作要求合理地选择焊接结构的材料、焊接方法,适当安排焊缝位置,正确设计焊接接头,合理制定工艺等,以便用简便可靠的工艺获得优质产品,并能降低成本和提高生产率。

4.5.1 焊接结构材料的选择

选择焊接结构材料的着眼点,一是材料的力学性能,二是材料的焊接性。在满足工作性能要求的前提下,首先应考虑选焊接性较好的材料。一般说来,低碳钢和 $C_E < 0.4\%$ 的低合金钢都是具有良好的焊接性,在设计焊接结构时应尽量选用。而 $C_E > 0.6\%$ 的碳钢、$C_E > 0.4\%$ 的合金钢,焊接性不好,在设计焊接结构时,一般不宜采用;如果必须采用上述材料,应在设计和生产工艺中采取必要的措施。

对异种金属的焊接,必须注意两种不同焊接材料的焊接性。我国低合金钢体系中的钢种,其化学成分与物理性能较接近,对这些异种钢的互相焊接,一般困难不大。低碳钢或低合金钢若同其他钢种焊接,则应充分注意焊接性的差异,一般要求接头强度不低于母材中的强度较低者。因此,设计者应对焊接材料提出要求,而焊接时应按焊接性较差的钢种采取工艺措施。

设计焊接结构时,应多采用工字钢、槽钢、角钢和钢管等型材,以减少焊缝数量、简化焊接工艺及增加结构件的强度和刚度。对于形状较复杂的部分,还可以考虑用铸件、锻件或冲压件焊接。如图 4-34 所示的构件,图a)有四条焊缝,图 b)、图 c)各有两条焊缝,可见,图 b)、图 c)的选材合理。

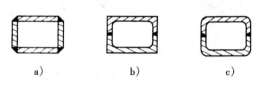

图 4-34 合理选材减少焊缝数目的实例
a)用四块钢板焊成;b)用两根槽钢焊成;
c)用两块钢板弯曲后焊成

此外,在设计焊接结构形状尺寸时,还应注意原材料的尺寸规格,以便下料套料时减少边角余料损失和减少拼料焊缝数量。

4.5.2 焊缝的布置

在焊接结构中,焊缝布置对焊接质量和生产率有很大影响。在考虑焊缝布置时,要注意下列一般原则。

1.焊缝位置应便于操作

布置焊缝时,要考虑到焊缝应便于施焊,有足够的操作空间。如图 4-35a)、b)所示的内侧焊缝,焊条无法伸入,应改成图4-35c)、d)所示的设计才比较合理。另外,埋弧焊结构要考虑接头处施焊时便于存放焊剂(图4-36);点焊与缝焊应考虑电极的伸入要方便(图4-37)。

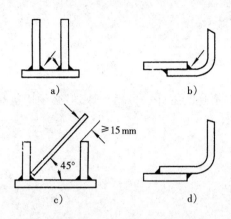

图 4-35 焊缝位置便于焊条电弧焊的设计

a)、b)不合理;c)、d)合理

此外,焊缝应尽量放在平焊位置,应尽可能避免仰焊焊缝,减少横焊焊缝,以减少和避免大型构件的翻转。

2.焊缝应尽量避开最大应力和应力集中位置

焊接接头性能往往低于母材性能,而且焊接接头还有焊接残余应力,因此,要求焊缝避开应力大的部位,特别是要避开应力集中部位。对于要求较高的压力容器,特别是中、高压容器,不能采用平板封头(图 4-38a))和无折边封头(图 4-38b))的焊接结构,而应采用折边封头(即碟形封头,如图 4-38c)所示)或椭圆封头、球形封头。

3.焊缝应避免密集交叉

焊缝密集或交叉都会造成金属局部热量过分集中,待冷却收缩时,可能由于双向拉应力的出现及应力数值过大而使其产生裂纹。分散或错开焊缝,可减少拘束应力和应力集中,从而避免应力过大和产生裂纹的倾向(如图 4-39)。

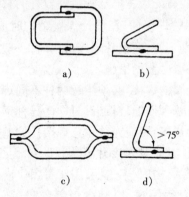

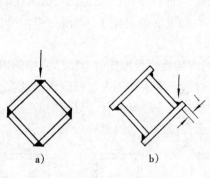

图 4-36 便于埋弧焊的设计

a)不合理;b)合理

图 4-37 便于点焊及缝焊的设计

a)、b)电极难以伸入;c)、d)操作方便

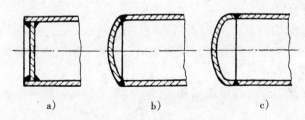

图 4-38 压力容器封头的焊接

a)平板封头;b)无折边封头;c)碟形封头

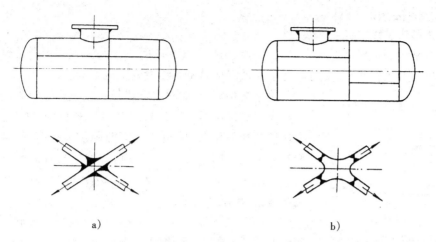

图 4-39　焊缝布置的不同方案

a)密集焊缝,不合理;b)分散焊缝,合理

4.焊缝设置应尽量对称

如图 4-40a)、b)所示的焊件,焊缝位置偏在截面重心的一侧,由于焊缝的收缩会造成较大的弯曲变形。图 c)、d)、e)所示的焊缝位置对称,就不会发生明显的变形。图 c)、d)二者又以d)效果较好。

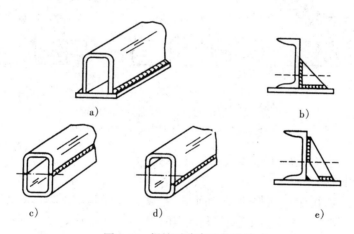

图 4-40　焊缝对称布置的设计

5.焊缝一般应避开加工部位

焊缝要避开加工部位,以免影响加工表面的质量,或者不利于机械加工,如图 4-41 所示。

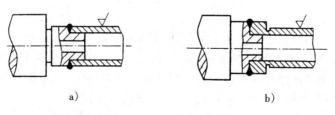

图 4-41　焊缝避开加工部位的设计

a)不合理;b)合理

4.5.3　焊接接头的设计

1.接头形式设计

常用的基本焊接接头形式有对接、搭接、角接和 T 形接等。接头形式的选择是根据结构的形状和焊接生产工艺而定,要考虑易于保证焊接质量和尽量降低成本。

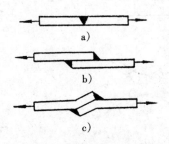

图 4-42　对接和搭接受力
情况比较

a)对接;b)搭接;c)搭接(受力后)

对于熔化焊,有时对接和搭接可以进行比较和选择。对接接头受力简单、均匀,节省材料,但对下料尺寸精度要求较高。搭接接头受力复杂,接头产生弯曲附加应力,如图 4-42 所示,但对下料尺寸精度要求低。因此,锅炉、压力容器等结构的受力焊缝常用对接接头。对于厂房屋架、桥梁、起重机吊臂等桁架结构,多用搭接接头。

有时对接和角接(或 T 形接)也可进行比较选择。图4-43所示的蒸压釜封头,采用图 a)所示的对接接头,虽然机加工麻烦,但是它容易焊透,易于检验焊接接头质量,从而保证焊接质量。这是正确的接头设计方案。图 4-43b)和 c)所示的 T 形接和搭接,虽然机械加工比较简单,但均不易焊透,不易焊接检验,因此,不能确保焊接质量,而且应力集中也大。对于压力容器,采用这样的接头形式是不合理的。

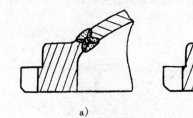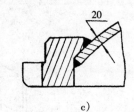

图 4-43　蒸压釜封头三种接头形式比较

a)对接,合理;b)T 形接,不合理;c)搭接,不合理

电渣焊可选用对接接头、T 形接头和角接接头,生产中常采用的是对接接头。

钎焊的接头形式,由于对接接头结合面小,承载能力差,往往采用搭接接头。电阻焊的点焊和缝焊的接头形式要用搭接。对焊则要采用对接接头。

此外,对于薄板气焊和钨极氩弧焊,为了避免烧穿或者为了省去添加填充焊丝,要用卷边接头,如图4-44所示。

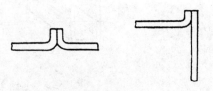

图 4-44　卷边接头

2.坡口形式设计

开坡口的根本目的是为了使接头根部焊透,同时也使焊缝成形美观,此外通过控制坡口大小,能调节焊缝中母材金属与填充金属的比例,使焊缝金属达到所需的化学成分。

焊条电弧焊常用的几种焊缝坡口形式与尺寸如图 4-45 所示。当对板厚在 6 mm 以下对接接头施焊时,一般可不开坡口(即 I 形坡口)直接焊成。但当板厚增大时,接头处则应根据工件厚度预先加工出相应的坡口,坡口角度和装配尺寸按标准选用。两个焊接件的厚度相同时,常用的坡口形式及角度可按图 4-45 选用。其中,Y 形坡口和 U 形坡口用于单面焊,其焊接性较好,但焊后角度变形较大,焊条消耗量也大些。双 Y 形坡口双面施焊,受热均匀,变形较小,焊条消耗量较少,但有时受结构形状的限制。U 形坡口根部较宽,允许焊条深入,容易焊透,而且坡口角度小,焊条消耗量较 Y 形坡口少,但因坡口形状复杂,一般只用在重要的受动载荷的厚板结构中。双单边 V 形坡口主要用于 T 形接头和角接接头的焊接结构中。

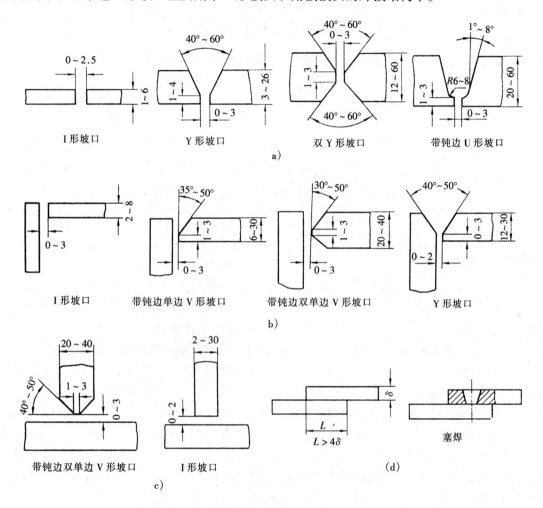

图 4-45　焊条电弧焊接头形式与坡口形式
a)对接接头;b)角接接头;c)T 形接头;d)搭接接头

　　设计焊接结构最好是采用相同厚度的金属材料,以便获得优质的焊接接头。如果采用厚度相差较大的金属材料进行焊接,接头处易形成应力集中,而且接头两边由于受热不均匀易产生焊不透等缺陷。不同厚度金属材料对接时,允许的厚度差如表 4-6 所示。超出表中规定的值时,应在较厚的板料上加出单面或双面斜边的过渡形式,如图 4-46 所示。

表 4-6　不同厚度金属对接时允许厚度差　　　　　　　　　　mm

较薄板的厚度	2 ~ 5	6 ~ 8	9 ~ 11	≥12
允许厚度差($\delta_1 - \delta$)	1	2	3	4

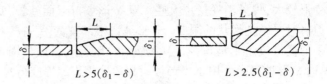

图 4-46　不同厚度金属材料对接的过渡形式

板厚不同的角接与 T 形接头受力焊缝,要考虑采用图 4-47 的过渡形式。

角接接头　　　　　　　　　　　　T 形接头

图 4-47　不同厚度的角接与 T 形接头的过渡形式

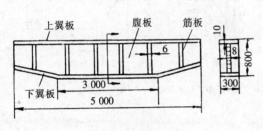

图 4-48　焊接梁结构

4.5.4　焊接结构工艺设计举例

结构名称:焊接梁(图 4-48)

主要组成:翼板、腹板和筋板

材料:15 钢,钢材最大长度 2 500 mm

生产批量:成批生产

工艺设计要点如下。

1.翼板、腹板的焊缝位置确定

首先分析梁的受力情况。当梁两端支撑起来处于工作位置时,上翼板受压应力,下翼板受拉应力,并且在中部拉应力最大。腹板受力较小,当梁受到载荷作用时,其应力随之增大。因此,对于上翼板和腹板来说,从使用要求看,焊缝位置可随意选择。考虑到减少焊缝数量及充分利用材料,节省工时,上翼板和腹板都采用两块长 2 500 mm 的钢板对接,即置焊缝于中部。而对于下翼板来说,焊缝应避开拉应力最大的中部位置,故必须采用三块板拼接。又考虑到原材料长度为 2 500 mm,所以下翼板采用焊缝距离为 2 500 mm 的对称布置方案。

根据以上分析,翼板和腹板的拼接焊缝布置方案如图 4-49 所示。

2.各焊缝的焊接方法及接头形式

从焊件厚度、结构形状及尺寸看,可供选择的焊接方法有焊条电弧焊、CO_2 保护焊和埋弧焊。因为是批量生产,应尽量选用埋弧自动焊,不便采用埋弧焊的焊缝或没有埋弧焊设备时,可以采用焊条电弧焊或 CO_2 保护焊。

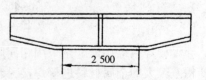

图 4-49　翼板、腹板拼接焊缝的布置

各焊缝的焊接方法及接头形式见表 4-7。但下翼板两端倾斜部分的焊缝要用焊条电弧焊。

表 4-7 各焊缝的焊接方法及接头形式

焊缝名称	焊接方法	接头形式
拼板焊缝	焊条电弧焊或 CO_2 保护焊	
翼板—腹板焊缝	(1)埋弧自动焊 (2)焊条电弧焊或 CO_2 保护焊	
筋板焊缝	焊条电弧焊或 CO_2 保护焊	

3.焊接工艺过程和各焊缝的焊接顺序

①采用埋弧焊时的焊接工艺过程为

拼 板 → 装焊翼板和腹板 → 装配筋板 → 焊接筋板

翼板和腹板连接时的焊接顺序如图 4-50 所示。图 a)所示的焊接顺序是在中性层两侧交替进行,这样可以减少纵向弯曲变形;按图 b)所示的焊接顺序则会引起较大的弯曲变形。

筋板的焊接顺序:应先焊腹板上的焊缝,再焊下翼板上的焊缝,最后焊上翼板上的焊缝,以造成适当的上挠度。每组焊缝焊接时,都应先焊中部焊缝,逐渐焊向两端,以减少焊接应力。

②不采用埋弧焊的焊接工艺过程为

拼 板 → 整体装配 → 焊 接

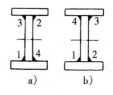

图 4-50 翼板和腹板连接时的焊接顺序
a)合理;b)不合理

复习思考题

1.熔焊、压焊和钎焊的实质有何不同?

2.焊接时为什么要进行保护?说明各种电弧焊中的保护方式及保护效果?

3.电弧是如何形成的?电弧中各区的温度是多少?

4.下列焊条型号或牌号的含义是什么?

E4303、E5015、E5016、J422、J506、J507

5.酸性焊条和碱性焊条的性能有何不同?各适用于什么场合?

6.埋弧焊和焊条电弧焊相比有何特点?其应用范围怎样?

7.气体保护焊和埋弧焊比较,有何特点? CO_2 气体保护焊和氩弧焊各适于什么场合?

8.电渣焊和埋弧自动焊的焊接过程有什么区别?说明其特点及应用范围。

9.点焊能否焊接很厚的工件?电阻焊为什么采用大电流来焊接?

10.电阻对焊和闪光焊焊接过程有何不同?焊接质量有何差异?

11. 等离子弧和电弧比较有何异同?

12. 下列情况应选用什么焊接方法?

低碳钢桁架结构,如厂房屋架;厚度 20 mm 的 16Mn 钢板拼成大型工字梁;纯铝低压容器;低碳钢薄板(厚 1 mm)皮带罩;供水管道维修。

13. 焊接热影响区分几个区段? 各区段的组织性能如何?

14. 影响焊接接头质量最为严重的是哪些区域?

15. 焊接应力和变形是如何产生的? 矫正焊接变形的方法有哪几种?

16. 为什么可用碳当量间接评定钢材的焊接性?

17. 试比较下列材料的焊接性:

15、45、16Mn、T8、HT200

18. 铜合金、铝合金焊接时各有什么问题?

19. 试比较图 4-51 所示的焊接结构哪种较合理。

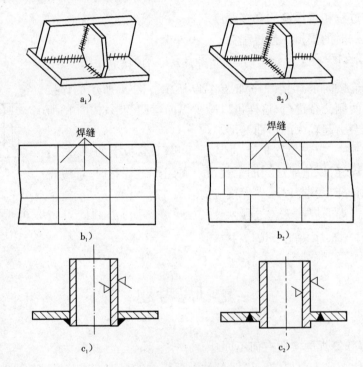

图 4-51　题 19 图

20. 汽车刹车用压缩空气贮存器的结构和尺寸如图 4-52 所示。材料均为 Q235,筒身壁厚 2 mm,端盖厚度 3 mm,四个管接头为标准件 M10,工作压力为 0.6 MPa(6 个大气压)。试确定:焊缝布置、各焊缝的焊接方法及焊接材料、装配和焊接顺序。

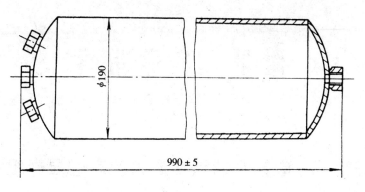

图 4-52　题 20 图

附录　实验指导

实验一　碳钢及铸铁在退火状态的显微组织

一、实验目的

①了解金属的显微分析方法(金相检验)。

②了解铁碳合金的组织与 Fe – Fe₃C 状态图之间的关系。

③初步掌握金相显微镜的使用方法。

二、实验设备

砂轮机、金相抛光机、台虎钳、吹风机、金相显微镜。

三、实验材料

①45 钢 $\phi 10 \times 10$ 试块、锉刀、金相砂纸、玻璃板、硝酸、无水乙醇、滤纸、三氧化二铬。

②金相试样:工业纯铁、20 钢、45 钢、T8 钢、T12 钢、亚共晶白口铁、共晶白口铁、过共晶白口铁、灰口铸铁(铁素体基体)、球墨铸铁(铁素体基体)、可锻铸铁(铁素体基体)各一块。

四、实验步骤

1. 示范金相试样制备过程

在金相显微镜下观察的试样,必须进行专门的制备才能观察出显微组织。试样选好后,按以下方法制备。

(1)切样　较软材料用手锯或车床截取,高硬度材料用薄的金刚砂轮截取,脆性材料可用手锤打下。小尺寸试样(钢丝或薄片等),可用易熔合金、硫黄、电木粉或树脂等镶铸,试样尺寸在 $\phi 10 \sim 20$ mm、高 $10 \sim 15$ mm 之间,立方体每边长 $10 \sim 15$ mm 为宜。

(2)磨制及抛光　将观察面用砂轮打平并用锉刀锉成平面,锐棱修圆。将金相砂纸铺在平面玻璃板上,将观察面磨平,先用粗砂纸(或砂布)后用细砂纸。磨时按单方向移动。当磨痕方向一致时,用水冲洗净,换下一号砂纸,同时将试样转动 90°磨,直到将前次磨痕全部磨掉。用这样的方法依次磨下去,直到观察面已能模糊地照出人脸时为止。然后用水冲净,到抛光机上抛光。抛光时加入的抛光液为 Cr_2O_3 或用 Al_2O_3 等极细粒度的磨料加水而形成的悬浮液。抛光后得到光亮如镜的表面。

(3)浸蚀　未经浸蚀的抛光试片在显微镜下看不到任何组织。但可看到金属内部的夹杂物(石墨、硫化物、氧化物)。如欲看到金属的内部组织,必须进行浸蚀。钢和铸铁通常用 3% ~4%的硝酸配以 97% ~96%的无水乙醇溶液为浸蚀剂。由于金属为多晶体,在晶界处的原子排列不规则,具有较高的能量(或负电位),易被浸蚀,从而在晶界处形成凹沟,由于晶粒的方位不同对浸蚀剂的浸蚀程度不同,在显微镜下,当入射光线在晶界凹沟处,就会发生散射(如附图 1-1),呈暗色。而晶粒内部易全反射而呈白亮色,如晶粒方位不同,在亮度上有所差别,这样金属内部组织即可显示。

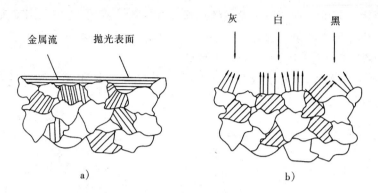

附图 1-1　金相组织的显示

a)浸蚀前;b)浸蚀后

2.显微镜简介

金相显微镜的结构和光学系统如附图 1-2 和附图 1-3 所示。

(1)照明系统　6伏 15 瓦低压照明灯泡→聚光灯→45°角平玻璃→试样。

(2)放大系统　总放大倍数为物镜放大倍数和目镜放大倍数的乘积,如目镜为 10 倍,物镜为 40 倍,则总的放大倍数为 400 倍。

(3)机械系统　粗调时调动粗调手轮(附图 1-2 中 7),微调时调动微调手轮(附图 1-2 中6)。

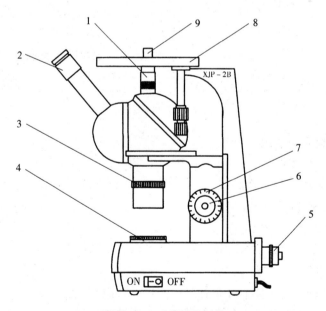

附图 1-2　显微镜的结构

1 – 物镜;2 – 目镜;3 – 视场光阑;4 – 孔径光阑;5 – 光源;

6 – 微调手轮;7 – 粗调手轮;8 – 载物台;9 – 金相试样

(4)使用及维护方法　使用及维护时应注意以下几方面。

①使用时,先接通 220 V 外接电源,然后打开显微镜 ON 开关。

②物镜、目镜及其他镜片切忌手摸或随意揩擦。如镜片不洁,应用专用镜头纸擦。

③聚焦时,应先调粗调焦手轮,当视场突然明亮时,再用微调焦手轮调至图像清晰为止。粗调和微调手轮不能承受冲击,调节时用力要轻。

④变化观察面位置时,应移动载物台载着试样移动,不要用手去拿起试样再重放,否则会使试样观察面受摩擦划伤。

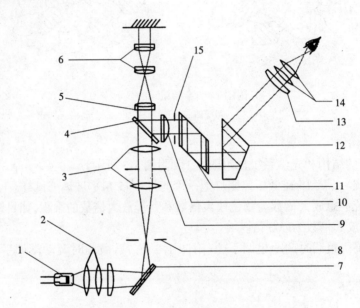

附图 1-3 显微镜光学系统

1–灯泡;2–聚光镜组(一);3–聚光镜组(二);4–半透反光镜;
5–辅助透镜(一);6–物镜组;7–反光镜;8–孔径光阑;
9–视场光阑;10–辅助透镜(二);11、12–棱镜;
13–接目镜;14–目镜组

3. 观察铁碳合金平衡组织

①工业纯铁的显微组织。

②亚共析钢:20、45 钢的显微组织。

③共析钢:T8 钢的显微组织。

④过共析钢:T12 钢的显微组织。

⑤白口铁:亚共晶白口铁、共晶白口铁、过共晶白口铁的显微组织。

4. 观察三种铸铁

①灰口铸铁(在铁素体基体上分布着黑色的片状石墨)。

②球墨铸铁(在铁素体基体上分布着黑色的石墨球)。

③可锻铸铁(在铁素体基体上分布着黑色团絮状石墨)。

五、实验报告要求

①在 $\phi 50$ 圆内画出工业纯铁和 20、45、T8、T12 钢的显微组织(画组织时,要抓住各组成物的数量、大小、分布等特征),并注明材料、放大倍数、组织名称、状态。

②分析钢中含碳量对钢的组织和性能有什么影响。

③从碳钢和白口铁的显微组织说明其性能发生突变的原因。

④说明白口铁、灰口铁、球墨铸铁及可锻铸铁在组织上的主要区别。

实验二　碳钢的热处理及硬度测定

一、实验目的

①了解钢的几种常用热处理工艺;了解冷却速度对钢组织和性能的影响。

②了解钢淬火后回火温度对钢组织及性能的影响。

③了解洛氏和布氏硬度计的工作原理,掌握其操作方法。

二、热处理工艺

钢的热处理是将固态金属或合金在一定介质中加热、保温和冷却,以改变其整体或表面组织,从而获得所需性能的工艺方法。基本的热处理工艺有退火、正火、淬火、回火等(见第1章第1.4节)。

常用钢的淬火、回火规范见附表2-1。

附表 2-1　常用钢的热处理规范

钢　号	临界点(℃)		淬火温度(℃)	回火温度(±30℃)与硬度(HRC)关系					
	A_{c1}	A_{c3}或A_{cm}		30~35 HRC	35~40 HRC	40~45 HRC	45~50 HRC	50~55 HRC	>60 HRC
45	727	775	820~860	500	440	400	320	200	
60	727	755	810~830	520	460	400	330	250	
T7	730	745	800~830	530	470	420	350	300	
T8	730	—	770~800	530	470	420	350	300	<180
T10	730	800	760~790	530	490	440	380	320	<180
T12	730	820	760~790	540	490	440	380	320	<180
40Cr	735	780	840~860	510	480	420	340	200	<180
30CrMnSi	755	850	870~890	530	490	430	360	200	
65Mn	721	745	800~820	580	520	460	380		
GCr15	745	900	830~850	580	530	480	420	350	<180
Cr12	800	1 200	960~1 000	650	600	520	470	250	<200

三、热处理工艺参数的确定

1.淬火加热保温时间

工件放入炉内,吸收热量,将使炉膛温度略有下降,经过一定时间,工作表面及心部的温度与炉膛温度趋于一致,此时仪表指针又恢复到指定的温度,从此刻到工件出炉的一段时间为保温时间。

保温时间与加热介质、加热温度、钢的成分、工件的形状和尺寸有关。通常可按下列经验公式计算:

$$t = K + \alpha \times D$$

式中　t——保温时间(min);

K——保温时间基数(min);

α——保温时间系数(min/mm);

D——工件的有效厚度或直径(mm)。

对碳素结构钢及合金结构钢,保温时间基数取 3 min,保温时间系数取 1.2~1.6 min/mm,碳钢取下限,合金钢取上限。以上为实验室加热时的最低参数。

2. 回火保温时间的确实

在电炉中回火,保温时间可按以下经验公式确定:

$$t_h = K_h + \alpha_h \times D$$

式中　t_h——回火保温时间(min);

K_h——回火保温时间基数(min),因回火温度不同而确定,300 ℃以下 K_h 取 30~120 min,300 ℃以上取 20 min,450 ℃以上取 10 min;

α_h——保温时间系数(min/mm);

D——工件的有效厚度或直径(mm)。

四、实验设备和试件

小型箱式电炉 4 台,最高加热温度 1 000 ℃;淬火用水槽、油槽;石灰槽;试样钳;洛氏硬度计;布氏硬度计;$\phi 10 \times 10$ 钢试样 7 块/组。

电炉内温度由热电偶及电子电位差计指示并控制温度。加热之前根据选好的温度在仪表上定位,在加热过程中温度表上的指针不断移动,当与定温指针重合时便可自动控制保持恒温,此时可将工件装入炉内加热。

五、硬度试验原理、硬度计结构及操作

硬度测试方法很多,使用最广泛的是压入法。压入法是把一个很硬的压头以一定的压力压入试样的表面,使金属产生压痕,然后根据压痕的深浅(或大小)来确定硬度值。压痕越深,则材料越软;反之则材料越硬。根据压头类型和几何尺寸等条件的不同,常用的压入法有洛氏法、布氏法和维氏法三种。

1. 洛氏硬度

洛氏硬度是以顶角为 120° 的金刚石圆锥体作为压头,以一定的压力使其压入材料表面,通过测量压痕深度来确定其硬度。被测材料的硬度可在硬度计刻度盘上读出。洛氏硬度有 HRA、HRB 和 HRC 等多种标尺,其中以 HRC 应用最多,一般用于测量经过淬火处理后较硬材料的硬度。

洛氏硬度的计算公式如下:

$$HR = \frac{K - (h_2 - h_3)}{c} = \frac{K - e}{c}$$

式中　K——常数,采用金刚石压头时为 0.2,采用 $\phi 1.588$ 钢球压头时为 0.26;

c——常数,采用金刚石压头或钢球压头时都为 0.002;

h_3、h_2——施加主载荷前后的压痕深度(mm)。

常用的三种洛氏硬度试验规范见附表 2-2。

洛氏硬度试验机的结构及测定示意图如附图 2-1 所示,其基本操作程序如下。

①将试样放置在试样台上,顺时针转动手轮,使试样与压头缓慢接触,直到表盘小指针指到"0"为止,然后将表盘上指针调零。

附表 2-2　常用三种洛氏硬度试验规范

符号	压 头	压力(N)	硬度值有效范围	使用范围
HRA	金刚石圆锥 120°	588.4	20~88HRA	适用于测量硬质合金、表面淬火或渗碳层
HRB	1.5875 mm (1/6″)钢球	980.7	20~100HRB	适用于测量有色金属、退火、正火钢等
HRC	金刚石圆锥 120°	1 471	20~70HRC	适用于测量调质钢、淬火钢等

②按动按钮或转动手柄,加主载荷,当表盘大指针反转停止后,再顺时针旋转手柄,卸除主载荷,此时表盘大指针即指示出该试样的 HRC 值。

③逆时针转动手轮,取下试样。硬度测试完毕。

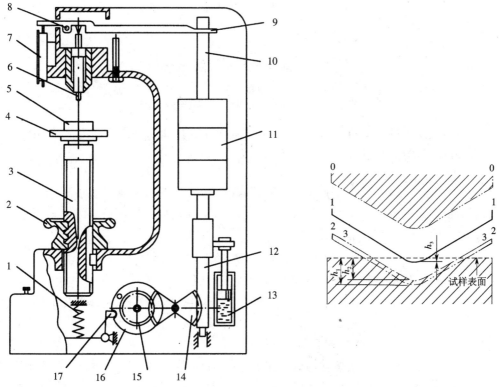

附图 2-1　H—100 型洛氏硬度试验机及测定示意图

1－弹簧;2－手轮;3－螺杆;4－试样台;5－试样;6－压头;
7－指示器;8－支点;9－杠杆;10－纵杆;11－重锤;12－齿杆;
13－油压缓冲器;14－扇齿轮;15－小齿轮;16－转盘;17－插销

2.布氏硬度

布氏硬度实验是施加一定大小载荷 P,将直径为 D 的钢球压入被测金属表面后保持一段时间,然后卸除载荷,根据钢球在金属表面上所压出的压痕直径查表即可得到硬度值。附图 2-2 为 HB—300 型布氏硬度试验机及测定示意图。

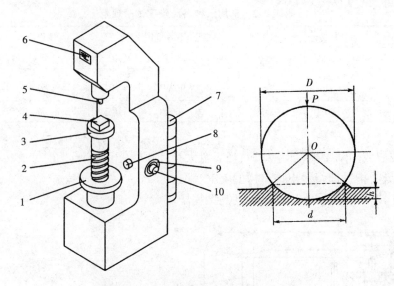

附图 2-2 布氏硬度试验机及测定示意图

1－手轮;2－丝杠;3－工作台;4－试样;5－压头;6－指示灯;

7－载荷砝码;8－加载按钮;9－时间定位器;10－压紧螺钉

用钢球压头所测的硬度值用 HBS 表示,用硬质合金球压头所测出的硬度值用 HBW 表示。

布氏硬度的计算式如下:

$$HBS(HBW) = 0.102 \times \frac{2P}{\pi D(D - \sqrt{D^2 - d^2})}$$

式中 P——载荷(N);

   D——压头球体直径(mm);

   d——相互垂直方向测得的压痕直径 d_1、d_2 的平均值(mm)。

布氏硬度试验机的基本操作程序如下。

①将试样放在工作台上,顺时针转动手轮,使压头压向试样表面直至手轮对下面螺母产生相对运动(打滑)为止。此时试样已承受 98.07 N 初载荷。

②按动加载按钮,开始加主载荷,当红色指示灯闪亮时,迅速拧紧紧压螺钉,使圆盘转动。达到所要求的持续时间后,转动即自行停止。

③逆时针转动手轮降下工作台,取下试样,用读数显微镜测出压痕直径 d,以此查表即得 HBS 值。

3.维氏硬度

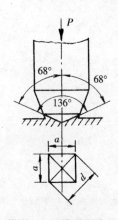

附图 2-3 维氏硬度的测定示意图

维氏硬度测定的基本原理与布氏硬度相同,区别在于压头采用锥面夹角为 136°的金刚石棱锥体,压痕是四锥形(如附图 2-3 所示)。维氏硬度用 HV 表示,HV 的计算式为

$$HV = 0.102 \times 1.854\,4 \frac{P}{d^2}$$

式中 P——载荷(N);

d——压痕对角线长度(mm)。

六、实验步骤及内容

①将 7 块 45 钢试样($\phi 10 \times 10$)放入电炉,加热到(840 ± 10)℃后保温 13 min(由公式计算得)后,取出 1 块迅速放入石灰槽内缓冷(退火),1 块放在空气中冷却(正火),1 块放入油槽中冷却,4 块放入水槽中冷却(淬火),然后将冷却的试样表面磨平在洛式硬度计上作硬度测量。

附表 2-3　45 钢不同冷却方式硬度数据

冷却方法	硬度值 HRC	组　织
石灰冷(退火)		
空气冷(正火)		
水　冷(淬火)		
油　冷(淬火)		

②将 4 块在水中淬火的钢中的 3 块分别在 200 ℃、400 ℃、600 ℃的箱式电炉中回火半小时,回火后再次测定硬度。

七、实验结果及分析

1.冷却速度对钢性能的影响

①将不同冷却速度的试块的硬度填入附表 2-3 中。

②根据试验数据阐述亚共析钢加热到奥氏体温度后,冷却速度对钢的组织和性能的影响。

2.回火温度对钢性能的影响

①将 45 钢淬火加回火后的硬度值填入附表 2-4。

附表 2-4　45 钢淬火加回火硬度数据

回火温度	未回火	200 ℃	400 ℃	600 ℃
HRC				

②绘制硬度—回火温度关系曲线,根据曲线形状分析回火温度对 45 钢力学性能的影响。

3.分析

①45 钢加热到 850 ℃水淬后硬度如何? 如加热到 700 ℃后水淬,其硬度又该如何? 其原因是什么?

②钢中含碳量增多,淬火后其硬度值增加,说明其原因。

③淬火时碳钢为什么要用水淬? 合金钢为什么要用油淬?

④淬火钢回火后,回火温度越高,其硬度越低而韧性越高,回火温度选择的依据是什么? 欲获得最好的综合力学性能应采用什么热处理工艺?

实验三　铸造热应力的测定

一、实验目的
①熟悉铸造热应力的测定原理和测定方法。
②了解铸造热应力的形成及分布。
③熟悉铸造热应力对铸件质量的影响和减少铸造热应力的方法。

二、实验原理
铸造热应力是由于铸件壁厚不均匀,各部分冷却速度不同,导致在同一时间内铸件各部分收缩不一致而造成的应力。这种应力一旦形成将一直保留到室温。它是铸件产生变形、开裂的主要原因。所以在设计铸件时,应尽量使各部分壁厚均匀,使其冷却速度一致,实现同时凝固,以减小热应力。

铸造热应力的形成过程可参阅本教材第 2 章第 2.1 节有关内容。

铸造热应力的形成有其规律性,一般在铸件厚壁或冷却较慢处为拉应力,在铸件薄壁或冷却较快处为压应力。且铸件壁厚差别越大,热应力越大。同时合金的线收缩率越高、弹性模量越大,热应力也越大。

铸造热应力测量最简便的方法是用应力框测定。应力框的结构如附图 3-1 所示,其中间杆Ⅰ截面面积较大,外侧两杆Ⅱ截面面积较小。铸后杆Ⅰ受拉应力,杆Ⅱ受压应力。应力框测定法的基本原理是把应力框中受拉应力的杆Ⅰ切断,使应力框内残余应力得到释放,破坏内部应力的平衡,使得受拉应力的杆Ⅰ收缩,受压应力的杆Ⅱ伸长。通过测定其变形量,求出弹性应变值 ε,再根据弹性范围内的变形公式 $\sigma = E \cdot \varepsilon$,求出铸件的热应力。

三、实验设备及材料
①应力框模板、应力框铸件材料 ZL102。
②钢锯、锉刀、游标卡尺。
③电阻坩锅炉。

四、实验方法及步骤
①浇铸如附图 3-1 所示的应力框试样。
②用锉刀将应力框上凸台两端锉成锐角,并用游标卡尺测量凸台两端的距离 l_0。
③用钢锯将粗杆Ⅰ从凸台中间锯断。
④用卡尺测量断开后凸台两端间距 l_1,如附图 3-2 所示。

五、实验报告要求
①将实验测得的数据填入附表 3-1 所示的实验报告中。

附表 3-1　热应力实验测定数据

标记	第一次	第二次	第三次	平均
$L_{\mathrm{I}} = L_{\mathrm{II}}$				
l_0				
l_1				

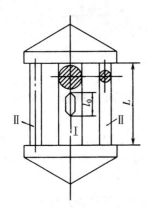

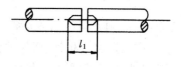

附图 3-2 断裂后凸台两端间距

附图 3-1 应力框试样

②计算应力框试样的应力值。在不考虑横梁及粗细杆弯曲变形的情况下,在锯断前,中间粗杆中的力 F_{I} 与两边细杆中的力 F_{II} 之间的关系为 $F_{\text{I}} = 2F_{\text{II}}$。如粗、细杆的截面面积分别为 A_{I}、A_{II},应力为 σ_{I}、σ_{II},则有

$$\sigma_{\text{I}} A_{\text{I}} = 2\sigma_{\text{II}} A_{\text{II}} \tag{附 3.1}$$

锯断后,粗杆 I 凸台长度由锯断前的 l_0 变为 l_1,而 $l_1 - l_0$ 是由粗杆因拉应力及细杆因压应力而合成的弹性变形量,计算方法为

$$l_1 - l_0 = L\varepsilon_{\text{II}} + (L - l_0)\varepsilon_{\text{I}} = L\frac{\sigma_{\text{II}}}{E_{\text{II}}} + (L - l_0)\frac{\sigma_{\text{I}}}{E_{\text{I}}} \tag{附 3.2}$$

式中 ε_{I}、ε_{II}——粗杆、细杆的应变量;

E_{I}、E_{II}——粗杆、细杆的弹性模量(MPa)。

设 $E_{\text{I}} = E_{\text{II}} = E$,将式(附 3.1)代入式(附 3.2),整理后得粗杆内的拉应力

$$\sigma_{\text{I}} = \frac{E(l_1 - l_0)}{L\left(1 + \dfrac{A_{\text{I}}}{2A_{\text{II}}}\right) - L_0} \text{(MPa)}$$

细杆中的压应力

$$\sigma_{\text{II}} = \frac{E(l_1 - l_0)}{L + \dfrac{2A_{\text{II}}(L - l_0)}{A_{\text{I}}}} \text{(MPa)}$$

③简述铸造热应力产生的原因及在铸件中分布的特点。

④应力框即将锯断时发生的自行崩断说明了什么? 观察崩断的断面,根据崩断的截面面积估计材料的抗拉强度。

参考文献

[1] 韩文祥,等.工程材料及机械制造基础[M].天津:天津教育出版社,1996.
[2] 邓文英.金属工艺学[M].北京:高等教育出版社,1999.
[3] 严绍华.材料成形工艺基础[M].北京:清华大学出版社,2001.
[4] 童幸生,等.材料成形及机械制造工艺基础[M].武汉:华中科技大学出版社,2002.
[5] 陶治.材料成形技术基础[M].北京:机械工业出版社,2002.
[6] 韩建民.材料成形工艺技术基础[M].北京:中国铁道出版社,2002.
[7] 汤酞则.材料成形工艺基础[M].长沙:中南大学出版社,2003.
[8] 任福东.热加工工艺基础[M].北京:机械工业出版社,1997.
[9] 张启芳.热加工工艺基础[M].南京:南京大学出版社,1996.
[10] 齐乐华.工程材料及成形工艺基础[M].西安:西北工业大学出版社,2002.
[11] 张万昌.热加工工艺基础[M].北京:高等教育出版社,1991.
[12] 陈寿祖,郭晓鹏.金属工艺学[M].北京:高等教育出版社,1987.
[13] 曾晔昌.工程材料及机械制造基础[M].北京:机械工业出版社,1997.
[14] 陆文周,等.实验指导书[M].南京:东南大学出版社,1997.
[15] 李振明,陈寿祖.金属工艺学[M].北京:高等教育出版社,1989.
[16] 田凤成.工程材料及机械制造基础[M].北京:水利电力出版社,1991.
[17] 李魁胜.铸造工艺及原理[M].北京:机械工业出版社,1983.
[18] 张志文.锻造工艺学[M].北京:机械工业出版社,1983.
[19] 史美堂.金属材料及热处理[M].上海:上海科技出版社,1980.
[20] 郑明新.工程材料[M].北京:清华大学出版社,1991.
[21] 中国机械工程学会焊接学会.焊接手册[M].北京:机械工业出版社,1992.
[22] 邢忠文,张学仁.金属工艺学[M].哈尔滨:哈尔滨工业大学出版社,1999.